Prozesskombination aus laseradditiver und lasersubtraktiver Fertigung

Vom Promotionsausschuss der
Technischen Universität Hamburg

zur Erlangung des akademischen Grades

Doktor-Ingenieurin (Dr.-Ing.)

genehmigte Dissertation (Monografie)

von
Sina Viviane Hallmann

aus
Reinbek

2025

1. Gutachter:
Prof. Dr.-Ing. Claus Emmelmann

2. Gutachter:
Prof. Dr.-Ing. Jan Dege

Tag der mündlichen Prüfung:
11.02.2025

Light Engineering für die Praxis

Reihe herausgegeben von

Claus Emmelmann, Hamburg, Deutschland

Technologie- und Wissenstransfer für die photonische Industrie ist der Inhalt dieser Buchreihe. Der Herausgeber leitet das Institut für Laser- und Anlagensystemtechnik (iLAS) an der Technischen Universität Hamburg (TUHH). Die Inhalte eröffnen den Lesern in der Forschung und in Unternehmen die Möglichkeit, innovative Produkte und Prozesse zu erkennen und so ihre Wettbewerbsfähigkeit nachhaltig zu stärken. Die Kenntnisse dienen der Weiterbildung von Ingenieuren und Multiplikatoren für die Produktentwicklung sowie die Produktions- und Lasertechnik, sie beinhalten die Entwicklung lasergestützter Produktionstechnologien und der Qualitätssicherung von Laserprozessen und Anlagen sowie Anleitungen für Beratungs- und Ausbildungsdienstleistungen für die Industrie.

Sina Hallmann

Prozesskombination aus laseradditiver und lasersubtraktiver Fertigung

Springer Vieweg

Sina Hallmann
Technische Universität Hamburg
Hamburg, Deutschland

Der/die Autor*in hat keine für den Inhalt dieses Manuskripts relevanten Interessenkonflikte.

ISSN 2522-8447 ISSN 2522-8455 (electronic)
Light Engineering für die Praxis
ISBN 978-3-662-72195-7 ISBN 978-3-662-72196-4 (eBook)
https://doi.org/10.1007/978-3-662-72196-4

Die Deutsche Nationalbibliothek verzeichnet diese Publikation in der Deutschen Nationalbibliografie; detaillierte bibliografische Daten sind im Internet über https://portal.dnb.de abrufbar.

Planung/Lektorat: Alexander Grün
Springer Vieweg ist ein Imprint der eingetragenen Gesellschaft Springer-Verlag GmbH, DE und ist ein Teil von Springer Nature.
Die Anschrift der Gesellschaft ist: Heidelberger Platz 3, 14197 Berlin, Germany

„…und wenn nicht, ist's auch nicht so schlimm.“

„Danke!“ ♡

Kurzfassung

Die laseradditive Fertigung metallischer Bauteile findet zunehmend Anwendung in der industriellen Produktion. Sie bietet Vorteile wie eine geometrisch freie und materialeffiziente Bauteilgestaltung, die mit herkömmlichen Verfahren herausfordernd oder gar nicht zu erreichen wäre. Allerdings weisen die additiv hergestellten Teile aus dem Fertigungsprozess raue Oberflächen auf, wodurch eine Nacharbeit in der Regel unvermeidlich ist, um festgelegte Anforderungen zu erfüllen. Zudem ist der Herstellprozess mit hohen Kosten verbunden, die direkt vom aufzubauenden Volumen abhängen. Diese Faktoren verhindern die Verbreitung der Technologie, sodass neue Fertigungsansätze gefunden werden müssen, um die Nachteile zu beheben.

Eine Option zur Verbesserung der Oberflächenqualität stellt neben konventionellen Verfahren die lasergestützte Nachbearbeitung dar. Dabei erleichtert der Laserstrahl mit seinem geringen Durchmesser die Zugänglichkeit am Bauteil und bildet ein formunabhängiges Präzisionswerkzeug. Trotz dieser Qualitäten wird die Lasertechnologie bisher nicht zur subtraktiven Korrektur von Gestaltabweichungen an dreidimensionalen laseradditiv hergestellten Bauteilen eingesetzt.

Die vorliegende Arbeit befasst sich daher mit der Entwicklung eines innovativen Fertigungsverfahrens, das die laseradditive mit der lasersubtraktiven Fertigung kombiniert, um die zuvor erwähnten Einschränkungen zu beheben. Mit dieser Prozesskombination sollen die Möglichkeiten des Laserstrahlabtragens zur Nachbearbeitung von laseradditiv hergestellten Bauteilen aufgezeigt werden. Außerdem wird mit dem primären Ziel der Kostensenkung die Herstellung von hybriden Bauteilen untersucht, die aus einem geringvolumigen laseradditiven Segment und einem kostengünstigeren konventionell gefertigten Substrat bestehen.

Im ersten Schritt der Entwicklung erfolgt die Erstellung einer Prozessstruktur, die additive und subtraktive Fertigung in einen gemeinsamen Prozess integriert. In der anschließenden technologischen Prozessauslegung werden vordefinierte Geometrien auf unterschiedlich dicke Substrate additiv aufgebaut und die Ergebnisse anhand ausgewählter Kriterien bewertet, bevor die Geometrien lasersubtraktiv nachbearbeitet werden. Das Abtragergebnis wird hinsichtlich der Verbesserung der Maßhaltigkeit und Oberflächengüte überprüft. Der abschließende Schritt besteht darin, die neu entwickelte Prozesskombination exemplarisch an einer Anwendung aus dem Stanzwerkzeugbau zu demonstrieren.

Die Ergebnisse verdeutlichen, dass ein additiver Aufbau auf Substraten mit einer minimalen Dicke von 0,1 mm realisierbar ist. Dabei erfüllen sowohl die Dichte der aufgebauten Segmente als auch deren Einschweißtiefe in das Substrat die Anforderungen. Eine lasersubtraktive Nachbearbeitung verbessert die Maßhaltigkeit um mindestens eine Toleranzklasse auf die Klasse fein gemäß DIN 2768 und reduziert die Oberflächenrauheit S_a von 14,7 µm auf 3,5 µm. Die Demonstration zeigt, dass Werkzeuge z. B. zum Stanzen von papierbasierten Materialien erfolgreich hergestellt und eingesetzt werden können. Dabei bietet das neue Verfahren im Vergleich zu bestehenden Fertigungsverfahren zur Stanzwerkzeugherstellung gleichzeitig einen Kosten- und Zeitvorteil.

Zusammenfassend lässt sich festhalten, dass sich die laseradditive und lasersubtraktive Fertigung zu einem funktionsfähigen Verfahren kombinieren lassen. Aus dem doppelten Lasereinsatz ergibt sich das Potenzial, beide Fertigungsmethoden in eine einzige Bearbeitungsmaschine zu integrieren und damit den Automatisierungsgrad des gesamten Prozesses zu erhöhen.

Abstract

Laser additive manufacturing of metallic components is increasingly utilized in industrial production. It offers advantages such as geometrically free and material-efficient component design that would be challenging or impossible to achieve with traditional manufacturing methods. However, a drawback of additive manufactured parts is the frequent occurrence of rough surfaces as a result of the manufacturing process. As a consequence, post-processing becomes necessary to meet the specified requirements. Furthermore, the manufacturing process is associated with high costs that correlate with the volume to be built. These factors currently hinder the implementation of the technology and new manufacturing approaches need to be sought to address these drawbacks.

One option for improving surface quality, alongside conventional methods, is laser assisted post-processing. The laser beam, with its small diameter, facilitates accessibility to the component and serves as a shape-independent precision tool. Despite these qualities, laser technology has not yet been utilized for the subtractive correction of surface roughness and dimensional deviations in three-dimensional laser additive manufactured parts.

This thesis deals with the development of an innovative manufacturing process that combines laser additive with laser subtractive techniques to overcome the above mentioned limitations. This process combination is intended to demonstrate the possibilities of laser ablation for post-processing of laser additive manufactured parts. Additionally, the production of hybrid parts, consisting of a low-volume additive component and a lower-cost conventionally manufactured substrate sheet, is being investigated, with the primary goal of cost reduction.

The first stage of the development focuses on creating a process structure that integrates additive and subtractive manufacturing into a single process. In the subsequent stages, predefined geometries are additively produced on conventional substrate sheets of varying thickness and the results are evaluated based on selected criteria before the geometries undergo laser subtractive post-processing. The output is further evaluated for improvements in dimensional accuracy and surface quality. Demonstrating the newly developed process combination on a punching tooling application is the final step.

The results show that additive manufacturing on substrates with a minimum thickness of 0.1 mm is possible. Both the density of the built-up structure and its welding depth into the substrate meet the requirements. Laser subtractive post-processing improves dimensional accuracy by at least one tolerance class to the class fine according to DIN 2768 and reduces the surface roughness S_a from 14.7 µm to 3.5 µm. The demonstration shows the successful manufacture and use of punching tools for paper-based materials, for example. Additionally, the new process offers advantages in terms of time and cost compared to existing techniques for tool production.

In conclusion, laser additive and laser subtractive manufacturing can be combined into one operational process. The dual use of lasers for both manufacturing methods has the potential to integrate them into a single machine, thereby increasing the level of automation throughout the entire process.

Inhaltsverzeichnis

Abbildungsverzeichnis

Tabellenverzeichnis

Abkürzungsverzeichnis

Lateinische Symbole

Symbol	**Einheit**	**Bedeutung**
A	%	Bruchdehnung
A_{BP}	mm²	Grundfläche der konventionellen Bauplattform
A_F	mm²	Fläche des Scanfelds
A_{GP}	mm²	Grundfläche der Grundplatte (Spannvorrichtung)
A_{GRA}	cm²	Querschnittsfläche des abzutragenden Volumens (Gravieren)
A_{LA}	cm²	Querschnittsfläche des aufzubauenden Volumens (laseradditiv)
A_{LS}	cm²	Querschnittsfläche des abzutragenden Volumens (lasersubtraktiv)
A_M	m²	Grundfläche der Maschine
$A_{S,LA}$	mm²	Fläche der aufgebauten Schicht (laseradditiv)
$A_{S,LS}$	mm²	Fläche der abgetragenen Schicht (lasersubtraktiv)
A_{SB}	mm²	Grundfläche des Stanzblechs
A_{SUB}	mm²	Grundfläche des Substratblechs
A_{TP}	mm²	Grundfläche der Holzträgerplatte
a_{BO}	mm	Bohrungsabstand
a_{SL}	mm	Mindestabstand der Stanzlinien
a_e	mm	Eingriffsbreite
a_{max}	mm	Abstand von Substratunterseite und Ort mit geringster Anbindungstiefe
a_{min}	mm	Abstand von Substratunterseite und Ort mit größter Anbindungstiefe
a_p	mm	Schnitttiefe
B	mm	Bauteilbreite, Stanzlinienbreite
B_A	%	Anbindungsbreite
$B_{L,LS}$	µm	abgetragene Pulslinienbreite
B_{LA}	mm	Gesamtbreite des laseradditiven Segments an der Substratoberseite
B_{LS}	mm	Abtragbreite
B_{SKO}	mm	Breite der Stanzlinienkontur (Außenmaß)
B_{WZ}	mm	Breite des Werkzeugs
B_Z	mm	Zielmaß der Breite
B_{min}	mm	minimale Bauteilbreite
B_{max}	mm	maximale Bauteilbreite

Symbol	Einheit	Bedeutung
BZ	mm	Bearbeitungszugabe
C	%	Kohlenstoffgehalt
D_{BP}	mm	Dicke der konventionellen Bauplattform
D_{LA}	µm	Schichtdicke (laseradditiv)
D_{LS}	µm	Schichtdicke (lasersubtraktiv)
D_{MAT}	mm	Dicke des zu trennenden Materials
D_S	mm	Spaltmaß
$D_{SB,REST}$	mm	Restdicke des Stanzblechs
$D_{SB,ROH}$	mm	Rohdicke des Stanzblechs
D_{SL}	mm	Dicke der Stanzlinien
D_{SUB}	mm	Substratblechdicke
D_T	mm	Dicke des Trennmaterials
D_{TP}	mm	Dicke der Trägerplatte
d_D	mm	Drahtdurchmesser
d_{MAG}	mm	Durchmesser des Magnetzylinders
d_P	W	Leistungsauflösung
$d_{P,LS}$	µm	abgetragener Pulsdurchmesser
d_T	°C	Temperaturauflösung
d_{WZ}	mm	Durchmesser des Werkzeugs
$d_{f,LA}$	µm	Fokusdurchmesser (laseradditiv)
$d_{f,LS}$	µm	Fokusdurchmesser (lasersubtraktiv)
d_{xy}	nm	Auflösung der Breitenmessung
d_z	nm	Auflösung der Höhenmessung
E_M	kWh/h	Energiebedarf der Maschine
E_P	mJ	Pulsenergie
$E_{P,max}$	mJ	maximale Pulsenergie
E_S	J/mm	Streckenenergie
E_V	J/mm³	Volumenenergie
F	mm	Brennweite
F_P	J/cm²	mittlere Pulsenergiedichte
f_P	kHz	Pulsfrequenz
$f_{P,max}$	kHz	maximale Pulsfrequenz
f_t	kHz	Messfrequenz
H	mm	Bauteilhöhe, Stanzlinienhöhe
H_D	mm	Aufbauhöhe mit erforderlicher Dichte

Symbol	Einheit	Bedeutung
H_{LS}	mm	Abtragtiefe
H_{VOR}	mm	Vorrichtungshöhe
H_{WZ}	mm	Werkzeughöhe
H_Z	mm	Zielmaß der Höhe
$H_{ÄTZ}$	mm	Ätzhöhe
H_{min}	mm	minimale Bauteilhöhe
H_{max}	mm	maximale Bauteilhöhe
$HR_{ÄTZ}$	cm/h	Ätzrate
h_s	µm	Spurabstand (laseradditiv)
I_{PS}	%	Pumpstrom
K_{DIR}	€	direkte Kosten des Prozesses
$K_{DV,LS}$	€	Kosten für die Datenvorbereitung der lasersubtraktiven Fertigung
K_{FLU}	€	Gaskosten für das Fluten der Maschine mit Schutzgas
K_{GK}	€	Gemeinkosten des Prozesses
$K_{GK,BPS,SB}$	€	Gemeinkosten der Bearbeitung der Stanzblechfertigung
$K_{GK,BPS,SF}$	€	Gemeinkosten der Bearbeitung der Stanzformfertigung
$K_{GK,FIX,IBPS,KP}$	€	fixe Gemeinkosten der integralen Bearbeitung des kombinierten Prozesses
$K_{GK,IBPS,KP}$	€	Gemeinkosten der integralen Bearbeitung des kombinierten Prozesses
$K_{GK,NPS}$	€	Gemeinkosten der nachgelagerten Prozessschritte
$K_{GK,VPS}$	€	Gemeinkosten der vorgelagerten Prozessschritte
K_{HK}	€	Herstellkosten des Prozesses
$K_{HK,FIX}$	€	fixe Herstellkosten des Prozesses
$K_{HK,VAR}$	€	variable Herstellkosten des Prozesses
K_{IND}	€	indirekte Kosten des Prozesses
K_{MAT}	€	Materialkosten des Prozesses
K_{MK}	€	Maschinenkosten des Prozesses
$K_{MK,FIX}$	€	fixe Maschinenkosten des Prozesses
$K_{MK,FIX,FLU}$	€	fixe Maschinenkosten des Flutens
$K_{MK,SKO}$	€	Maschinenkosten zur Erzeugung der Stanzlinienkontur
$K_{MK,VAR}$	€	variable Maschinenkosten des Prozesses
K_{PK}	€	Personalkosten des Prozesses
$K_{PK,FIX}$	€	fixe Personalkosten des Prozesses
$K_{PK,RÜST}$	€	Personalrüstkosten des Prozesses

Symbol	Einheit	Bedeutung
K_{RL}	€	Kosten für Reinigungslösung
K_{STA}	€	Kosten für Reinigung mit Staubsauger
K_{TEX}	€	Kosten für Reinigungstücher
K_{WB}	€	Wiederbeschaffungswert
$K_{WZ,GRA}$	€	Kosten für den Werkzeugverschleiß beim Gravieren
k_{AA}	€/a	kalkulatorische Abschreibungen auf Anlagen
k_{BS}	€/cm	Kosten für Bandstahllinien
k_{CAD}	€/h	Kosten für CAD-Software des kombinierten Prozesses
$k_{CAD/CAM}$	€/h	Kosten für CAD/CAM-Software der konventionellen Werkzeugfertigung
$k_{CAM,LA}$	€/h	Kosten für CAM-Software der laseradditiven Fertigung
$k_{CAM,LS}$	€/h	Kosten für CAM-Software der lasersubtraktiven Fertigung
k_{CB}	€/h	Kosten für den Verschleiß des Beschichters
k_{EKS}	€/kWh	Energiekostensatz
k_{EN}	€/a	Energiekosten
k_{FIL}	€/h	Kosten für den Verschleiß des Filters
k_{FS}	€/kg	Kosten für Federstahlblech
k_{GAS}	€/h	Kosten für den Gasverbrauch während des laseradditiven Prozesses
k_{GUM}	€/cm	Kosten für Gummierung
$k_{HK,VAR}$	€/m	variable Herstellkosten pro Meter des Prozesses
k_{HW}	€/h	Kosten für Nutzung der Hardware und Standardsoftware
k_{ING}	€/h	Personalstundensatz des Ingenieurs
k_{INS}	€/a	Kosten für Instandhaltung
k_{KSS}	€/h	Kosten für Kühlschmierstoff
k_{MA}	€/h	Personalstundensatz des Mitarbeitenden
k_{MAT}	€/Einheit	Materialeinzelkosten pro Mengen-, Längen- o. Flächeneinheit Werkstoff
k_{MON}	€/h	Kostensatz für Montagearbeitsplatz
k_{MSS}	€/h	Maschinenstundensatz
k_{PU}	€/kg	Kosten für Metallpulver
k_{QP}	€/h	Kosten für Qualitätsprüfung
k_{RAU}	€/a	Raumkosten
k_{REI}	€/h	Kosten für Reinigungsarbeitsplatz
k_{RKS}	€/(m²×a)	Raumkostensatz
k_{RM}	€/h	Kosten für Regenerationsmittel

Symbol	**Einheit**	**Bedeutung**
k_{SS}	€/h	Kosten für Schmierstoff
k_{SUB01}	€/kg	Kosten für Substratblech (Dicke 0,1 mm)
k_{SUB2}	€/kg	Kosten für Substratblech (Dicke 2 mm)
k_{TEC}	€/h	Personalstundensatz des Technikers
k_{TON}	€/ml	Kosten für Toner
k_{TP}	€/kg	Kosten für Trägerplatte
k_{WAS}	€/h	Kosten für Wassereinsatz beim Wasserstrahlschneiden
$k_{WZ,BÜ}$	€/h	Kosten für den Verschleiß der Bürste
$k_{WZ,GRA}$	€/h	Kosten für den Werkzeugverschleiß beim Gravieren
$k_{WZ,MES}$	€/h	Verschleißkosten des Werkzeugs für manuelle Montage
$k_{WZ,PS}$	€/h	Kosten für den Werkzeugverschleiß der Plattenschere
k_{ZIN}	€/a	kalkulatorische Zinsen
$k_{ÄM}$	€/h	Kosten für Ätzmittel
L	mm	Bauteillänge, Länge der Stanzlinie, Länge der eingesetzten Bandstahllinie
L_{GES}	cm	Gesamtlänge der Stanzlinien auf Platte
L_{KA}	mm	Kantenlänge
L_{KO}	mm	Konturlänge einer aufgebauten Schicht
L_{LS}	mm	Abtraglänge
L_{SKO}	mm	Länge der Stanzlinienkontur (Außenmaß)
L_{Z}	mm	Zielmaß der Länge
LR	cm/h	Längenrate
LR_{AB}	cm/h	Abläng- und Biegerate
LR_{GUM}	cm/h	Gummierrate
LR_{LSS}	cm/h	Laserstrahlschneidrate
LR_{MES}	cm/h	Bemesserungsrate
LR_{WSS}	cm/h	Wasserstrahlschneidrate
m_{MAT}	kg	Masse des Materials
max	mm, °	Maximalwert
min	mm, °	Minimalwert
n_{A}	–	Gesamtanzahl der Demonstratoren auf Platte
n_{D}	–	Gesamtanzahl der Defekte
n_{LA}	–	Gesamtanzahl aufgebauter Schichten (laseradditiv)
$n_{LA,S}$	–	Anzahl aufgebauter Schichten (laseradditiv)
n_{LS}	–	Gesamtanzahl abgetragener Schichten (lasersubtraktiv)

Symbol	Einheit	Bedeutung
O_2	%	Sauerstoffgehalt
P_{LA}	W	Laserleistung (laseradditiv)
$P_{LA,max}$	W	maximale Laserleistung (laseradditiv)
P_{LS}	W	mittlere Laserleistung (lasersubtraktiv)
$P_{LS,max}$	W	maximale mittlere Laserleistung (lasersubtraktiv)
P_e	µm	Positioniergenauigkeit
P_i	mm	Porositätsbreite der Defekte i = 1 bis n_D
PA	µm	Pulsabstand
$PÜ$	%	Pulsüberdeckung
p	1/a	Zinssatz
$p_{GK,FLU}$	%	Anteil der Schutzgaskosten für das Fluten an den Gemeinkosten
$p_{GK,WZ,GRA}$	%	Anteil der Verschleißkosten des Gravierwerkzeugs an den Gemeinkosten
$p_{HK,FIX}$	%	Anteil fixer Kosten an den Herstellkosten des Prozesses
$p_{HK,GK}$	%	Anteil der Gemeinkosten an den Herstellkosten des Prozesses
$p_{HK,MAT}$	%	Anteil der Materialkosten an den Herstellkosten des Prozesses
$p_{HK,MK}$	%	Anteil der Maschinenkosten an den Herstellkosten des Prozesses
$p_{HK,PK}$	%	Anteil der Personalkosten an den Herstellkosten des Prozesses
p_{MK}	%	Anteil der Kosten einer Maschine an den Maschinenkosten des Prozesses
$p_{MK,FIX}$	%	Anteil fixer Kosten an den Maschinenkosten des Prozesses
$p_{MK,VAR}$	%	Anteil variabler Kosten an den Maschinenkosten des Prozesses
$p_{PK,RÜST}$	%	Anteil der Rüstkosten an den Personalkosten des Prozesses
Q	cm³/h	Zeitspanvolumen
R	mm, °	Spannweite
R_B	mm	Spannweite der Bauteilbreite
R_H	mm	Spannweite der Bauteilhöhe
R_a	µm	arithmetischer Mittenrauwert (Linienrauheit)
R_e	nm	Wiederholgenauigkeit
R_m	MPa	Zugfestigkeit
R_β	°	Spannweite des Bauteilwinkels
r	µm	Radius der Schneidenspitze
r_b	mm	Biegeradius der Bandstahllinie
$r_{f,LS}$	µm	Fokusradius (lasersubtraktiv)
S_a	µm	mittlere arithmetische Höhe (Oberflächenrauheit)

Symbol	Einheit	Bedeutung
s	µm	Standardabweichung
s_z	µm	Zustellung
SA	µm	Spurabstand (lasersubtraktiv)
$SÜ$	%	Spurüberdeckung
T	°C	Maximaltemperatur pro Schicht
$T_{A,max}$	%	maximale Anbindungstiefe
$T_{A,min}$	%	minimale Anbindungstiefe
T_E	mm	Eintauchtiefe
T_H	mm	Einhärtetiefe
$T_{K,max}$	°C	maximal messbare Temperatur vom Thermoelement Typ K
$T_{K,min}$	°C	minimal messbare Temperatur vom Thermoelement Typ K
T_U	µm	Umschmelztiefe
T_{max}	°C	globale Maximaltemperatur
t_{AB}	min	Dauer des Ablängens und Biegens
$t_{BÜ1}$	min	Nutzungsdauer der ersten Bürstenmaschine
$t_{BÜ2}$	min	Nutzungsdauer der zweiten Bürstenmaschine
t_{DOK}	min	Dauer der Prozessdokumentation
t_{DV}	min	Dauer der Datenvorbereitung für die Bearbeitung
t_F	s	Dauer der Flächenbelichtung
t_{FIX}	min	fixe Dauer der Bearbeitung
t_{FLU}	min	Dauer des Flutens der laseradditiven Maschine
t_{GUM}	min	Dauer des Gummierens
t_{GRA}	min	Dauer des Gravierens
t_H	fs, ps, ns	Pulsdauer
t_{JND}	h/a	jährliche Nutzungsdauer der Maschine
t_{KO}	s	Dauer der Konturbelichtung
t_{KON}	min	Dauer der Bauteilkonstruktion
t_{KP}	min	Herstellzeit des kombinierten Prozesses
t_{LA}	min	Dauer des Aufbauvorgangs
t_{LS}	min	Dauer des Abtragvorgangs
t_{LSS}	min	Dauer des Laserstrahlschneidens
t_M	min	Maschineneinsatzzeit aus fixem und variablem Anteil
t_{MES}	min	Dauer der Bemesserung
$t_{NBB,LA}$	min	Nachbereitungsdauer des laseradditiv aufgebauten Rohbauteils

Symbol	Einheit	Bedeutung
$t_{NBB,LS}$	min	Nachbereitungsdauer des lasersubtraktiv endbearbeiteten Bauteils
t_{NBM}	min	Nachbereitungsdauer der Maschine
t_{ND}	a	Gesamtnutzungsdauer laut AfA
t_{PLO}	min	Dauer des Plottens
t_{PND}	min	Nutzungsdauer im Prozess
t_{PS1}	min	Dauer für den Plattenscherenzuschnitt des Rohblechs
t_{PS2}	min	Dauer für den Plattenscherenzuschnitt auf Endmaß
t_{QP}	min	Dauer der Qualitätsprüfung
t_{REG}	min	Dauer der Regeneration
t_{REI1}	min	Dauer der ersten Reinigung
t_{REI2}	min	Dauer der zweiten Reinigung
$t_{RÜST,ÄTZ}$	min	Dauer des Rüstvorgangs an der Ätzmaschine
t_S	s	Dauer der Schichtbelichtung
t_{SB}	min	Herstellzeit der konventionellen Stanzblechfertigung
t_{SF}	min	Herstellzeit der konventionellen Stanzformfertigung
t_{SUB}	min	Vorbereitungsdauer des Substratblechs
t_{TD}	min	Dauer der Tätigkeit
t_{VBM}	min	Vorbereitungsdauer der Maschine
t_{WSS}	min	Dauer des Wasserstrahlschneidens
$t_{ÄTZ}$	min	Dauer des Ätzens
t_r	s	Ansprechzeit
U_{TP}	cm	Umfang der Trägerplatte
V_{FS}	cm³	Volumen des Federstahls
V_{GAS}	m³	Gasvolumen
V_{GRA}	mm³	Abtragvolumen beim Gravieren
V_{LA}	mm³	Aufbauvolumen
V_{LS}	mm³	Abtragvolumen beim Laserstrahlabtragen
V_{MAT}	cm³	Volumen des Materials
V_{SUB01}	cm³	Volumen des Substratblechs (Dicke 0,1 mm)
V_{SUB2}	cm³	Volumen des Substratblechs (Dicke 2 mm)
$\dot{V}$	l/min	Pumpleistung
v_f	m/min	Vorschubgeschwindigkeit
$v_{s,LA}$	mm/s	Scangeschwindigkeit (laseradditiv)
$v_{s,LS}$	m/s	Scangeschwindigkeit (lasersubtraktiv)

Symbol	Einheit	Bedeutung
VR_{GRA}	cm^3/h	Gravierrate
VR_{LA}	cm^3/h	Aufbaurate
VR_{LS}	mm^3/min	Abtragrate
x	µm	Partikelgröße

Griechische Symbole

Symbol	Einheit	Bedeutung
α_{EW}	°	Einstrahlwinkel der Laserstrahlung
β	°	Bauteilwinkel, Schneidwinkel
β_Z	°	Zielmaß des Winkels
γ	°	Wandwinkel
γ_{AR}	K/s	Abkühlgeschwindigkeit
Δ	mm, °	Genauigkeit
ΔB_Z	mm	Abweichung von der Zielbreite
ΔH_{LS}	%	Abweichung von der mit orthogonalem Einstrahlwinkel abgetragenen Tiefe
ΔH_Z	mm	Abweichung von der Zielhöhe
ΔK_{GK}	%	Gemeinkostenvorteil des KP gegenüber konventioneller Fertigung
$\Delta K_{GK,PM}$	%	Gemeinkostenreduktion des KP durch Prozess- und Maschinenanpassung
ΔK_{HK}	%	Herstellkostenvorteil des KP gegenüber konventioneller Fertigung
$\Delta K_{HK,PM}$	%	Herstellkostenreduktion des KP durch Prozess- und Maschinenanpassung
ΔK_{MAT}	%	Materialkostenvorteil des KP gegenüber konventioneller Fertigung
$\Delta K_{MAT,PM}$	%	Materialkostenreduktion des KP durch Prozess- und Maschinenanpassung
$\Delta K_{MK,PM}$	%	Maschinenkostenreduktion des KP durch Prozess- und Maschinenanpassung
ΔK_{PK}	%	Personalkostenvorteil des KP gegenüber konventioneller Fertigung
$\Delta K_{PK,PM}$	%	Personalkostenreduktion des KP durch Prozess- und Maschinenanpassung
Δt	%	Zeitvorteil des KP gegenüber konventioneller Fertigung
Δxy	mm	Genauigkeit in x-y-Ebene
Δz	mm	Genauigkeit in z-Richtung
$\Delta\beta$	°	Genauigkeit des Bauteilwinkels
$\Delta\beta_Z$	°	Abweichung vom Zielwinkel

Symbol	Einheit	Bedeutung
δ_H	mm	Höhendifferenz
κ	W/(m×K)	Wärmeleitfähigkeit
λ	nm	Wellenlänge, spektrale Bandbreite
ρ	kg/m³; %	Dichte; relative Dichte
ρ_A	g/m²	Grammatur
ρ_{FS}	g/cm³	Dichte des Federstahls
ρ_{LA}	g/cm³	Dichte des aufgebauten Werkstoffs
ρ_{MAT}	g/cm³	Dichte des Materials
ρ_{SUB}	g/cm³	Dichte des Substratblechwerkstoffs
ϕ_{th}	J/cm²	Abtragschwelle

Abkürzungen

Symbol	Bedeutung
1D	eindimensional
2D	zweidimensional
3D	dreidimensional
AB	Ablängen und Biegen, Abläng- und Biegemaschine
AfA	Abschreibungstabellen für die Absetzung für Abnutzung
BÜ	Bürsten, Bürstenmaschine
CAD	Computer Aided Design
CAM	Computer Aided Manufacturing
CCD	Charge-Coupled Device
DED	Directed Energy Deposition
DIN	Deutsches Institut für Normung
DTP	Desktop-Publishing
ESU	Europäische Stanzform Union
GRA	Gravieren, Graviermaschine
GUM	Gummieren
H1–4	Härtegrade für Bandstahllinien
HDR	High Dynamic Range
HRC	Härte nach Rockwell Skala C
HV	Härte nach Vickers
KP	kombinierter Prozess
LA	laseradditive Fertigung, Aufbauen, laseradditive Maschine
LB-PBF/M	Laser-Based Powder Bed Fusion of Metals

Symbol	Bedeutung
LS	lasersubtraktive Fertigung, Abtragen, lasersubtraktive Maschine
LSS	Laserstrahlschneiden, Laserstrahlschneidmaschine
MES	Bemesserung
Nd:YAG	Neodym-dotierter Yttrium-Aluminium-Granat
PLO	Plotten, Plotter
PM	Prozess- und Maschinenanpassung
PS	Plattenscherenzuschnitt, Plattenschere
REG	Regeneration, Regenerator
ROI	Region of Interest
SB	konventionelle Stanzblechfertigung
SF	konventionelle Stanzformfertigung
SLI	Slice Layer Interface
STL	Surface Tesselation Language
WS	Werkstück
WSS	Wasserstrahlschneiden, Wasserstrahlschneidmaschine
WZ	Werkzeug
ÄTZ	Ätzen, Ätzmaschine
Yb	Ytterbium

1 Einleitung

Die Digitalisierung gewinnt in der industriellen Produktion zunehmend an Bedeutung. Insbesondere für die additive Fertigungstechnologie, bei der physische Bauteile direkt aus digitalen Daten hergestellt werden, hat sich ein wirtschaftlich relevanter Markt entwickelt. Das aktuelle Marktvolumen beträgt 9,5 Mrd. € weltweit und wird sich laut Prognosen in den nächsten fünf Jahren bei einer jährlichen Wachstumsrate von etwa 18 % mehr als verdoppeln [1]. Die schnelle Entwicklung deutet darauf hin, dass die additive Fertigung die Produktionslandschaft weiterhin maßgeblich verändern wird.

Speziell im Teilbereich der pulverbettbasierten laseradditiven Fertigung metallischer Bauteile gibt es zahlreiche Erfolgsbeispiele, die das branchenübergreifende Potenzial der Technologie unterstreichen [2]. Laseradditive Fertigungsverfahren besitzen durch den schichtweisen Aufbau von Bauteilen ohne formgebende Werkzeuge eine geometrische Gestaltungsfreiheit, die der konventionellen Produktion überlegen ist. Während des Fertigungsprozesses werden Bauteile endkonturnah unter effizienter Ausnutzung des Rohmaterials hergestellt. Im Vergleich zu herkömmlichen abtragenden Verfahren bedeutet dies erhebliche Materialeinsparungen.

Obwohl der laseradditiven Fertigung zahlreiche Vorteile zugeschrieben werden, gibt es Faktoren, die ihre Etablierung als Industrieprozess hemmen. Aufgrund des relativ zeitintensiven Herstellverfahrens geht der Prozess mit einer lang andauernden Maschinenbelegung einher. Dies führt zu hohen Herstellkosten, die direkt vom aufzubauenden Volumen abhängen [3]. Zudem weisen die Bauteile fertigungsbedingt Oberflächen auf, die aufgrund ihrer Gestaltabweichungen für den direkten Einsatz oft nicht ausreichend sind [2]. Folglich ist es zur Erfüllung der Anforderungen notwendig, diese Oberflächen zumindest teilweise nachzubearbeiten. Auf diesen Bearbeitungsvorgang entfallen bis zu 27 % der Herstellkosten [4].

Neben den konventionellen abtragenden Verfahren wie Fräsen, Schleifen und Polieren existieren Bestrebungen, auch den Laser als Werkzeug für die Oberflächennachbearbeitung additiv gefertigter Bauteile einzusetzen [5, 6, 7]. Jedoch bezieht sich die lasergestützte Nachbearbeitung bisher hauptsächlich auf die Verbesserung der Oberflächengüte [8]. Eine gezielte Reduktion möglicher Maßabweichungen wird bislang nicht durchgeführt. Da der additive Aufbau endkonturnah erfolgt, ist grundsätzlich nur ein geringes Werkstoffvolumen abzutragen, um das Sollmaß zu erreichen. Demzufolge erscheint der Laser als Instrument der Mikrobearbeitung mit seiner hohen Bearbeitungsgenauigkeit [9, 10] und den erreichbaren Oberflächenqualitäten [11] als geeignet, die Gestaltabweichungen von laseradditiv gefertigten Bauteilen zu korrigieren.

Die vorliegende Arbeit befasst sich daher mit der Entwicklung einer Prozesskombination aus laseradditiver und lasersubtraktiver Fertigung. Ziel des kombinierten Prozesses ist es, das Potenzial des lasersubtraktiven Verfahrens zur universellen Nachbearbeitung laseradditiv hergestellter Bauteile zu analysieren. Die Untersuchungen erfolgen sowohl unter technischen als auch wirtschaftlichen Gesichtspunkten. Im Hinblick auf eine Kosten- und Zeitorientierung konzentriert sich die Prozessentwicklung explizit auf die Herstellung von Bauteilen in Hybridbauweise, die aus einem geringvolumigen additiv aufgebauten und ei-

S. Hallmann, *Prozesskombination aus laseradditiver und lasersubtraktiver Fertigung*, Light Engineering für die Praxis,
https://doi.org/10.1007/978-3-662-72196-4_1

nem kostengünstigen konventionell erzeugten Anteil bestehen. Um die praktische Relevanz der Entwicklung zu verdeutlichen, wird die Prozesskombination abschließend exemplarisch an ausgewählten Referenzanwendungen aus dem Stanzwerkzeugbau demonstriert.

2 Stand von Wissenschaft und Technik

Unter dem Begriff der additiven Fertigung werden verschiedene Fertigungsverfahren zusammengefasst. Sie zeichnen sich dadurch aus, dass Bauteile entsprechend einer definierten Objektbeschreibung durch wiederholtes Auftragen von Material hergestellt werden. Der Eintrag der dafür notwendigen Energie erfolgt im Fall der laseradditiven Fertigung mit Hilfe eines Laserstrahls. Für Metallprodukte ist die laserbasierte Pulverbettfusion (Laser-Based Powder Bed Fusion of Metals, LB-PBF/M) mit einkomponentigem Metallpulver [12] nach dem Wirkprinzip des Wärmeleitungsschweißens [13] das am häufigsten eingesetzte laseradditive Verfahren. In dieser Arbeit ist mit dem Ausdruck der laseradditiven Fertigung grundsätzlich das LB-PBF/M-Verfahren gemeint.

Im Gegensatz dazu handelt es sich bei der subtraktiven Fertigung um die Herstellung von Bauteilen durch wiederholten Werkstoffabtrag. Das Verfahren des Laserstrahlabtragens, welches bei gezielter Änderung der Werkstückgeometrie als Laserstrahlformabtragen beschrieben wird [14], wird im weiteren Verlauf dieser Arbeit als lasersubtraktive Fertigung bezeichnet.

Der nächste Abschnitt zeigt den Stand von Wissenschaft und Technik der laseradditiven und lasersubtraktiven Fertigung auf, der als Grundlage für die anwendungsunabhängige Prozessentwicklung dient. Es folgt die Darstellung des notwendigen Basiswissens zu den Anwendungen aus dem Stanzwerkzeugbau, auf die der Prozess in der abschließenden Demonstration exemplarisch übertragen wird. Diese beinhaltet sowohl eine Beschreibung der Einsatzgebiete der entsprechenden Werkzeuge als auch deren konventionelle Herstellung. Ebenfalls im Hinblick auf die Demonstration werden am Ende dieses Kapitels die wichtigsten Aspekte der Kostenbetrachtung zur wirtschaftlichen Bewertung von Fertigungsprozessen aufgeführt.

2.1 Laseradditive Fertigung

Die laseradditive Fertigung zählt zur ersten Hauptgruppe der Fertigungsverfahren, dem Urformen [15]. Sie zeichnet sich dadurch aus, dass die Energie eines Laserstrahls ein einkomponentiges Metallpulver selektiv vollständig aufschmilzt und ein Bauteil auf Basis eines digitalen 3D-Datensatzes schichtweise nach dem Prinzip der stoffschlüssigen Verbindung aufgebaut wird. Diese schichtweise Herstellung erlaubt eine hohe Flexibilität bei der Gestaltung. Ohne spezielle Werkzeuge lassen sich nahezu unbegrenzt komplexe Objekte erzeugen, die individuell gestaltet, mit neuen Funktionen versehen oder auch in Integralbauweise realisiert werden können [16]. Darüber hinaus ist das Fertigungsverfahren durch einen effizienten Ressourceneinsatz charakterisiert, da durch eine endkonturnahe Bauweise ein sehr hoher Werkstoffausnutzungsgrad erreicht wird und nicht benötigte Anteile wiederverwertet werden können [17]. Im Herstellungsprozess kann verfahrensbedingt bis auf die Zugabe von Schutzgas vollständig auf Betriebsstoffe wie Kühlschmiermittel verzichtet werden.

Das Potenzial, das sich aus den genannten Vorteilen ergibt, wird bisher hauptsächlich in der Luft- und Raumfahrt [18], der Automobilindustrie [19], dem Energiesektor [20] sowie

S. Hallmann, *Prozesskombination aus laseradditiver und lasersubtraktiver Fertigung*, Light Engineering für die Praxis,
https://doi.org/10.1007/978-3-662-72196-4_2

der Medizintechnik [21, 22, 23] und dem Werkzeug- und Formenbau [24, 25] in wirtschaftlichen Nutzen umgesetzt. Insbesondere im Formenbau finden laseradditiv gefertigte Formen mit internen Kühlkanälen Verwendung, um Zykluszeiten zu verkürzen [26]. In den genannten Branchen wird das Verfahren eingesetzt, um funktionale Bauteile von der Einzel- bis zur Serienfertigung zu erzeugen. Verarbeitet werden dabei unter anderem Werkzeug- und Edelstähle sowie Aluminium- und Titanlegierungen [27].

Der Ablauf des laseradditiven Prozesses zur Verarbeitung der Werkstoffe wird im nächsten Abschnitt näher betrachtet. Anschließend wird eine Erläuterung zum Aufbau und zur Herstellung von hybriden Bauteilen insbesondere unter Beteiligung additiver Verfahren gegeben. Es folgt eine Darstellung zu den Grundlagen der Prozessparameter und Kenngrößen der laseradditiven Fertigung. Abschließend werden die Merkmale aufgeführt, die zur Beurteilung der Ergebnisqualität des Prozesses dienen.

2.1.1 Verfahren

Zur Herstellung von Bauteilen mittels laseradditiver Fertigung sind lediglich die Maschineninfrastruktur, das digitale Bauteilmodell, der entsprechende Pulverwerkstoff sowie die Parametereinstellungen vonnöten. Der zugrundeliegende Prozess ist in drei Abschnitte unterteilt, in denen der Fertigungsprozess von vor- und nachgeschalteten Prozessschritten umgeben ist [28].

Im Vorfeld der Fertigung wird ein dreidimensionales Volumenmodell (3D-CAD-Modell) erzeugt. Die Geometriedaten dieses Modells werden durch Oberflächentriangulation als Oberflächenmodell im Standarddateiformat STL (Surface Tesselation Language) exportiert. Anschließend wird die STL-Datei in einem maschinenspezifischen virtuellen Bauraum ausgerichtet und positioniert. Da eine Anbindung des Bauteils an eine Bauplattform erforderlich ist, wird in diesem Schritt gleichzeitig die Befestigung definiert. Diese erfolgt entweder direkt an der Bauplattform oder indirekt über Stützstrukturen zwischen Plattform und Bauteil. Beide Methoden erfüllen vor allem die Funktionen der Wärmeableitung, der Bauteilfixierung auf der Plattform und der Kompensation von Verformungen durch thermisch induzierte Eigenspannungen [29, 30, 31]. Des Weiteren dienen sie der temporären Abstützung des Bauteils während der Fertigung [32]. Anschließend wird das Oberflächenmodell in Schichten mit definierter Dicke geschnitten und jede Schicht mit Laservektoren gefüllt. Die für die Fertigung notwendigen Maschinendaten werden durch Zuweisung anlagen- und prozessspezifischer Parameter erzeugt. Zur Vorbereitung der Maschine wird die Bauplattform, die üblicherweise aus derselben Werkstoffgruppe wie der verwendete Pulverwerkstoff besteht [13], in der Prozesskammer auf einem Hubtisch installiert (Abbildung 2.1). Auf der Bauplattform werden in einem späteren Prozessschritt die Bauteile aufgebaut. Sie hat typischerweise eine Dicke D_{BP} von 20 mm im Neuzustand [33], um einem möglichen Verzug der Bauteile vorzubeugen. Ihre Fläche A_{BP} hängt von der Grundfläche des Bauraums der genutzten Maschine ab und reicht in der Regel von 100×100 mm² bis 600×600 mm² [34]. Zudem kann sie auf mehrere hundert Grad Celsius temperiert werden [29, 35], um den Temperaturgradienten während des Herstellungsprozesses zu reduzieren. Damit kann den resultierenden Eigenspannungen, dem Verzug sowie Rissen im Bauteil entgegengewirkt werden [30, 36]. Vor Fertigungsbeginn wird eine Schutzgasatmosphäre aus Argon oder Stickstoff in der Prozesskammer geschaffen, die während der gesamten Fertigung erhalten bleibt. Sie schützt die Schmelze vor Oxidation und entfernt Nebenprodukte wie Schweißrauch und -spritzer aus dem Arbeitsbereich.

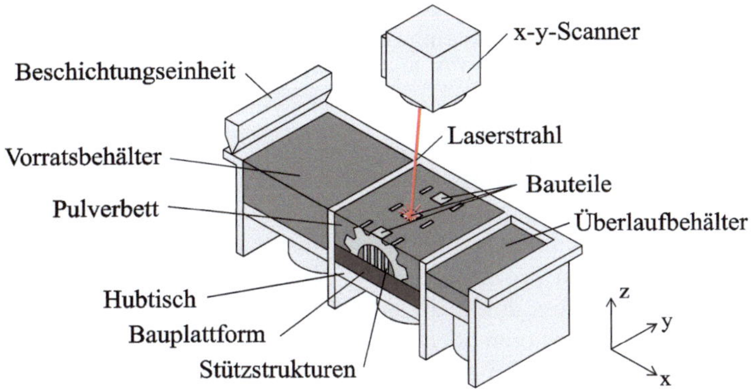

Abbildung 2.1: schematischer Aufbau einer Prozesskammer für die laseradditive Fertigung

Abbildung 2.2 zeigt den zyklischen Ablauf des laseradditiven Fertigungsprozesses. Im ersten Schritt trägt eine Beschichtungseinheit, die gleichzeitig zur Nivellierung des Pulverbetts dient, eine Pulverschicht auf die Bauplattform auf. Die Schichtdicke D_{LA} hängt von der periodischen Absenkung des Hubtisches in z-Richtung ab und liegt zwischen 20 und 200 µm [37, 38]. Überschüssiges Pulver wird von der Beschichtungseinheit in einen Überlaufbehälter gefördert. Anschließend wird der Laserstrahl mittels eines Galvanometerscanners und einer Fokussiereinheit mit der Scangeschwindigkeit $v_{s,LA}$ in der x-y-Ebene über die Pulverbettoberfläche geführt [39]. Dabei erfolgt ein vollständiges Aufschmelzen der Pulverpartikel durch eine selektive Laserbelichtung an den Stellen, an denen das Bauteil entstehen soll, sodass sich die aufgeschmolzenen Partikel untereinander und mit der darunter liegenden Schicht verbinden. Nach der Erstarrung der Schmelze liegt eine feste metallurgische Verbindung vor. Die notwendige Wärmeabfuhr erfolgt über die Stützstrukturen bzw. die Bauteile, die Bauplattform und das Pulverbett. Zur Verarbeitung me-

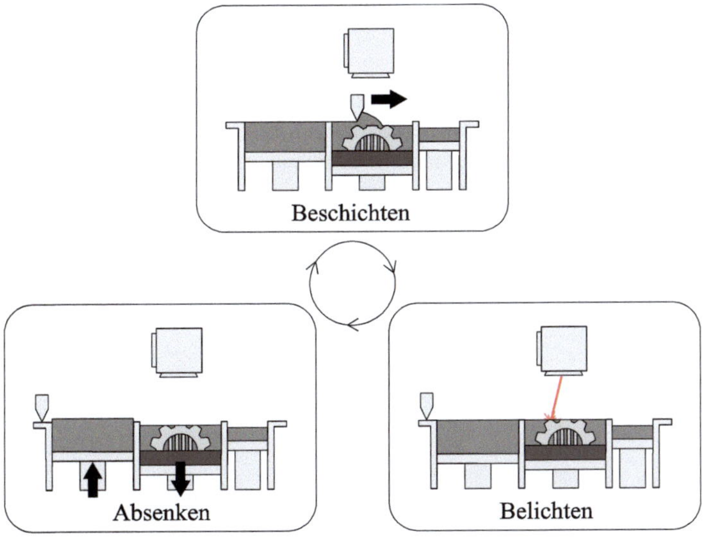

Abbildung 2.2: zyklischer Fertigungsprozess der laseradditiven Fertigung

tallischer Werkstoffe werden in der Regel single-mode Festkörperlaser im Dauerstrichbetrieb mit nahinfraroten Wellenlängen eingesetzt. Die Laserstrahlquelle emittiert eine Leistung P_{LA} zwischen 20 W und 1 kW [27]. Nach Absenken des Hubtisches um eine Schichtdicke wird erneut Metallpulver aufgetragen. Dieser Zyklus wiederholt sich, bis das Bauteil fertig ist.

Nach Abschluss des Fertigungsprozesses werden die Bauteile von dem umgebenden Pulverwerkstoff befreit und die Bauplattform mit den Bauteilen aus der Prozesskammer entnommen. Das nicht aufgeschmolzene Pulver sowie das Pulver aus dem Überlauf werden aufbereitet und können dem Prozess erneut zugeführt werden [40]. Wenn die Bauteile nach dem Herstellungsprozess direkt die gestellten Anforderungen erfüllen, werden sie abschließend durch Drahterodieren oder mittels einer Bandsäge von der Bauplattform getrennt, und gegebenenfalls werden die Stützstrukturen entfernt. Oftmals werden die Anforderungen jedoch nicht vollständig erfüllt, wodurch eine Nachbearbeitung der Bauteile durch subtraktive Fertigung, Oberflächennachbehandlung oder thermische Prozesse erforderlich sein kann [2].

2.1.2 Hybride Bauteile

Im vorangegangenen Abschnitt wurde beschrieben, dass ein mittels Pulverbettverfahren hergestelltes Bauteil in der laseradditiven Fertigung aus nur einem Werkstoff besteht. Als Sonderform ist es jedoch möglich, hybride Bauteile zu fertigen [41], die über eine Hybridbauweise verfügen. Dabei besteht ein Bauteil aus mindestens zwei additiv aufgebauten Werkstoffen [42], die mit demselben Verfahren aufgebaut sein können, oder aus Bestandteilen, die mit unterschiedlichen Technologien hergestellt werden [43]. Im zweiten Fall wird ein additives Segment auf ein konventionell subtraktiv oder urformtechnisch hergestelltes Segment aufgebracht [41]. Dabei dient das konventionelle Segment immer als Substrat, auf das das additive Segment aufgebaut wird. Der Einsatz rein additiver Fertigungstechnologie ermöglicht die Einstellung gradierter Bauteileigenschaften durch einen fließenden Übergang zwischen den Werkstoffen [44]. Im Gegensatz dazu gehen die Segmente bei der technologieübergreifenden Fertigung, die im weiteren Verlauf betrachtet wird, diskret ineinander über [45, 46].

In einem Hybridbauteil ergibt sich eine sinnvolle Kombination von konventioneller und additiver Fertigung, wenn die Vorteile der Technologien gezielt genutzt werden (Abbildung 2.3) [44]. Soll ein Rohling einfacher Geometrie mit einer Nut versehen werden, empfiehlt sich der Einsatz eines konventionell subtraktiven Bearbeitungsverfahrens wie z. B.

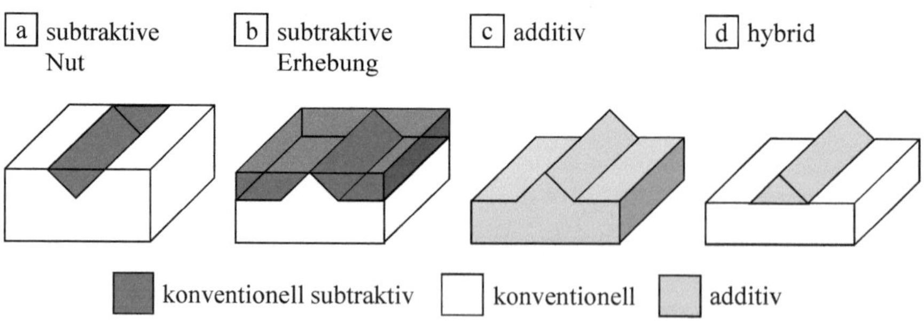

Abbildung 2.3: Vergleich unterschiedlicher Bauweisen; (a) subtraktiv mit Nut, (b) subtraktiv mit Erhebung, (c) additiv, (d) hybrid

Fräsen (Abbildung 2.3.a). Da die Aussparung nur einen geringen Anteil am Gesamtvolumen des Bauteils ausmacht, ist die konventionelle subtraktive Fertigung wirtschaftlich. Falls das Bauteil aus demselben Rohling jedoch eine Erhebung aufweisen soll und dasselbe Bearbeitungsverfahren angewendet wird, verschlechtert sich die Materialeffizienz (Abbildung 2.3.b). Im Vergleich zum ersten Fall muss wesentlich mehr Werkstoff in Form von nicht wiederverwendbaren Spänen abgetragen werden, weshalb ein additives Fertigungsverfahren effizienter wäre. Die gesamte Geometrie könnte auch additiv aufgebaut werden (Abbildung 2.3.c). Hierbei würde jedoch ein großes Volumen mit einem teuren Herstellungsverfahren erzeugt werden. Aus diesem Grund empfiehlt es sich, das Bauteil derart aufzuteilen, dass die Erhebung, die nur einen kleinen Teil des Bauteilvolumens darstellt, additiv gefertigt wird, während das untere Segment aus einem konventionell hergestellten Anteil besteht (Abbildung 2.3.d). Das Bauteil besitzt dann einen hybriden Aufbau, der unter den genannten Randbedingungen sinnvoll ist. Aus wirtschaftlicher und technischer Sicht bietet es sich darüber hinaus grundsätzlich an, einfache Segmente mit konventioneller Technologie abzubilden und komplexe Segmente, die auf herkömmlichem Wege nicht gefertigt werden können, laseradditiv aufzubauen.

Neben dem laseradditiven Pulverbettverfahren wird zur Herstellung von metallischen Hybridbauteilen auch das sogenannte DED-Verfahren (Directed Energy Deposition) eingesetzt [44]. Es zeichnet sich durch einen Werkstoffauftrag mit gleichzeitigem, gerichtetem Energieeintrag aus [47]. Dabei wird der Aufbauwerkstoff in Form von Pulver oder Draht zugeführt, während des Auftragvorgangs mittels Laserstrahl oder Lichtbogen aufgeschmolzen und schichtweise auf dem Substrat abgeschieden. Die Vorteile des Verfahrens liegen in der hohen Auftragrate und der Eignung für größere Bauteile, die die Bauraumgröße kommerziell verfügbarer Pulverbettmaschinen überschreiten [48]. Zudem ermöglicht das Verfahren prinzipiell den Aufbau auf beliebig geformten Substraten, sofern die Zugänglichkeit gewährleistet ist. Ein Beispiel für ein hybrides Bauteil sind additiv hergestellte Propellerblätter auf einer zylinderförmigen Nabe als Substrat [49].

Der Aufbau von Hybridbauteilen mit Beteiligung des Pulverbettverfahrens stellt andere Anforderungen an das Substrat [50]. Dieses darf maximal eine Fläche in den Abmessungen der Bauplattform aufweisen und zusammen mit dem aufgebauten Segment eine Höhe besitzen, die kleiner als die mögliche Bauhöhe der Maschine ist. Zusätzlich muss es zur Einspannung in der Maschine über Schnittstellen entweder zum Hubtisch oder zur Bauplattform verfügen. Damit der Beschichtungsvorgang stattfinden kann, muss der Teil des Substrats, auf dem laseradditiv gefertigt werden soll, eine ebene Fläche bilden und in der Maschine waagerecht ausgerichtet sein. Das bedeutet, dass keine z-Koordinate des Substrats höher liegen darf als die z-Koordinate, auf deren Ebene aufgebaut werden soll. Außerdem ist ein Aufbau immer nur in der aktuellen z-Position möglich, weil der restliche Teil des Bauteils im Pulverbett nicht zugänglich ist. Da das Pulverbettverfahren ein höheres Auflösungsvermögen als das DED-Verfahren aufweist, können filigranere additive Segmente hergestellt werden. Die fertigbaren Größen hybrider Bauteile sind weiterhin durch die Größe des Bauraums begrenzt. Als Anwendungsbeispiel können Werkzeugformen genannt werden, die aus einem konventionell gefertigten Segment mit geradlinig verlaufenden Kühlkanälen bestehen, die im laseradditiven Segment wiederum gekrümmt ausgeprägt sind [44].

Bei der Anwendung des Pulverbettverfahrens werden in wissenschaftlichen Untersuchungen bisher am häufigsten die Werkstoffe Kupfer und Stahl sowie Stahl und Stahl miteinander kombiniert [50]. Der Werkstoffübergang befindet sich bei diesen Bauteilen quer zur Aufbaurichtung. Der Schwerpunkt liegt dabei auf der Untersuchung der Verbindungsqualität zwischen den Werkstoffen. Es werden üblicherweise Zug- [51, 52, 53, 54] oder Biegeproben [55, 56] mit 50 % additivem Anteil gefertigt und geprüft, um Aussagen über die Versagensmechanismen der hybriden Bauteile zu erhalten. Hybridbauteile mit Blechsubstrat werden in der Wissenschaft nur in wenigen Fällen untersucht. Hierbei stehen reine Werkstoffkombinationen von Ti-6Al-4V [57] und 316L [58] bei Blechdicken D_{SUB} von mindestens 1,5 mm im Fokus der Untersuchungen. Als Anwendungsfall ist ein Demonstrator zu nennen, bei dem vor einem Tiefziehvorgang eine Verzahnung additiv auf den blechförmigen Grundkörper aufgebracht wird [58]. Der Aufbau auf dünneren Substraten wurde bislang nicht untersucht.

2.1.3 Prozessparameter und -kenngrößen

Beim laseradditiven Fertigungsprozess wird der Laserstrahl mit der Laserleistung P_{LA} und der Scangeschwindigkeit $v_{s,LA}$ über das Pulverbett geführt. Dabei wird in jeder abgefahrenen Spur die Streckenenergie E_S [J/cm] eingebracht (Gleichung 2.1) [9].

$$E_S = \frac{P_{LA}}{v_{s,LA}} \tag{2.1}$$

Mit einem Spurabstand h_s schmilzt der Laserstrahl das Metallpulver in der Schichtdicke D_{LA} auf. Als Prozesskenngröße zur Bauteilcharakterisierung wird typischerweise die Volumenenergiedichte E_V [J/cm³], auch Volumenenergie genannt, verwendet, die sich aus den erwähnten Prozessparametern berechnet (Gleichung 2.2) [2].

$$E_V = \frac{P_{LA}}{v_{s,LA} \times h_s \times D_{LA}} \tag{2.2}$$

Das während der Belichtungszeit aufgeschmolzene Werkstoffvolumen dient in der laseradditiven Fertigung als Kenngröße zur besseren Vergleichbarkeit der Ergebnisse und wird durch die Volumenrate VR_{LA} [cm³/h], im weiteren Verlauf dieser Arbeit auch Aufbaurate genannt, ausgedrückt (Gleichung 2.3) [2].

$$VR_{LA} = v_{s,LA} \times h_s \times D_{LA} \tag{2.3}$$

Sie wird häufig zur Abschätzung der Fertigungszeit verwendet, wobei zur Gesamtzeit die Dauer der Pulverbeschichtung addiert werden muss. Je nach Maschine, verwendetem Pulverwerkstoff und Bauteilgeometrie liegen typische Volumenraten VR_{LA} beim Einsatz eines Lasers aktuell zwischen 2 und 25 cm³/h [34]. Die Aufbaurate kann unter anderem durch den Einsatz von mehr als einem Laser erhöht werden. Für ein Vierlasersystem ergeben sich Aufbauraten VR_{LA} von bis zu 170 cm³/h [34]. Bei der Auslegung des laseradditiven Prozesses werden eine möglichst hohe Energiedichte und Volumenrate angestrebt, um die Produktivität durch Verkürzung der Fertigungszeit zu steigern. Um die Volumenrate bei konstanter Volumenenergiedichte und damit konstanter Bauteildichte zu erhöhen, ist zunächst eine Erhöhung der Laserleistung erforderlich [59]. Für den einzelnen Laserstrahl bedeutet dies, dass die Produktivitätssteigerung entweder durch eine schnellere Scangeschwindigkeit bzw. durch eine Vergrößerung der Schichtdicke oder des Spurabstands realisiert wird. Bei konstantem Fokusdurchmesser muss darauf geachtet werden, dass kein Material verdampft oder sich Spritzer bilden. Andernfalls kann es zu Fehlstellen im Bauteil oder zu einer Verschlechterung der Oberflächenqualität kommen [39]. Letztlich sind die erreichbare Volumenrate und damit die Energiedichte durch das Absorptionsverhalten und durch die Wärmeleitfähigkeit des verwendeten Werkstoffs begrenzt [27].

Abbildung 2.4 zeigt, dass die vollständige Belichtung jeder Schicht durch ein festgelegtes Schema gekennzeichnet ist. Zuerst wird die Innenkontur belichtet, danach die innere Schichtfläche und abschließend die äußere Kontur [60]. Die Konturfahrten tragen dazu bei, die Schmelzspuren der inneren Schicht zu glätten und die geometrische Genauigkeit des Bauteils zu erhöhen [39, 61]. Zur Belichtung der Schichtfläche kommen die in der laseradditiven Fertigung typischen Scanstrategien zum Einsatz [9]. Bei der Standardstrategie (Abbildung 2.4.a) wird die Bauteilschicht über ihre gesamte Länge mit parallelen Laservektoren aufgefüllt [62, 63]. In gleicher Weise sind die Vektoren bei der Streifenbelichtung ausgerichtet (Abbildung 2.4.b), fallen jedoch kürzer aus [64]. Dadurch können in jeder Bauteilschicht mehrere Streifen nebeneinander angeordnet werden. Die Schachbrettbelichtung (Abbildung 2.4.c) zeichnet sich durch eine Vektoranordnung aus, bei der die Streifen wiederum in einzelne Teilflächen unterteilt und abwechselnd orthogonal zueinander verdreht sind [62]. Alle Scanstrategien haben gemeinsam, dass die Laservektoren von Schicht zu Schicht alternieren oder um eine definierte Gradzahl gedreht sein können. Innerhalb der Schicht ist die Abfolge der Belichtung entweder definiert oder erfolgt nach stochastischem Prinzip. Durch die Verwendung der Streifen- oder Schachbrettstrategie kann eine homogenere Temperaturverteilung als bei der Standardstrategie [64] erreicht werden, was zu einem günstigeren Eigenspannungsverhalten führt [31]. Diese Belichtungsstrategien werden daher insbesondere für größere Expositionsflächen empfohlen [39]. Aufgrund der kürzeren Vektoren und der damit verbundenen größeren Anzahl von Sprüngen in der Scanabfolge gehen sie allerdings mit einer Verlängerung der Belichtungszeit einher [60].

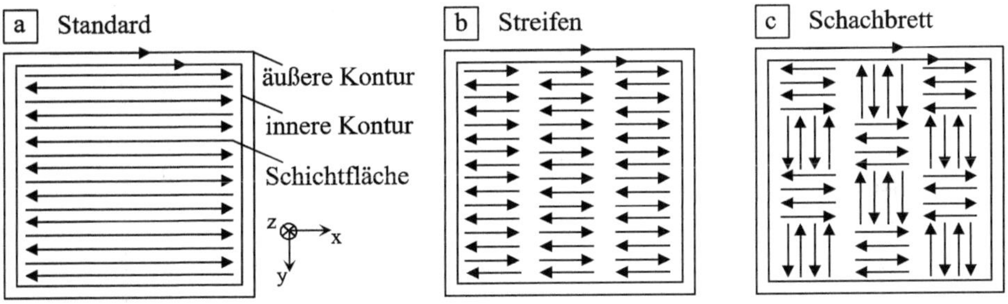

Abbildung 2.4: Belichtungsschema einer Schicht mit Scanstrategien; (a) Standard, (b) Streifen, (c) Schachbrett

2.1.4 Qualitätsmerkmale

Die im vorherigen Abschnitt dargestellten Parameter und Kenngrößen beeinflussen neben mehr als 130 weiteren Größen das Ergebnis des laseradditiven Fertigungsprozesses [60, 65, 66, 67]. Dieses lässt sich anhand bestimmter Qualitätsmerkmale des Aufbauwerkstoffs sowie der gefertigten Bauteile charakterisieren [2, 68]. Als Anforderungen an den Aufbauwerkstoff sind die Merkmale Dichte und Mikrostruktur zu nennen [68]. Das übergeordnete Ziel der laseradditiven Fertigung besteht in der Erzeugung porenfreier Werkstücke, die über eine relative Dichte, im Folgenden als Dichte ρ bezeichnet, von nahezu 100 % verfügen [69, 70, 71] und die hinsichtlich ihrer mechanischen Eigenschaften den entsprechenden Normen genügen [40]. Zur Realisierung dieses Ziels muss sich während des Schmelzvorgangs ein stabiles und geschlossenes Schmelzbad ausbilden, das sich ausreichend ausdehnen kann, um die schmelzmetallurgische Verbindung zwischen den einzelnen Spuren und den Aufbauschichten zu bewirken [39]. Wenn der Energieeintrag in die Wechselwirkungszone zu hoch oder zu niedrig ist, kann das Schmelzbad unterbrochen werden. Dies kann wiederum zu einer Erhöhung der Porosität in den produzierten Bauteilen führen [72]. Ausgefranste Poren im Bauteil entstehen, wenn die Intensität der Laserstrahlung nicht ausreicht, um den Pulverwerkstoff vollständig aufzuschmelzen. Zusätzlich führt die Schrumpfung des Werkstoffs zu einer ungenügenden Speisung während des Abkühlvorgangs [73]. Bei einer zu hohen Energieeinbringung bilden sich runde Poren, die aus Gaseinschlüssen bestehen. Sie entstehen durch Gase, die durch den Energieeintrag des Lasers in der Schmelze gelöst werden. Die Löslichkeit verringert sich jedoch beim Abkühlen und Kristallisieren. Dadurch scheiden sich die Gase ab und bilden innere Hohlräume im Bauteil [74, 75]. Insbesondere sind die mechanischen Eigenschaften von Bauteilen von der Dichte abhängig [76]. Poren beeinflussen als Fehlstellen die Bauteilhärte negativ, fördern die Rissbildung und -ausbreitung und verringern damit die statische und dynamische Festigkeit [67, 77, 78].

Hohe Temperaturgradienten bei der Abkühlung des Werkstoffs aus dem flüssigen Aggregatzustand führen bei Abkühlgeschwindigkeiten γ_{AR} zwischen 10^3 und 10^8 K/s zur Ausbildung einer Mikrostruktur mit sehr feinen Körnern [63, 79, 80]. Das Kornwachstum erstreckt sich über mehrere Schichten vorwiegend in Aufbaurichtung (z-Richtung) [81]. Je nach Legierung können gewünschte Gefügezustände, z. B. durch Lösungsglühen und Auslagern, nachträglich eingestellt werden.

Laseradditiv gefertigte Bauteile unterliegen Anforderungen hinsichtlich der Oberflächenqualität, der geometrischen Beschaffenheit und des mechanischen Verhaltens [68]. Die beiden erstgenannten lassen sich unter Gestaltabweichungen zusammenfassen, die als Gesamtheit aller Abweichungen der realen Oberfläche (Ist-Oberfläche) von der geometrisch idealen Oberfläche definiert sind [82]. Gestaltabweichungen treten auf, da die Herstellung eines geometrisch idealen Bauteils unabhängig vom Fertigungsverfahren nicht möglich ist [83]. Aus diesem Grund ist es notwendig, Mindestanforderungen zu definieren [84], die mithilfe von Toleranzen beschrieben werden [85]. Abweichungen von jeglicher Spezifikation sind durch externe Störeinflüsse begründet oder technologiebedingt [86]. Beim laseradditiven Fertigungsprozess entstehen durch den Einsatz von Pulver als Werkstoff und den schichtweisen Aufbau Gestaltabweichungen, die durch die Technologie hervorgerufen werden [87]. Diese lassen sich teilweise in das für konventionelle Fertigungsverfahren bekannte Schema nach DIN 4760 [82] einordnen, das die Abweichungen in sechs Ordnungen einteilt. Bei der werkzeuglosen Fertigung sind die Entstehungsursachen jedoch auf andere Effekte zurückzuführen [88].

Die Oberflächenbeschaffenheit wird anhand ihrer Güte beschrieben. Diese drückt sich durch die Rauheit aus, den Gestaltabweichungen der dritten bis fünften Ordnung. Eine messtechnische Erfassung an technischen Oberflächen ist für Rauheiten dritter und vierter Ordnung möglich [82]. Der aus dem laseradditiven Fertigungsprozess resultierenden Oberflächenrauheit wird eine besondere Bedeutung für die Erfüllung von Anforderungen beigemessen, da sie für den direkten Einsatz der Bauteile häufig zu hoch [89] und höher als die Rauheiten konventionell hergestellter Bauteile ist [90]. Sie wird maßgeblich durch den pulverförmigen Ausgangswerkstoff und durch die Fertigung in Schichten beeinflusst [39, 63, 66]. Die Oberflächen laseradditiv gefertigter Bauteile weisen Rauheitswerte R_a auf, die zwischen 3 [91] und 40 µm [92] liegen. Insbesondere partiell aufgeschmolzene oder an der Bauteiloberfläche anhaftende Pulverpartikel reduzieren die Oberflächengüte selbst bei einfachsten Geometrien [39]. Einzelne erstarrte Schmelzspuren erzeugen durch ihre Ausläufer eine unebene Bauteiloberfläche [66]. Zusätzlich beeinträchtigt der sogenannte Treppenstufeneffekt die Oberflächengüte. Er tritt aufgrund des schichtweisen

Aufbaus des Bauteils an geneigt zur Bauplattform angeordneten Flächen auf [32] und verstärkt sich, wenn der Neigungswinkel gegenüber der Baurichtung zunimmt [93]. Durch den Einsatz adaptierter Schichtdicken oder durch angepasste Aufbauparameter kann die Oberflächenrauheit bereits bei der Datenvorbereitung bzw. während der Fertigung positiv beeinflusst werden [60, 94]. Eine Oberflächenbehandlung nach dem Fertigungsprozess, z. B. durch abrasive Partikelstrahlverfahren, verbessert die Oberflächengüte [95].

Die Elemente eines Bauteils besitzen Abmessungen und eine geometrische Gestalt, deren Qualität durch die zugehörigen Abweichungen in Maß, Form und Lage bestimmt wird [96]. Maßabweichungen umfassen Längen- und Winkelvorgaben [68], während Formvorgaben Aspekte wie Geradheit, Ebenheit, Rundheit, Zylinder- und Profilform betreffen [97]. Diese Abweichungen werden gemäß DIN 4760 der ersten Ordnung klassifiziert. Lagevorgaben begrenzen die zulässigen Abweichungen von der idealen Lage mehrerer Elemente zueinander [97]. Als Beispiele sind Parallelität, Rundlauf, Rechtwinkligkeit und Symmetrie zu nennen. Die Eingrenzung der zulässigen Maß-, Form- und Lageabweichungen erfolgt jeweils durch Toleranzvorgaben, die entweder individuell oder als Allgemeintoleranzen gelten [96, 98]. In den Tabellen 2.1 und 2.2 sind die Allgemeintoleranzen nach DIN 2768-1 für Längenmaße in Abhängigkeit von den Grenzabmaßen für verschiedene Nennmaßbereiche sowie die Grenzabmaße für Winkelmaße dargestellt [96].

Aufgrund des begrenzten Bauraums handelsüblicher Maschinen ist für Längen- und Winkelmaße aktuell nur der Nennmaßbereich bis 400 mm sinnvoll anzuwenden, wobei zwischen den Toleranzklassen fein, mittel, grob und sehr grob unterschieden wird [2, 96]. Für Allgemeintoleranzen der Form und Lage gilt der Nennmaßbereich bis 1000 mm als sinnvoll, wobei sich die Toleranzklassen von fein bis grob unterteilen [99]. Um die erforder-

Tabelle 2.1: Allgemeintoleranzen – Grenzabmaße für Längenmaße nach DIN 2768-1 [96]

Toleranzklasse	Grenzabmaße für Nennmaßbereiche							
Benennung (Kurzzeichen)	von 0,5 bis 3	über 3 bis 6	über 6 bis 30	über 30 bis 120	über 120 bis 400	über 400 bis 1000	über 1000 bis 2000	über 2000 bis 4000
fein (f)	±0,05	±0,05	±0,1	±0,15	±0,2	±0,3	±0,5	–
mittel (m)	±0,1	±0,1	±0,2	±0,3	±0,5	±0,8	±1,2	±2
grob (c)	±0,2	±0,3	±0,5	±0,8	±1,2	±2	±3	±4
sehr grob (v)	–	±0,5	±1	±1,5	±2,5	±4	±6	±8

Werte in mm

Tabelle 2.2: Allgemeintoleranzen – Grenzabmaße für Winkelmaße nach DIN 2768-1 [96]

Toleranzklasse	Grenzabmaße für Längenbereiche, in mm, für den kürzeren Schenkel des Winkels				
Benennung (Kurzzeichen)	bis 10	über 10 bis 50	über 50 bis 120	über 120 bis 400	über 400
fein (f)	±1°	±0° 30′	±0° 20′	±0° 10′	±0° 5′
mittel (m)	±1°	±0° 30′	±0° 20′	±0° 10′	±0° 5′
grob (c)	±1° 30′	±1°	±0° 30′	±0° 15′	±0° 10′
sehr grob (v)	±3°	±2°	±1°	±0° 30′	±0° 20′

lichen Toleranzen einzuhalten, kann eine Nachbearbeitung des Bauteils nötig sein. Typischerweise ist hierfür eine Bearbeitungszugabe notwendig, die mindestens der maximalen Abweichung entspricht [2]. Für die laseradditive Fertigung wird derzeit eine Genauigkeit Δxy bzw. Δz ausgewiesen, die von ±0,1 [100] bis ±0,2 mm [2] reicht. Einen Bezug zwischen dieser Aufbaugenauigkeit, der Aufbaurichtung und einem definierten Nennmaßbereich stellen die Quellen nicht her.

Die genannten Maß-, Form- und Lageabweichungen sind abhängig vom Auflösungsvermögen der Technologie, vom Schrumpf der Bauteile, dem Verzug durch Eigenspannungen und der Anlagentechnik [39, 63]. Das Auflösungsvermögen der laseradditiven Fertigung ist richtungsabhängig. Das Bauteilmaß in Aufbaurichtung ist durch die Schichtdicke begrenzt, wodurch die Bauteilabmessungen nur ein Vielfaches der Schichtdicke betragen können, ohne dass Gestaltabweichungen auftreten. Von der Spurbreite und -höhe hängt die Auflösung in der Schichtebene (x-y-Ebene) ab. Die Abweichungen entstehen durch Schmelzspuren, denen bei ihrer Erzeugung nicht genügend Platz zur Verfügung steht. Als Folge ragen die Bahnen über die Sollkontur hinaus [101, 102]. Zusätzlich werden die erreichbaren Genauigkeiten insbesondere durch die Wiederhol- und Positioniergenauigkeit des Ablenksystems sowie durch die optischen Komponenten beeinflusst [103, 104].

Als weiterer Effekt der Gestaltabweichung bezeichnet Schrumpf eine Volumen- bzw. Porositätsänderung eines nicht verfestigten Ausgangswerkstoffs, wenn dieser durch den Laserstrahl mit der Aktivierungsenergie beaufschlagt wird und dadurch ein Aufschmelzvorgang sowie eine Volumenreduktion stattfindet [39, 87]. Dieses Verhalten, das maßgeblich von der Packungsdichte des Ausgangswerkstoffs beeinflusst wird [105], führt zu einer Erhöhung der Dicke der darauf folgenden applizierten Schicht [39], wodurch jede weitere aufgetragene Schicht dicker ist, als vom Anwender beabsichtigt. Bauteilschrumpf kann auch vom Bauteilvolumen und der -orientierung abhängen [104]. Durch eine geeignete Maschinensteuerung und Bauteilgestaltung ist eine Kompensation möglich.

Eigenspannungen sind verantwortlich für den Verzug laseradditiv gefertigter Bauteile. Ihr Auftreten wird im Wesentlichen durch zwei Mechanismen beschrieben [106, 107], dem Temperatur-Gradienten-Mechanismus [108] und abkühlungsbedingter Schrumpfung [39]. Hohe Abkühlgradienten führen zum Auftreten von Zug- und Druckspannungen in den einzelnen Schichten des Bauteils [36, 39]. Daraus resultieren mikroskopisch elastische oder plastische Verformungen, die zu Instabilitäten im Prozess sowie zu Verzug und Rissen im Bauteil führen können. Als Maßnahmen zur Reduzierung der Temperaturgradienten und damit des Verzugs werden angepasste Belichtungsstrategien, höhere Schichtdicken oder eine Vorwärmung der Bauplattform eingesetzt [30, 36].

Im Wesentlichen werden die mechanischen Anforderungen durch die Qualitätsmerkmale Härte und Festigkeit beschrieben [68]. Die durch die laseradditive Fertigung erreichbare Bauteilhärte entspricht den Werten konventionell hergestellter Werkstoffe der gleichen Legierung [2]. Sie steigt zudem mit abnehmender Porosität, die sich aus dem Aufbauprozess ergibt [109]. Gewünschte Härtegrade können durch geeignete Wärmebehandlungen nach der Fertigung erreicht werden [63, 66, 110]. Laseradditiv gefertigte Bauteile besitzen aufgrund ihres feinkörnigen Gefüges hohe statische Festigkeitseigenschaften, die häufig bereits im Fertigungszustand die Anforderungen von gieß- oder walzprozessgefertigten Bauteilen erfüllen oder sogar übertreffen [39]. Dieser Zustand geht jedoch mit einer reduzierten Duktilität des Werkstoffs einher [63], sodass zur Regulierung der Festigkeitseigenschaften eine geeignete thermische Nachbehandlung erforderlich sein kann, um den gewünschten Gefügezustand einzustellen [111].

2.2 Lasersubtraktive Fertigung

Die lasersubtraktive Fertigung ist der dritten Hauptgruppe der Fertigungsverfahren Trennen zugeordnet [15]. Sie ist dadurch charakterisiert, dass die Energie eines fokussierten gepulsten Laserstrahls Werkstoffteilchen in festem, flüssigem oder gasförmigem Zustand aus einem Festkörper herauslöst [112]. Durch räumlich versetzte Wiederholung dieses Vorgangs wird ein flächen- oder volumenförmiger Werkstoffabtrag erwirkt [14]. Aufgrund des geringen Strahldurchmessers besitzt der Laser eine hohe Präzision beim Abtragen, die das Verfahren besonders für eine Bearbeitung im Mikrobereich qualifiziert [9, 10].

Im Vergleich zu konventionellen spanenden Fertigungsverfahren ermöglicht die lasersubtraktive Fertigung eine vorteilhafte, berührungslose und damit nahezu verschleiß- und kraftfreie Bearbeitung von Bauteilen [113]. Die Zielgeometrie der Bauteile ist durch eine flexible Prozessführung nicht an die geometrische Form eines Werkzeugs gebunden. Dadurch lassen sich auch komplexe Formen wie z. B. Hinterschnitte realisieren [114], sofern diese entlang der Symmetrieachse des Laserstrahls erzeugt werden. Durch die kurze thermische Beeinflussung während der Laserbearbeitung entsteht im Werkstück nur eine geringe Wärmeeinflusszone [115]. Dadurch ist eine Trockenbearbeitung ohne Kühlschmierstoffe möglich.

Mit der lasersubtraktiven Fertigung kann ein breites Werkstoffspektrum bearbeitet werden, das in der Materialbearbeitung von Metallen über Glas und Keramik bis hin zu konventionell schwer zerspanbaren harten und hochharten Werkstoffen reicht [9]. Das Fertigungsverfahren findet beispielsweise Anwendung bei der Herstellung von Kavitäten, Bohrungen sowie funktionalen [116] oder optischen [117, 118] Strukturen vom Werkzeug- und Formenbau [119, 120] bis hin zur Medizintechnik [121].

In den folgenden Abschnitten werden zunächst der Ablauf des lasersubtraktiven Verfahrens, die Grundlagen seiner Einstellparameter sowie seine Prozesskenngrößen aufgezeigt. Des Weiteren werden die Merkmale zur Beurteilung der Qualität des Prozessergebnisses erläutert. Abschließend folgt eine Darstellung zum aktuellen Stand der lasergestützten Oberflächennachbearbeitung von additiv hergestellten Bauteilen.

2.2.1 Verfahren

Für das Abtragen von Bauteilen sind die maschinelle Ausstattung, der Werkstückrohling, der in der Regel spanend hergestellt wird [118], das abzutragende Volumen als digitales 3D-CAD-Modell sowie die Parametereinstellungen erforderlich.

Anfangs erfolgt die Erstellung eines dreidimensionalen Modells des abzutragenden Volumens. In Analogie zur laseradditiven Fertigung wird das Modell digital in Schichten zerteilt, denen wiederum Vektoren als Belichtungspfade zugeordnet werden. Eine einzelne Abtragschicht kann, abhängig von ihrer Gesamtfläche, aus mehreren Teilflächen bestehen. Die Größe jeder Teilfläche ist abhängig von der Feldgröße der verwendeten Brennweite und der optischen Nachstellbarkeit des Fokus. Mit der Zuordnung der Anlagen- und Prozessparameter schließt die Datenvorbereitung ab.

Bevorzugt werden für das Laserstrahlabtragen gepulste Festkörperlaser mit kurzer Pulsdauer im Nanosekundenbereich eingesetzt [13, 122, 123]. In Abgrenzung zu ultrakurzen Pulsen wird ein Laserpuls als kurz bezeichnet, wenn die thermische Diffusionstiefe des

Pulses größer oder gleich der optischen Eindringtiefe ist [124]. Für Metalle und Keramiken liegt die Grenze zur Ultrakurzpulsbearbeitung bei einer Wellenlänge λ von 1064 nm und einer Pulsdauer t_H von etwa 10 ps.

Der Arbeitsraum eines Systems für die lasersubtraktive Bearbeitung ist in Abbildung 2.5 gezeigt. Er verfügt über ein Scannersystem sowie einen Arbeitstisch, die den Laserstrahl und das Werkstück je nach verwendeter Maschine mit optischen und mechanischen Achsen relativ zueinander positionieren. Das Werkstück wird auf dem Arbeitstisch mit einer passenden Spannvorrichtung fixiert. Kommerziell verfügbare Maschinen besitzen Arbeitsräume, die sowohl für Kleinstbauteile als auch für Bauteile bis zu einer Größe von x,y,z = 3350, 1350, 1000 mm ausgelegt sind [125]. Die Laserbearbeitung erfolgt bei kontinuierlicher Absaugung des Arbeitsraums entweder unter Umgebungsbedingungen oder unter Schutzgasatmosphäre, um eine Oxidation und Oberflächenversprödung der abgetragenen Bauteilbereiche zu vermeiden.

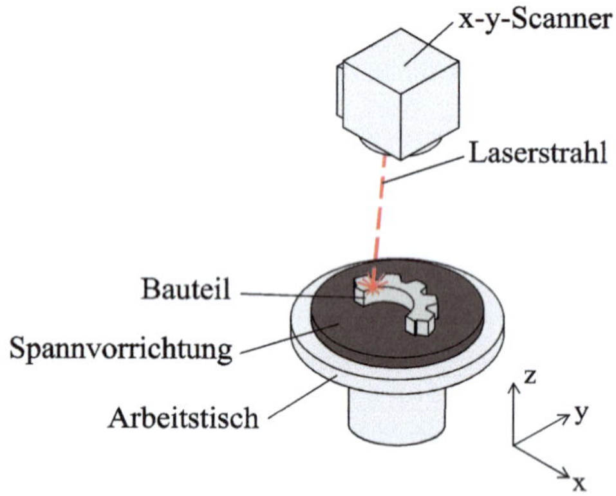

Abbildung 2.5: schematischer Aufbau des Arbeitsraums für die lasersubtraktive Fertigung

Abbildung 2.6 zeigt den zyklischen Fertigungsprozess mit sequenzieller Bearbeitungsfolge. Dabei wird die erste Teilfläche einer Schicht abgetragen, indem das Werkstück im Fokus des optischen Systems ausgerichtet wird und der gepulste Laserstrahl von dem Galvanometerscanner mit der Scangeschwindigkeit $v_{s,LS}$ entlang der x-y-Ebene geführt wird. Der stattfindende Abtrag im Kurzpulsbereich ist durch Effekte der Wärmeleitung, des Schmelzens sowie der Verdampfung und Plasmabildung gekennzeichnet [110, 112, 118, 124]. Die vom Laser eingestrahlte Energie wird von der Werkstoffoberfläche absorbiert und im Werkstoff in Wärme umgewandelt. Abhängig von der resultierenden Temperatur schmilzt der Werkstoff auf oder es bildet sich eine Dampfblase an der Oberfläche des belichteten Bereichs. Diese Dampfblase kann sich zu einem Plasma ionisieren und die einfallende Laserstrahlung absorbieren, sodass ein weiterer Abtrag des Werkstücks verhindert wird. Der Dampfdruck und ein eventuell vorhandenes Plasma treiben den Werkstoff aus der Bearbeitungszone, wobei aufgrund der Oberflächenspannung Schmelzreste auf dem Werkstück verbleiben können. Nach dem Abtragen der ersten Teilfläche werden die Achsen parallel zum Schichtverlauf nachgeführt, bei ebenen Werkstücken in x-y-Ebene, um die restlichen Teile der Schicht lasersubtraktiv zu entfernen. Anschließend werden die mechanischen und optischen Achsen durch Nachfokussierung um eine Schichtdicke in z-Richtung erneut justiert. Der Zyklus wiederholt sich solange, bis das abzutragende Volumen abgetragen und das Bauteil fertiggestellt ist.

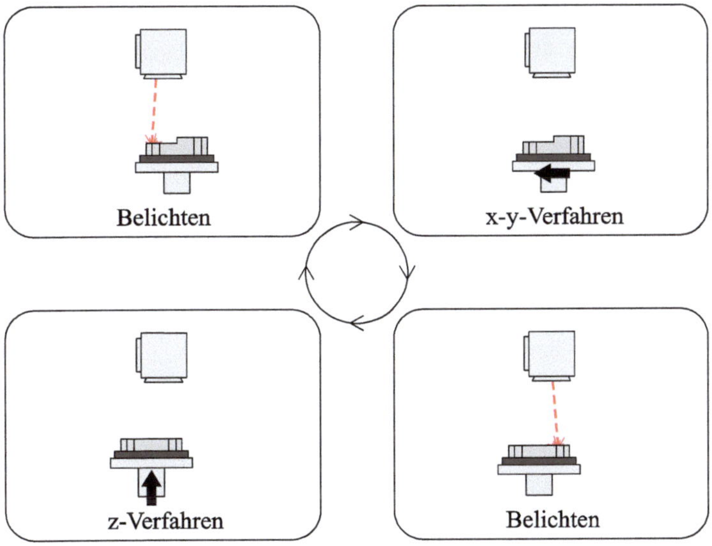

Abbildung 2.6: zyklischer Fertigungsprozess der lasersubtraktiven Fertigung

Nach dem Fertigungsprozess wird das abgetragene Bauteil aus der Vorrichtung entnommen. Anschließend kann das Werkstück je nach Anforderungsprofil zur Entfernung von Abtragrückständen entweder mit Druckluft oder Ultraschall gereinigt oder einem Partikelstrahlvorgang mit Strahlmitteln wie Korund, Glasperlen oder organischem Material unterzogen werden.

2.2.2 Prozessparameter und -kenngrößen

Während der lasersubtraktiven Bearbeitung emittiert der Laser die mittlere Laserleistung P_{LS} [W], die sich wie folgt berechnet (Gleichung 2.4) [126].

$$P_{LS} = P_{LS,max} \times I_{PS} \times \frac{f_P}{f_{P,max}} \tag{2.4}$$

Damit hängt sie von der maximalen Leistung $P_{LS,max}$ des Lasers, dem Pumpstrom I_{PS}, der Pulsfrequenz f_P und der maximalen Pulsfrequenz $f_{P,max}$ ab. Bei jedem einzelnen Puls wird die Pulsenergie E_P [J] in den abzutragenden Werkstoff eingebracht (Gleichung 2.5) [120].

$$E_P = \frac{P_{LS}}{f_P} \tag{2.5}$$

Bezogen auf die Fläche des Fokusdurchmessers $d_{f,LS}$ ergibt sich die Pulsfluenz, auch mittlere Pulsenergiedichte F_P [J/cm²] genannt. Sie ist umso größer, je kleiner der Fokusdurchmesser ausfällt (Gleichung 2.6) [127].

$$F_P = \frac{E_P}{\pi \times \left(\frac{d_{f,LS}}{2}\right)^2} = \frac{P_{LS}}{\pi \times f_P \times \left(\frac{d_{f,LS}}{2}\right)^2} \tag{2.6}$$

Überschreitet die Energiedichte die Abtragschwelle ϕ_{th}, wird Werkstoff von der Oberfläche des zu bearbeitenden Werkstücks abgetragen [128]. Die Höhe der Abtragschwelle ϕ_{th} hängt sowohl von der eingesetzten Laserstrahlquelle als auch vom abzutragenden Werkstoff ab [129] und liegt für Metalle im Bereich von 2,26 [130] bis 8,00 J/cm² [131]. Der Abtrag erfolgt durch eine Abfolge emittierter Laserpulse entlang definierter Belichtungsvektoren. Der Mittenabstand zweier direkt aufeinanderfolgender Pulse entlang eines Vektors wird als Pulsabstand *PA* [µm] bezeichnet. Er hängt von der Scangeschwindigkeit $v_{s,LS}$ und der Pulsfrequenz f_P ab und wird als Quotient dieser Größen ausgedrückt (Gleichung 2.7) [120].

$$PA = \frac{v_{s,LS}}{f_P} \tag{2.7}$$

Aus dem Pulsabstand und dem Fokusdurchmesser bestimmt sich die Pulsüberdeckung *PÜ* als dimensionslose Größe. Sie gibt an, in welchem Maß sich aufeinanderfolgende Pulse in Richtung der Scanachse überlappen (Gleichung 2.8) [14, 132].

$$PÜ = \left(1 - \frac{PA}{d_{f,LS}}\right) = \left(1 - \frac{v_{s,LS}}{d_{f,LS} \times f_P}\right) \tag{2.8}$$

Analog zum Pulsabstand ist in Versatzrichtung der Spurabstand *SA* definiert, der den mittleren Abstand zweier Laserspuren beschreibt und als Stellgröße direkt in der Datenvorbereitung festgelegt wird (vgl. Abbildung 2.7.a). Aus dem Spurabstand und dem Fokusdurchmesser lässt sich die Spurüberdeckung *SÜ* ableiten (Gleichung 2.9).

$$SÜ = \left(1 - \frac{SA}{d_{f,LS}}\right) \tag{2.9}$$

Typische Werte der Puls- *PÜ* und Spurüberdeckung *SÜ* liegen bei über 50 %, da mit dieser Einstellung eine nahezu ebene Oberflächenstruktur erzeugt werden kann [118, 120]. Empfehlenswert ist eine homogene Pulsverteilung auf der Werkstückoberfläche mit möglichst gleichem Puls- und Spurabstand [120].

Durch Überlagerung mehrerer paralleler Laserspuren erfolgt der Abtrag einer Schicht (Abbildung 2.7) bzw. einer Teilfläche der Schicht. Während der Laserstrahl beim unidirektionalen Abtrag (Abbildung 2.7.a) den Werkstoff immer in der gleichen Richtung abträgt, wechselt er beim bidirektionalen Abtrag (Abbildung 2.7.b) nach jeder Spur die Richtung [120]. Beim mäanderförmigen Abtrag (Abbildung 2.7.c) folgt der Laserstrahl einer spurweise wechselnden Bearbeitungsrichtung ohne Rücksetzen und Unterbrechung [9]. Gegenüber dem bidirektionalen und mäanderförmigen Abtrag führen vor allem die langen Zustellwege beim unidirektionalen Abtragen zu einem hohen Anteil an unproduktiven Nebenzeiten.

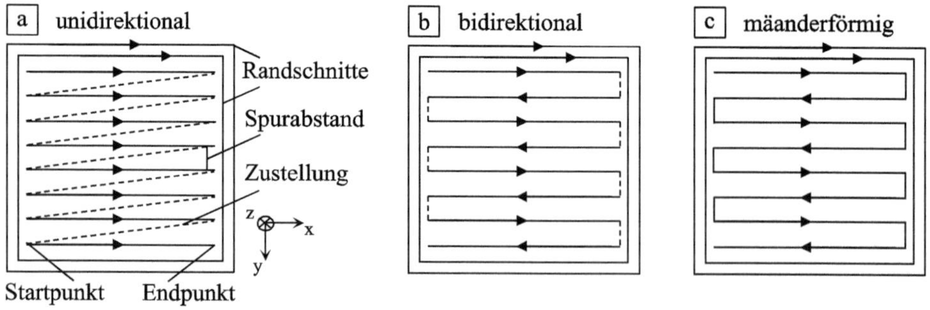

Abbildung 2.7: Strahlführung in einer Schicht; (a) unidirektional, (b) bidirektional, (c) mäanderförmig

Als Schraffur wird die Orientierung der Abtragschichten zueinander bezeichnet. Die gebräuchlichsten Schraffuren sind die Kreuzschraffur, bei der die Laservektoren von Schicht zu Schicht alternierend um 90° gedreht sind, und die Schraffur, bei der die Vektoren schichtweise um einen beliebigen Winkel rotieren [133]. Eine rotierende anstelle einer alternierenden Komponente bewirkt, dass sich das Abtragmuster der Laserspuren in nah aufeinanderfolgenden Schichten nicht wiederholt. Dadurch kann durch einen gleichmäßigen Abtrag eine höhere Oberflächengüte erzielt werden. Eine Schraffur mit zufälligem Rotationswinkel hat sich bereits als bevorzugte Einstellung für eine geringe Oberflächenrauheit im Abtraggrund erwiesen [120, 134, 135]. Zusätzlich können in jeder Abtragschicht mehrere Randschnitte mit dem Laserstrahl durchgeführt werden. Sie können die Oberflächenqualität der seitlichen Profilwand der abzutragenden Kavität positiv beeinflussen [136].

Zur Bewertung des Abtragergebnisses wird das während der Belichtungszeit abgetragene Werkstoffvolumen herangezogen. Die Volumenrate VR_{LS} [mm³/min] als zugehörige Kenngröße, im Weiteren als Abtragrate bezeichnet, berechnet sich aus dem Produkt der Scangeschwindigkeit $v_{s,LS}$, des Spurabstands SA und der mittleren Schichtdicke D_{LS} (Gleichung 2.10) [14].

$$VR_{LS} = \frac{V}{t} = v_{s,LS} \times SA \times D_{LS} \tag{2.10}$$

Sie wird häufig zur Abschätzung der Fertigungszeit verwendet, wobei für die Gesamtzeit bei einer sequenziellen Abfolge des Abtragprozesses zusätzlich die Nebenzeiten, insbesondere für die Nachstellbewegungen der Maschinenkomponenten, berücksichtigt werden müssen. Mit Kurzpulslasern lassen sich höhere Abtragraten als mit Ultrakurzpulslasern bei gleichzeitig höherer Systemzuverlässigkeit und geringeren Kosten für die Laserstrahlquelle realisieren [137, 138]. Typische Abtragraten VR_{LS} mit Nanosekundenpulsen für Stahlwerkstoffe bewegen sich im Bereich von 1 [139] bis 10 mm³/min [140].

2.2.3 Qualitätsmerkmale

Neben der Abtragrate als zeitabhängiger Kenngröße wird das Ergebnis des lasersubtraktiven Prozesses im Wesentlichen durch die Qualitätsmerkmale Oberflächenrauheit und Maßhaltigkeit charakterisiert [117]. Die Rauheit der Oberfläche wird insbesondere durch die in Abschnitt 2.2.2 dargestellten Prozessstellgrößen und durch die angewandte Strahlführung beeinflusst [120, 133, 141]. Der Einfluss der einzelnen Stellparameter auf die Oberflächengüte wurde bereits mehrfach wissenschaftlich untersucht. Mit steigender mittlerer Leistung [142, 143, 144] und Pulsenergie [145] verschlechtert sich die Oberflächenqualität, da der Energieeintrag in das Werkstück zunimmt und folglich mehr Werkstoff pro Puls abgetragen wird. Dagegen kann eine Erhöhung der Pulsfrequenz, die mit einer Zunahme der Pulse pro Zeiteinheit einhergeht, zu einem gleichmäßigeren Abtrag der Oberfläche und damit zu einer Verringerung der Rauheit beitragen [142, 143, 146]. In diesem Zusammenhang führt eine zunehmende Puls- $PÜ$ und Spurüberdeckung $SÜ$ bis zu über 60 % ebenfalls zu einer Verbesserung der Oberflächengüte, bevor eine noch größere Überdeckung die Rauheitswerte wieder verschlechtert [142, 146, 147]. Bezüglich des Einflusses der Scangeschwindigkeit auf die Oberflächenrauheit widersprechen sich die Angaben, da mit steigender Geschwindigkeit sowohl abnehmende [143, 144] als auch zunehmende [142, 148] Rauheitswerte beobachtet werden. Ein Einfluss der Fokuslage des Laserstrahls auf die Oberflächenrauheit ist ebenso nachgewiesen [119, 11]. Des Weiteren wirkt die eingebrachte Energie mit zunehmender Pulsdauer auf immer größere Werkstoffareale ein, wodurch neben dem Abtragvolumen pro Puls und damit der Abtragrate auch die Oberflächenrauheit steigt [131, 145, 149, 150]. Der Einfluss der Schraffur auf die Rauheit wurde bereits im vorangegangenen Abschnitt 2.2.2 beschrieben. Demnach erweist sich eine zufällige Winkelfolge bei aufeinander folgenden Schichten als vorteilhaft.

Aus geometrischer Sicht ist das Qualitätsmerkmal zur Beurteilung des Abtragergebnisses die erreichbare Maßhaltigkeit der abgetragenen Struktur. Sie lässt sich durch die Abweichung der Ist-Oberfläche von der geometrisch idealen Oberfläche beurteilen (vgl. Abschnitt 2.14) [82] und hängt im Wesentlichen vom Auflösungsvermögen des Verfahrens ab. Die Abtragtiefe pro Schicht, die maßgeblich von der Pulslänge sowie der Puls- und Spurüberdeckung bestimmt wird, entscheidet über die Auflösung in z-Richtung [120]. Ausgedrückt als Schichtdicke D_{LS} liegt sie beim Abtrag im Nanosekundenbereich zwischen 1 und 5 µm [151]. Je geringer die Schichtdicke ist, desto höher ist die Abbildungsgenauigkeit und weniger ausgeprägt ist der Treppenstufeneffekt, der auch bei der lasersubtraktiven Fertigung auftritt [9, 118]. Die Auflösung in der x-y-Ebene wird vom Lichtfleckdurchmesser, d. h. dem Durchmesser des Laserstrahls auf der zu bearbeitenden Oberfläche, beeinflusst. Seine Größe hängt vom Fokusdurchmesser und von der Fokuslage ab [122]. Typische Fokusdurchmesser $d_{f,LS}$ liegen zwischen 20 und 60 µm [9]. Darüber hinaus nimmt die Wärmediffusion während des Laserpulses mit steigender Pulslänge zu. Dies führt zu einer größeren Ausdehnung aufgeschmolzener und wieder erstarrter Werkstoffbereiche, sodass die Maßhaltigkeit der abgetragenen Struktur abnimmt [152]. Jedoch werden Laser mit Pulsen im Nano- und Mikrosekundenbereich aufgrund der vergleichsweise hohen erzielbaren Abtragraten für industrielle Anwendungen bevorzugt eingesetzt [153]. Insbesondere der Abtragprozess mit Pulslängen im Nanosekundenbereich erlaubt einen guten Kompromiss zwischen Qualität und Abtrageffizienz [112, 154].

Beim Formabtragen ist vor allem der Randbereich der abzutragenden Kavität unter dem Aspekt der Maßhaltigkeit zu betrachten (Abbildung 2.8.a). Die konische Form des Strahls bewirkt beim orthogonalen Auftreffen des Laserstrahls auf die Bearbeitungsfläche, dass dieser mit zunehmender Abtragtiefe am Rand abgeschattet wird (Abbildung 2.8.b). Durch die anteilige Einkopplung der Laserenergie in die Seitenwand führt die Abschattung zu einer Abnahme der Energiedichte am Bearbeitungsgrund [112, 155]. Zudem entsteht aufgrund der reduzierten Energiedichte an der Profilwand ein Wandwinkel γ in den Bereichen außerhalb der optischen Achse sowie aufgrund der thermischen Leitfähigkeit von Kavi-

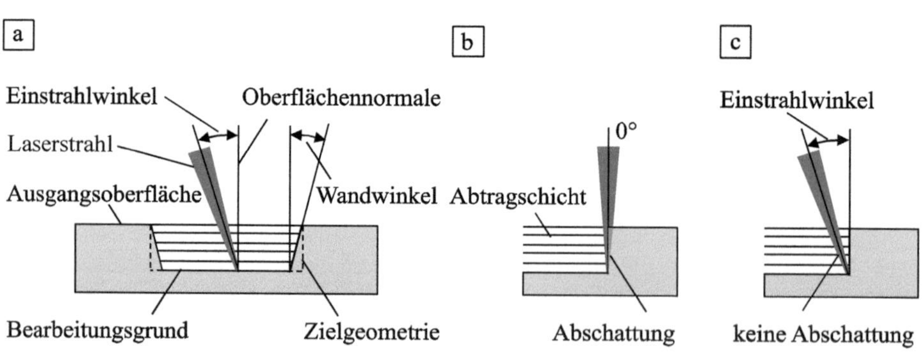

Abbildung 2.8: Wirkung des Laserstrahls auf die laterale Profilwand; (a) Schema von Laserstrahl und Kavität, (b) orthogonaler Einstrahlwinkel, (c) angestellter Einstrahlwinkel

tätsgrund und -wand [155, 156]. Erstarrte Schmelze an der Profilwand aus der Bearbeitung vorangegangener Schichten führt zu einer zusätzlichen Abschattung des Laserstrahls. Außerdem begünstigt die mit zunehmendem Schmelzanteil am Gesamtvolumenabtrag abnehmende Pulsenergie die Ausbildung des Wandwinkels [157]. Die Ausprägung dieses Winkels hängt neben den Eigenschaften des abzutragenden Werkstoffs von der numerischen Apertur der Fokussieroptik, der Lage der Fokusebene, der Abtragtiefe, der Energiedichte und insbesondere vom Einstrahlwinkel der Laserstrahlung α_{EW} ab [158, 159].

Unter den genannten Randbedingungen ergeben sich für den orthogonalen Einfall des Laserstrahls mit $\alpha_{EW} = 0°$ Wandwinkel γ zwischen 5° und 17° (Abbildung 2.9.a) [158, 159, 160]. Bei konstantem Einstrahlwinkel kann der Wandwinkel in einem begrenzten Wertebereich durch die Energiedichte beeinflusst werden. In mehreren wissenschaftlichen Untersuchungen wurde festgestellt, dass der Winkel γ mit zunehmender Energiedichte abnimmt und sich einem Grenzwert von circa 10° annähert [157, 161]. Der sich einstellende Wandwinkel hängt gleichzeitig vom Fokusdurchmesser ab, da mit wachsendem Durchmesser die Dichte der eingebrachten Energie abnimmt und sich dadurch mit zunehmendem Fokusdurchmesser ein größerer Wandwinkel ausbildet [157]. Allerdings stehen die pro Puls abgetragene Fläche und die Abtragqualität in direktem Zusammenhang mit der Energiedichte. Eine Anpassung der Scangeschwindigkeit kann die eingebrachte Energie pro Fläche regulieren, wirkt sich jedoch auf die erzielbare Abtragrate aus [161]. Daher wird empfohlen, den Wandwinkel nicht ausschließlich über die Energiedichte einzustellen.

Um senkrechte Wände mit einem Wandwinkel γ von 0° zu erzeugen, muss der Laserstrahl unter einem bestimmten Einstrahlwinkel α_{EW} auf die Bearbeitungsfläche gerichtet werden (vgl. Abbildung 2.8.c) [155, 157, 159, 161, 162]. Die Erzeugung definierter Wandwinkel wird in verschiedenen Anwendungsbereichen erforscht, um z. B. Entformungsschrägen im Formenbau [118], senkrechte Profilwände für Prägewerkzeuge [157] oder Mikrokanäle [163, 164] herzustellen. Wissenschaftliche Untersuchungen zu den erforderlichen Winkeln haben weitgehend zu vergleichbaren Ergebnissen geführt (Abbildung 2.9.b).

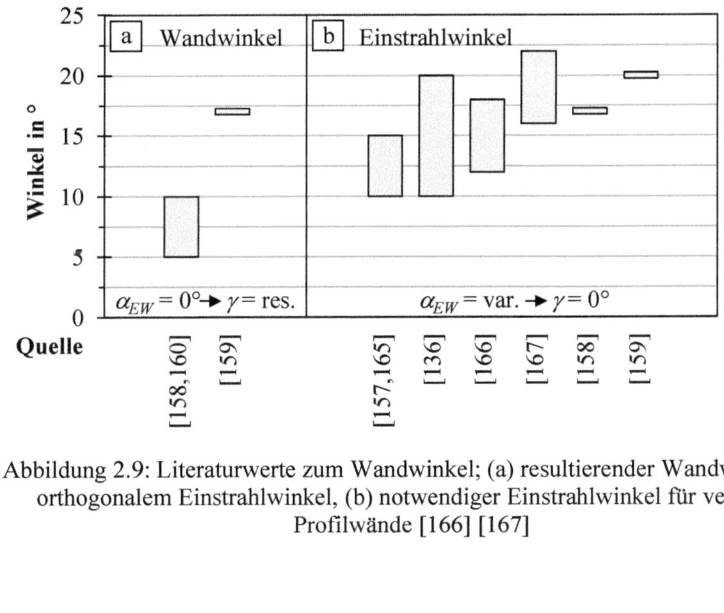

Abbildung 2.9: Literaturwerte zum Wandwinkel; (a) resultierender Wandwinkel bei orthogonalem Einstrahlwinkel, (b) notwendiger Einstrahlwinkel für vertikale Profilwände [166] [167]

Die Abhängigkeit des sich einstellenden Wandwinkels vom Einstrahlwinkel des Laserstrahls verdeutlicht Heyl an einem rechteckigen Steg, dessen Seitenflächen er unter einer Lasereinstrahlung α_{EW} von 7° und 0° abträgt [157]. Dabei erfolgt die Einstellung des Einstrahlwinkels zum Werkstück, indem der Strahl vor der Fokussiereinheit senkrecht zur optischen Achse verschoben wird, sodass der Strahl außermittig auf die Fokussiereinheit trifft. Für die Herstellung von Wellenleitern mit Funktionsstrukturen im Mikrometerbereich haben Penchev et al. einen Fertigungsprozess inklusive Maschineninfrastruktur entwickelt, mit dem vertikale Profilwände mit einer Winkelabweichung $\Delta\beta_Z$ von weniger als 1° erreicht werden [135]. Andere Systeme können die Bearbeitung der Wand beeinflussen, indem sie softwareseitig Randschnitte definieren, in denen die Laservektoren konturparallel verlaufen und unterschiedliche Laserparameter für die Kanten- und Flächenbearbeitung eingestellt werden können. Die Ausrichtung des Laserstrahls erfolgt mithilfe einer Kollisionsvermeidungsrechnung zwischen der ideal abgetragenen Form und dem idealisierten Laserstrahl. Der verbleibende innere Schichtanteil wird wie üblich mit parallelen Laservektoren unter orthogonaler Einstrahlung abgetragen [166]. Zur Erzeugung von Mikrostrukturen auf einem Rotationszylinder nutzen Wang et al. einen zweistufigen Abtragprozess [161]. Durch Neigung oder horizontale Verschiebung der Laserstrahlachse wird der Einstrahlwinkel auf die Oberfläche geändert, wodurch die Herstellung beliebiger Wandwinkel γ von 0° bis 90° ermöglicht wird.

2.2.4 Lasergestützte Oberflächenbearbeitung laseradditiv gefertigter Bauteile

Je nach Anforderung kann eine Oberflächennachbearbeitung laseradditiv gefertigter Bauteile erforderlich sein. Insbesondere die mechanische Bearbeitung hat sich zu einem Standardverfahren in der Industrie entwickelt, um die geforderte Rauheit oder Maßhaltigkeit zu erreichen [168]. Zur Verbesserung der Oberflächengüte werden vor allem etablierte Verfahren wie Partikelstrahlen [6, 169], Gleitschleifen [170, 171], Strömungsschleifen [32] oder Elektropolieren [172, 173] eingesetzt. Strukturteile wie Funktionsflächen oder Passungen werden durch hinreichend genaue Fertigungsverfahren mit geometrisch bestimmter Schneide nachbearbeitet [2, 5]. In diesem Zusammenhang kommen in erster Linie Fräsverfahren [174, 175, 176] und Drehbearbeitung [177, 178] zum Einsatz.

Neben den klassischen Nachbearbeitungsmethoden gibt es Bestrebungen, den Laser als Werkzeug für die Oberflächennachbehandlung einzusetzen, wobei zwischen Verfahren ohne und mit Werkstoffabtrag unterschieden wird [168, 179, 180]. Mit dem Laser-Shock-Peening, einem Verfahren ohne Werkstoffabtrag, können die Oberflächenmikrostruktur und die mechanischen Eigenschaften metallischer Bauteile verbessert werden [181, 182]. Dabei wird ein kurzgepulster Laserstrahl mit hoher Leistungsdichte auf die Werkstückoberfläche gerichtet, um durch schnelles Verdampfen einer im Voraus aufgetragenen metallischen oder wässrigen Opferschicht ein Hochtemperatur- und Hochdruckplasma zu erzeugen [168, 183]. Dieses wird in eine Schockwelle umgewandelt, die in das Werkstück eindringt und mit ihm wechselwirkt, sodass plastische Verformungen und Druckspannungen in die Randschicht eingebracht werden [184]. Das Laser-Shock-Peening wird auch als Nachbehandlungsmethode speziell zur Verbesserung der Oberflächeneigenschaften laseradditiv gefertigter Bauteile erforscht. Insbesondere können dadurch die mechanischen Eigenschaften wie Mikrohärte [183, 185], die Dauerfestigkeit [185, 186] und die Korrosionsbeständigkeit [187] gesteigert werden.

Als weiteres abtragfreies Verfahren, insbesondere zur Reduzierung der Oberflächenrauheit, wird das Laserstrahlpolieren eingesetzt [188, 189]. Mit ihm ist eine Verbesserung der Oberflächengüte R_a um mehr als 90 % möglich [92, 190]. Trifft der Laserstrahl auf die zu bearbeitende unebene Bauteiloberfläche, erreicht diese schnell die Schmelztemperatur und bildet ein Schmelzbad. Der verflüssigte Werkstoff ordnet sich aufgrund der Schwerkraft und der Oberflächenspannung auf gleichem Niveau an. Sobald der Laserstrahl nicht mehr auf die Oberfläche einwirkt, sinkt die Temperatur in der Wärmeeinflusszone rasch ab, wodurch das Schmelzbad mit geringerer Oberflächenrauheit erstarrt. Unterschieden werden das Makropolieren, bei dem unter kontinuierlich emittierter Laserstrahlung Umschmelztiefen T_U bis zu 200 µm erreicht werden [191], und das Mikropolieren, welches die Oberfläche in der Regel unter kurzgepulster Einwirkung nur bis zu $T_U = 5$ µm tief umschmilzt [192]. Aufgrund der größeren Tiefenwirkung wird das Polieren im Makrobereich zum Glätten grober Oberflächenstrukturen eingesetzt, wie sie beispielsweise bei Fräs- und Drehbearbeitungen entstehen. Dagegen wird das Mikroverfahren bei höherer Ausgangsoberflächengüte zur Beseitigung von Mikrorauheiten und zur Erhöhung des Glanzgrads von geschliffenen oder makropolierten Oberflächen verwendet [8].

Das Laserstrahlpolieren von laseradditiv gefertigten Bauteilen wurde bereits umfassend wissenschaftlich untersucht. Aufgrund der geringen Oberflächenqualität aus dem Aufbauprozess wurden die meisten Untersuchungen zum Polieren mit kontinuierlicher Laserstrahlung durchgeführt [7, 193, 194, 195, 196, 197]. Vereinzelt liegen jedoch auch Berichte zur gepulsten Nachbearbeitung vor [8, 91]. Durch den schichtweisen Aufbau der Bauteile ist es möglich, den Laserstrahl nicht nur nach Abschluss der Fertigung, sondern auch währenddessen nach jeder Schicht oder einer definierten Anzahl von Schichten zur Oberflächenpolitur einzusetzen [109, 198, 199]. Zusätzlich kann durch mehrfaches Überfahren der Oberfläche [91, 190, 195] und durch die Anwendung eines vorangehenden Abtragprozesses eine zusätzliche Verbesserung der Oberflächengüte erzielt werden [190, 194]. In verschiedenen Veröffentlichungen wird gezeigt, dass das Laserstrahlpolieren von laseradditiv gefertigten Bauteilen nicht nur die Oberflächenrauheit verbessern kann [91, 193, 195], sondern auch die Mikrostruktur [196, 197] und -härte [7, 92, 190], das Ermüdungsverhalten [189, 200], die Korrosionsbeständigkeit [201] und schließlich, durch die schichtweise Nachbearbeitung, auch die Bauteilporosität [194, 202] beeinflusst werden kann.

Auch die in Abschnitt 2.2.1 beschriebene lasersubtraktive Fertigung, d. h. ein Verfahren mit Werkstoffabtrag, wird zur Oberflächennachbearbeitung von laseradditiv gefertigten Bauteilen im wissenschaftlichen Rahmen eingesetzt. In diesem Zusammenhang stellt Yasa fest, dass eine Reduzierung der Ausgangsrauheit R_a um 50 % möglich ist und die Maßhaltigkeit in z-Richtung verbessert werden kann, wenn zwanzig Schichten von Flachproben abgetragen werden [109, 143]. Eine weitere Untersuchung beschäftigt sich mit dem Einfluss der Laserparameter mittlere Laserleistung, Pulsfrequenz, Scangeschwindigkeit und Fokuslage auf die Oberflächenbeschaffenheit ebener, laseradditiv hergestellter Proben aus dem Stahlwerkstoff 316L [11]. Für den Abtrag wurde ein Festkörperlaser mit einer Pulslänge im Nanosekundenbereich eingesetzt. Die sich ergebende Oberflächenrauheit ist demnach umso geringer, je mehr Schichten abgetragen werden. Vor allem die mittlere Laserleistung und die Pulsfrequenz beeinflussen die Rauheit positiv, daher werden maximale Stellwerte zur Verbesserung der Oberfläche empfohlen. Darüber hinaus zeigt die Untersuchung, dass der Einfluss der Fokuslage auf die Oberflächengüte mit zunehmendem Abtrag von Schichten abnimmt. Mingareev et al. untersuchten den Einfluss unterschiedlicher Pulslängen im Femto- ($t_H \approx 500$ fs) und Pikosekundenbereich ($t_H < 15$ ps) auf die Oberflächenqualität laseradditiv hergestellter Proben aus Ti-6Al-4V [203]. Dabei wurden Testfelder bis zu einer Fläche $A_{S,LS}$ von 5 × 5 mm² unter Variation der Pulsenergie und Schichtanzahl von Flachkörpern abgetragen. Bei beiden Pulslängen ist eine Oberflächennachbehandlung mit mehreren Schichten notwendig, um überschüssige Pulverpartikel zu entfernen und die Rauheit R_a von 22 µm auf wenige Mikrometer zu reduzieren. Während beim Abtragen mit Femtosekunden mindestens sieben Schichten notwendig sind, um die Rauheit R_a auf kleiner 3 µm zu reduzieren, bildet sich bei der Bearbeitung im Pikosekundenbereich bereits nach mindestens vier Schichten eine Rauheit R_a von kleiner 2 µm aus. Das Ergebnis unterstreicht, dass die Abtragrate bei längeren Pulsen höher ausfällt, wobei die resultierende Oberflächenrauheit in einem vergleichbaren Bereich liegt. Mit einer einzigen Laserüberfahrt gelang es Worts, die Oberflächenrauheit R_a von Proben aus Ti-6Al-4V von ursprünglich 4,22 auf 0,82 µm zu reduzieren [204]. Dabei kam ein Femtosekundenlaser mit einer Pulslänge t_H von ebenfalls 500 fs zum Einsatz. Im Vergleich zur vorgenannten Untersuchung ist anzumerken, dass mit weniger Laserdurchläufen eine geringere Rauheit erzielt wurde, gleichzeitig aber auch die Güte der Ausgangsoberfläche höher war.

Alle bisherigen Untersuchungen zur lasersubtraktiven Nachbearbeitung wurden unter orthogonaler Lasereinstrahlung durchgeführt. Abweichende Einstrahlwinkel für die Oberflächennachbearbeitung wurden in diesen Betrachtungen nicht berücksichtigt. Die Schwerpunkte dieser Entwicklungen lagen ausschließlich auf der Verbesserung der Oberflächenrauheit, ohne Rücksicht auf die wirtschaftliche Abtragrate. Dabei erfolgte die Oberflächenbearbeitung an Flachproben, wobei nur kleine Flächen mit wenigen Schichten abgetragen wurden. Bisher wurde das Abtragen von dreidimensionalen Bauteilen, bei denen die lasersubtraktive Nachbearbeitung zur gleichzeitigen Modifikation von Maß und Rauheit eingesetzt werden könnte, nicht untersucht.

2.3 Konventionelle Stanzwerkzeuge

Das Stanzen mit Stanzwerkzeugen wird als Fertigungsverfahren gemäß DIN 8580 der Hauptgruppe Trennen und der Gruppe Zerteilen zugeordnet [15]. Es handelt sich um das Teilen von Werkstoffen entlang einer von der Geraden abweichenden Trennlinie, vorzugsweise zur Herstellung von Aus- und Zuschnitten mit in sich geschlossenen Begrenzungslinien [205].

Für das betrachtete Stanzverfahren kommen insbesondere faserbasierte Werkstoffe wie Papier, Karton und Pappe, aber auch Kunststofffolien sowie Schäume als zu stanzendes Material zum Einsatz. Dieses Material kann als Stanzgut ein- oder mehrlagig verarbeitet und vielfältig genutzt werden, z. B. für Verpackungen und Displays, selbstklebende Haftetiketten, Dichtungen und Klebeschäume [206].

Im folgenden Abschnitt, dessen Inhalt im späteren Demonstrationskapitel wieder aufgegriffen wird, werden der Stanzvorgang und die grundlegenden Arbeitsprinzipien von Stanzmaschinen erläutert. Anschließend wird auf den Aufbau und die Herstellung ausgewählter Werkzeuge eingegangen.

2.3.1 Stanzverfahren

Der Stanzprozess basiert auf dem Messerschnittprinzip, bei dem ein Messer gegen eine Ebene schneidet, die die Schnittkraft aufnimmt [207]. Bei Stanzwerkzeugen, die in der Papier-, Pappe- und Kunststoffverarbeitung verwendet werden, wird das Messer als

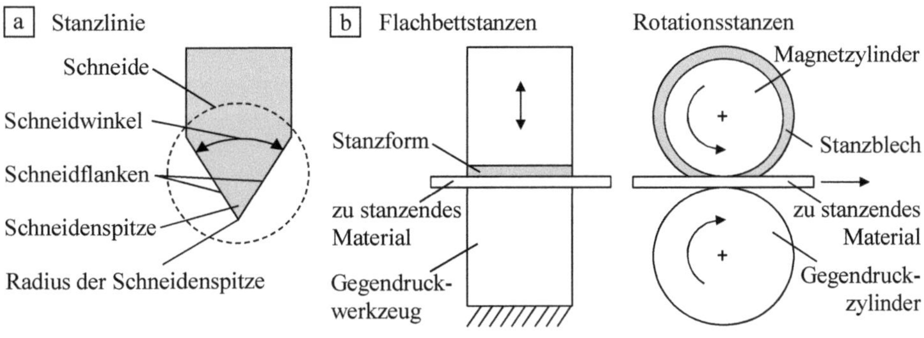

Abbildung 2.10: Begrifflichkeiten von Stanzwerkzeugen und -maschinen; (a) Komponenten einer Stanzlinie, (b) Arbeitsprinzipien

Schneidlinie oder Stanzlinie bezeichnet. Zur einheitlichen Beschreibung wird im Folgenden der Begriff Stanzlinie verwendet (Abbildung 2.10.a). Eine Stanzlinie besitzt eine Schneide, welche eine Schneidenspitze mit einem Radius sowie Schneidflanken umfasst, die in einem Schneidwinkel zueinanderstehen. Die Schneide fungiert als derjenige Stanzlinienteil, der das Material trennt.

Der Vorgang des Stanzens gliedert sich in zwei Teile, die Kompressions- und die Trennphase. In der ersten Phase dieses Druck-Schnitt-Prozesses werden durch die absinkende Stanzlinie Druckkräfte unter der Schneide erzeugt, die das Stanzgut verdichten und durch Schädigung der in diesem Bereich liegenden Fasern die Zugfestigkeit herabsetzen. Gleichzeitig entstehen entlang der Schneidflanken Reibungskräfte und senkrecht zu den Flanken Druckkräfte, die durch das Vorhandensein mindestens einer Schneidfase in eine horizontale und eine vertikale Komponente zerlegt werden. Insbesondere die horizontale Komponente führt zu einer Zugspannung im Stanzgut, die bei Überschreiten der reduzierten werkstoffspezifischen Zugspannung zur vollständigen Materialtrennung führt. [208]

Die Stanzlinien können auf einem ebenen oder zylindrischen Werkzeugträger in einer Stanzmaschine angeordnet sein, sodass sich zwei grundlegende Arbeitsprinzipien ergeben, das Flachbettstanzen und das Rotationsstanzen (Abbildung 2.10.b) [205]. Beim Flachbettstanzen führt die Stanzmaschine mit dem Stanzwerkzeug eine Hubbewegung gegen das Gegendruckwerkzeug aus. Am tiefsten Punkt der Bewegung trifft das Werkzeug auf das Stanzgut und durchtrennt es vollständig. Dabei sind alle Stanzlinien gleichzeitig im Eingriff. Im Kontaktmoment müssen die Schneiden planparallel zur Auflagefläche stehen, um einen exakten Stanzvorgang sicherzustellen. Das zu stanzende Rohmaterial wird der Stanzmaschine in Bogenform zugeführt und nacheinander durch die Maschine gezogen. Durch den Stanzvorgang werden die Bögen in den Nutzen, der später weiterverwendet wird, und den komplementären Abfallanteil getrennt. Als Werkzeuge für das Flachbettstanzen werden überwiegend Flachbettstanzformen verwendet. Beim Rotationsstanzen hingegen wird das Stanzgut in Rollenform durch zwei gegenläufig rotierende Zylinder geführt [209]. Der obere Zylinder umfasst das Stanzwerkzeug, während der untere Zylinder für den Gegendruck zuständig ist. Die Stanzlinien können je nach verwendetem Werkzeug auf einem flexiblen Trägerblech, einer gebogenen Teilschale oder einem Vollzylinder angeordnet sein. Der Stanzvorgang erfolgt kontinuierlich über den Umfang durch einen Linienkontakt unter Einhaltung eines konstanten Spalts zwischen Werkzeug und Gegendruckzylinder [206]. Im Vergleich zum Flachbettstanzen kann mit dem Rotationsstanzen eine bis zu fünfmal höhere Produktionsgeschwindigkeit erreicht werden [210].

2.3.2 Aufbau und Herstellung

Die Werkzeuge zur Verarbeitung von faserbasierten Werkstoffen werden mit sehr unterschiedlichen Ansätzen hergestellt. Beim Flachbettstanzen werden Stanzformen nach dem Bandstahlprinzip verwendet, um Karton und Wellpappe zu verarbeiten (Abbildung 2.11). Flachbettstanzformen kommen überwiegend zur Herstellung von Faltschachteln mit Materialdicken D_{MAT} zwischen 0,1 und 0,7 mm zum Einsatz. Ihre Hauptbestandteile sind eine Trägerplatte, die Bandstahllinien, die als Stanzlinien dienen, die Gummierung und ein Gegenwerkzeug [210]. Folgend sind die einzelnen Komponenten erläutert.

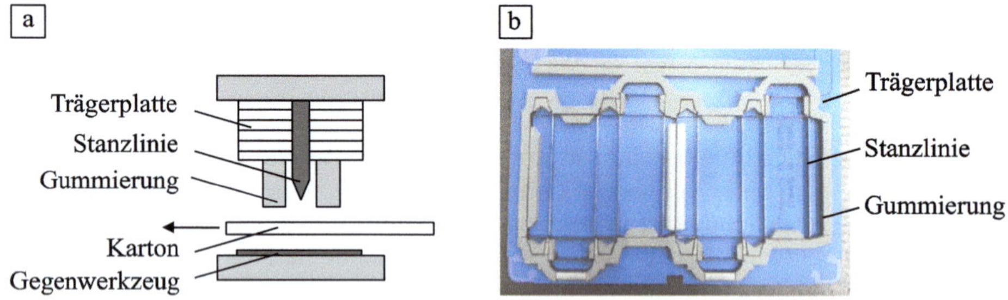

Abbildung 2.11: Aufbau einer Flachbettstanzform; (a) Schnittansicht, (b) Draufsicht [210]

Die Trägerplatte kann aus verschiedenen Materialien wie Holz, Kunststoff, Verbundwerkstoffen oder Metall bestehen. Aus Kosten- und Gewichtsgründen werden in der Regel mehrfach verleimte Holzträgerplatten verwendet, die über eine Standarddicke D_{TP} von 18 mm +0,1/–0,4 verfügen [211, 212]. Das Format der Platte richtet sich nach der Größe des Nutzenbogens und ist maximal so groß wie der Schließrahmen der Stanzmaschine [211].

In Abhängigkeit von der Stärke des zu stanzenden Materials sind Bandstahllinien mit einer Dicke D_{SL} von 0,4 bis 2 mm in die Platte eingesetzt [213]. Da die Maße der Stanzlinien, insbesondere die Dicke, ihren Ursprung in der Typografie haben [214], werden sie hauptsächlich nach dem typografischen Maßsystem des DTP-Punkts (Desktop-Publishing) angegeben [210]. Die Standardstanzlinie, die zum Trennen des Materials dient, besitzt eine Dicke D_{SL} von 2 pt, welches einem Maß von 0,71 ± 0,015 mm entspricht [213]. Sie weist zudem eine Standardhöhe H von 23,8 ± 0,02 mm auf, die auf den Buchdruck zurückzuführen ist [213]. Ihre Schneiden können je nach Anwendung sehr unterschiedlich geformt sein (Abbildung 2.12.a).

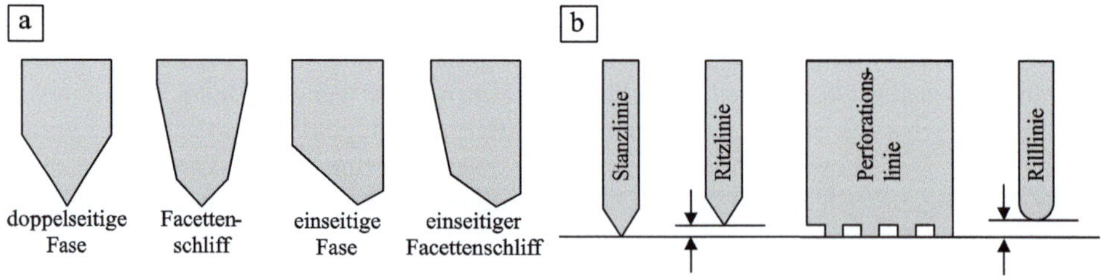

Abbildung 2.12: Bandstahllinien; (a) unterschiedliche Profile, (b) Arten vgl. [211]

Typisch für das Stanzen von Karton ist eine doppelseitige Fase mit einem Standardschneidwinkel β von 54° +0/−2 [213]. Bei dünnen Folien bewährt sich ein Winkel β von 42°, wobei die dünnere Schneide weniger Druck erträgt als die Schneide mit dem Standardwinkel [210]. Durch einen zusätzlichen Facettenschliff mit einem zweiten Winkel wird der seitliche Druck im Vergleich zur doppelseitigen Standardschneide reduziert, was auch die Materialverdrängung verringert. Der Schliff kommt hauptsächlich bei dickeren Materialien zum Einsatz. Eine einseitige Schneide ohne oder mit Facette wird hauptsächlich bei Stanzteilen verwendet, bei denen eine einseitige Verdrängung des Stanzguts vermieden werden soll [210]. Neben den Standardlinien gibt es Perforationslinien gleicher Höhe, die als unterbrochene Stanzlinien zur Vorbereitung einer Biege- oder Trennstelle dienen (Abbildung 2.12.b). Darüber hinaus werden Ritz- und Rilllinien zur Erzeugung von Biegekanten im Stanzgut eingesetzt. Erstere schwächen das Material durch partielles Eindringen, zweitere weisen anstatt einer Schneide eine Verrundung auf. Um ihre Funktion zu erfüllen, besitzen beide Linienarten eine geringere Höhe als die Standardlinie und dringen so weniger tief in das zu stanzende Material ein [211].

Für Flachbettstanzformen werden Bandstahllinien mit durchgehärtetem Grundkörper in verschiedenen Härtegraden verwendet [213]. Die Härte reicht von einem Härtegrad H2 mit 34 bis 38 HRC über H3 mit 40 bis 46 HRC bis zu H4 mit 49 bis 53 HRC. Je komplexer die Flachbettstanzformen bzw. je enger die Biegeradien der Bandstahllinien sind, desto weicher ist die Körperhärte zu wählen [211]. Um die Standzeit zu erhöhen und gleichzeitig die Biegefähigkeit zu erhalten, kann zusätzlich eine Hochfrequenzhärtung der Schneidenspitze mit einer Einhärtetiefe T_H von mindestens 0,1 mm durchgeführt werden. Dadurch kann die Schneidenhärte auf 51 bis 56 HRC erhöht werden [213]. In der Regel werden nur die trennenden Linien mit den Härtegraden H2 und H3 einer Schneidenhärtung unterzogen [215, 216].

Die Gummierung aus Kork oder Polymerwerkstoff an beiden Seiten der Bandstahllinien hält das zu stanzende Material während des Stanzvorgangs plan auf dem Gegenwerkzeug, um Zugkräfte im Material zu vermeiden. Gleichzeitig wirft sie den gestanzten Bogen nach dem Vorgang aus der Form aus [206], weswegen auch der Begriff des Auswerfergummis geläufig ist. Das Gegenwerkzeug zur Stanzform besteht aus einer ebenen Stahlplatte.

Der Schneidwinkel der Bandstahllinie wird spanabhebend durch eine Bandkantenbearbeitung hergestellt. Die Form der Kante wird durch auf der Maschine angeordnete Wendeschneidplatten erzeugt, indem der Bandstahl in einer linearen Bewegung durch die Bearbeitungsmaschine gezogen wird. Durch ein Schleifen der Schneide kann eine zusätzliche Schärfung und eine höhere Maßgenauigkeit erreicht werden [217].

Zur Herstellung von Flachbettstanzformen werden die zu stanzenden Konturen, die in Form von CAD-Daten vorliegen, mit einem Laserstrahl in die Trägerplatte eingeschnitten. Die als Coils vorliegenden Bandstahllinien werden ebenfalls auf Basis von CAD-Daten automatisiert abgelängt und an einem Biegeapparat vorgebogen. In Handarbeit und teils mittels Fußbieger werden die Linien in ihre endgültige Form gebracht, mit einem Schonhammer in die Trägerplatte eingearbeitet und bei Bedarf korrigiert. Um die später gestanzten Bögen sicher durch die Maschine ziehen zu können, ist es erforderlich, dass zwischen den Nutz- und den Abfallteilen kleine Verbindungspunkte verbleiben. Diese Haltepunkte entstehen durch kleine Einkerbungen in den Stanzlinien, die manuell mit einem Schleifgerät eingeschliffen oder mittels eines Meißelwerkzeugs eingeschlagen werden. Anschließend werden die Gummiprofile manuell mit Scheren und die flächigen Gummikonturen mittels Wasserstrahl zugeschnitten. Es folgt das Aufkleben der Gummierung auf beiden Seiten der Bandstahllinien, wobei diese mit einer Höhendifferenz δ_H von 1,5 mm über die Stanzlinien hinausragt [211]. Zum Schluss wird der Herstellprozess dokumentiert und eine Qualitätsprüfung des Werkzeugs durchgeführt [206, 210].

Bereits im Entwurf ist darauf zu achten, dass ein Mindestabstand a_{SL} von 2 mm zwischen zwei Stanzlinien eingehalten wird und spitze Winkel bei der Linienanordnung vermieden werden, damit sich das Stanzgut beim späteren Stanzvorgang nicht verklemmt. Außerdem sind enge Radien r_b von 1 mm zu umgehen, da die Gefahr besteht, dass die Trägerplatte ausbricht [211].

Rotationsstanzwerkzeuge werden hingegen hauptsächlich für das Stanzen von Materialien mit geringer flächenbezogener Masse verwendet. Der kontinuierliche Stanzvorgang macht das Rotationsstanzen aber auch für andere Materialien wirtschaftlich [206]. Im Folgenden werden der Aufbau und die Herstellung ausgewählter Werkzeuge dargestellt (Abbildung 2.13).

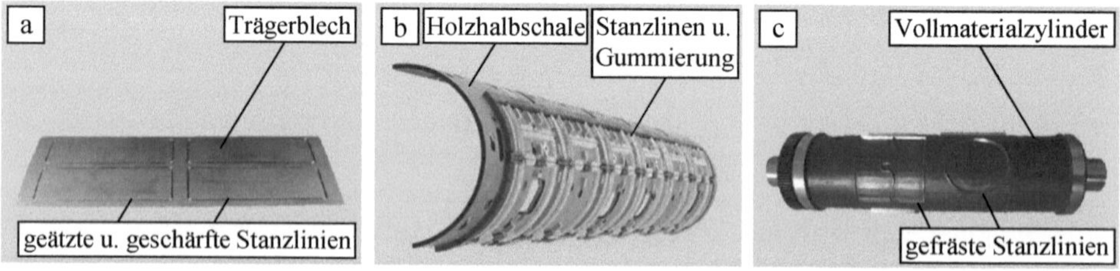

Abbildung 2.13: Arten von Rotationsstanzwerkzeugen; (a) Stanzblech, (b) Stanzform aus Holzhalbschale [210], (c) Stanzzylinder aus Vollmaterial

Stanzbleche (Abbildung 2.13.a) aus Federstahl werden im Wesentlichen für die Verarbeitung von Etiketten aus Papier oder Folie und Briefumschlägen eingesetzt. Es handelt sich um ein flexibles Werkzeug, das zum Stanzen auf einen Zylinder mit einem Standarddurchmesser d_{MAG} von 304,8 mm gewickelt und durch Magnetkraft an diesem gehalten wird.

Es wird aus einem Rohblech herausgearbeitet, sodass die Stanzlinien und das Trägerblech aus demselben Werkstoff bestehen. Das Rohblech weist eine Dicke $D_{SB,ROH}$ zwischen 0,32 und 1,50 mm auf. Aufgrund des europäisch gebräuchlichen Spaltmaßes D_S von 0,48 mm [206] ist die maximale Bauhöhe des Werkzeugs beim Rotationsstanzen auf diesen Wert begrenzt und beim Durchstanzen des Stanzguts üblich. Eine für das Anstanzen von Etiketten gängige maximale Werkzeughöhe H_{WZ} beträgt 0,44 mm. Damit ist es möglich, dass das Etikettenmaterial zwar durchtrennt wird, sein Träger jedoch intakt bleibt. Stanzblechwerkzeuge mit einer Höhe H_{WZ} von mehr als 0,48 mm werden, ebenfalls magnetisch gespannt, nur im Flachbettverfahren eingesetzt. Aus wirtschaftlichen Gründen werden Rohbleche mit einer Dicke $D_{SB,ROH}$ von mehr als 1,5 mm nicht zur Herstellung von Stanzblechen genutzt. Die Restblechdicke $D_{SB,REST}$ des hergestellten Werkzeugs, die die Dicke des Blechs nach der Herausarbeitung der Stanzlinien darstellt, liegt zwischen 0,10 und 0,12 mm [218], und die Höhentoleranz Δz des Stanzblechs beträgt ±0,005 mm [219]. Der Schneidwinkel β der Stanzlinien ist abhängig vom zu stanzenden Material und variiert in einem weiten Bereich von 30° [219] bis 120° [220]. Standardmäßig wird beim Trennen von Haftpapieren und Thermopapier ein Winkel β von 90° verwendet [206]. Typisch für das Stanzen von Folien und Papiermaterialien ist ein Winkel β von 70° [219]. Es gilt ein Mindestabstand der Stanzlinien in Laufrichtung a_{SL} von 2,8 mm [221].

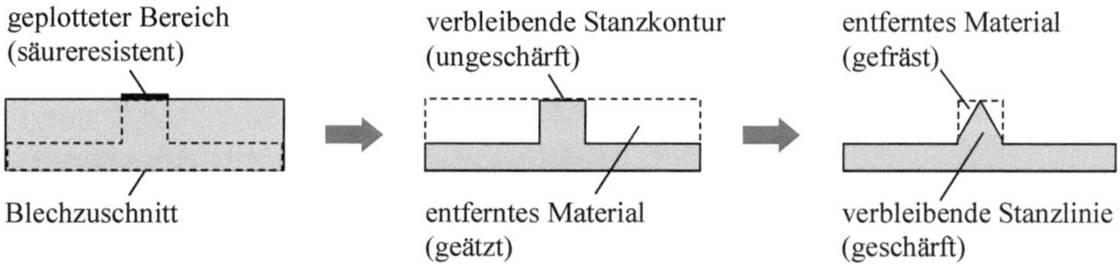

Abbildung 2.14: Fertigungsschritte von flexiblen Stanzblechen

Die Herstellung von Stanzblechen beginnt mit dem Zuschnitt des Rohblechs auf einer Plattenschere [206]. Anschließend wird das Blech in einem Vorbereitungsbecken entfettet, von Partikeln befreit und in einer Bürstenmaschine aufgeraut. Auf Basis von CAD-Daten erfolgt das Aufbringen der Stanzlinienkonturen aus säureresistenter Farbe mittels Plotter (Abbildung 2.14).

Im folgenden Ätzvorgang werden die freiliegenden Bereiche abgetragen, sodass nur die Bereiche der späteren Stanzlinien ihre ursprüngliche Höhe behalten. Während des Ätzens wird das Ätzmedium, meist Eisenchlorid $FeCl_3$, kontinuierlich auf das waagerecht liegende Blech gesprüht, wodurch dessen Oberfläche gleichmäßig benetzt wird. Die Reaktionsprodukte werden durch den Flüssigkeitsdruck von der Metalloberfläche weggespült, bis die gewünschte Abtragtiefe und Restblechdicke erreicht und die Rohkonturen der Stanzlinien erzeugt sind. Eine erneute Reinigung in einem Nachbereitungsbecken entfernt Rückstände des Ätzvorgangs von der Blechoberfläche, und die Konturen werden in einem zweiten Bürstvorgang entgratet. Die Endbearbeitung der Stanzkonturen erfolgt mit Fräs- bzw. Graviermaschinen, wobei der gewünschte Schneidwinkel sowie die exakte Höhe der Linien umgesetzt werden. Zur Feinkorrektur wird bei Bedarf eine manuelle Kalibrierung der Stanzlinienhöhe an der Blechrückseite durchgeführt [206]. Je nach Verwendungszweck wird das Blech im Anschluss einer Korrosionsschutzbeschichtung oder einer Laserhärtung bis 68 HRC unterzogen [206]. Die Härtung wird beim Durchstanzen sowie bei schwer stanzbaren Folienmaterialien in hohen Auflagen empfohlen [221]. Abschließend erfolgt der Zuschnitt auf Endmaß A_{SB}, das je nach Maschinentyp und Magnetzylinder bis zu 800×1080 mm² betragen kann.

Stanzformen können neben einer flachen auch in einer rotativen Bauweise als Holzhalbschalen (vgl. Abbildung 2.13.b) eingesetzt werden. Die Verarbeitung von Wellpappe ist das Haupteinsatzgebiet dieses Stanzwerkzeugtyps. Das Werkzeug besteht aus zwei Halbschalen als Träger, in die sowohl halbkreisförmige als auch gerade Bandstahllinien eingesetzt werden und die auf einem Rotationszylinder montiert sind. Der am häufigsten verwendete Werkzeugdurchmesser d_{WZ} beträgt 487,4 mm bei einer Holzdicke D_{TP} von 13 mm. Der Herstellprozess erfolgt analog wie bei Flachbettstanzformen. Der Unterschied besteht darin, dass die Kontur der Stanzlinien mit Rotationslasermaschinen in die Halbschalen eingebracht wird. Stanzformen in Rotationsbauweise besitzen gegenüber Flachbettwerkzeugen einen Geschwindigkeitsvorteil, jedoch ist die Genauigkeit Δ dieses Verfahrens mit ±2 mm etwa zehnmal geringer. [210]

Stanzzylinder (vgl. Abbildung 2.13.c) aus Werkzeugstahl werden zur Verarbeitung von voluminösen Materialien oder Haftverbundwerkstoffen zu technischen Stanzteilen eingesetzt. Zudem können aus mehrlagigen oder dicken Materialien z. B. Booklets oder Dichtungsringe gestanzt werden [221]. Die Rotationsstanze besteht aus einem Vollmaterialzylinder mit umlaufenden Stanzlinien [222]. Der Zylinderdurchmesser d_{WZ} liegt zwischen

56,6 und 206,2 mm bei einer Breite B_{WZ} von bis zu 550 mm. Je nach Anwendungsfall besitzen die Stanzlinien eine Dicke D_{SL} von 0,6 bis 1,0 mm bei einer Standardhöhe H von 1,2 mm [221].

Zur Herstellung wird der Rohzylinder aus gewalztem Rundstahl zunächst auf einen definierten Durchmesser abgedreht. Es folgt das Fräsen der Zapfen sowie das Herausarbeiten der Stanzkonturen durch Freifräsen der gesamten Zylinderoberfläche. Bei diesem Vorgang gehen als zerspantes Volumen durchschnittlich 95 % des Werkstoffs um die Stanzkonturen herum verloren. Das Härten des gesamten Zylinders, das Schleifen der Laufringe und das Schärfen der Stanzkonturen schließen die Fertigung ab. Beim Stanzvorgang muss zwischen Stanz- und Gegendruckzylinder ein minimaler Spalt D_S von 0,003 bis 0,005 mm verbleiben [210]. Stanzzylinder können im Rahmen der als maximal definierten Höhentoleranz mehrfach nachgeschärft werden, wenn die Spitze der Schneide um ΔH_Z von 0,04 bis 0,05 mm abgeflacht ist [210].

2.4 Wirtschaftlichkeitsbetrachtung

Nachfolgend sind die Grundlagen zur Wirtschaftlichkeitsbetrachtung im Bereich der Fertigung aufgeführt. In der Fertigung liegt der Fokus wirtschaftlicher Analysen auf den Herstellkosten, die in Kostenvergleichsrechnungen als Instrument zur Entscheidungsfindung bezüglich des Einsatzes unterschiedlicher Verfahren dienen.

Herstellkosten können je nach ihrer Beschäftigungsabhängigkeit in variable oder fixe Kosten sowie je nach ihrer Zurechenbarkeit in direkte oder indirekte Kosten unterteilt werden. Während die variablen Kosten bei Änderungen der Produktionsmenge oder des Beschäftigungsgrads steigen oder fallen und somit von der betrachteten Bezugsgröße abhängen, sind die Fixkosten konstant und damit unabhängig von der Produktionsmenge oder der Bezugsgröße. [223]

Die Zusammensetzung der Herstellkosten K_{HK} [€] eines Prozesses aus direkten Kosten K_{DIR} [€] und indirekten Kosten K_{IND} [€] ist in Gleichung 2.11 dargestellt.

$$K_{HK} = K_{DIR} + K_{IND} \tag{2.11}$$

Abbildung 2.15 zeigt ihre Aufgliederung in einzelne Kostenkomponenten. Die direkten Kosten, auch Einzelkosten genannt, können einer Leistung, z. B. einem Bauteil, verursachungsgerecht zugerechnet werden. Im vorliegenden Fall entsprechen die direkten Kosten den für den Prozess notwendigen Materialkosten. Indirekte Kosten, wie Gemeinkosten, Maschinenkosten und Personalkosten, entstehen für mehrere Leistungen gemeinsam, kön-

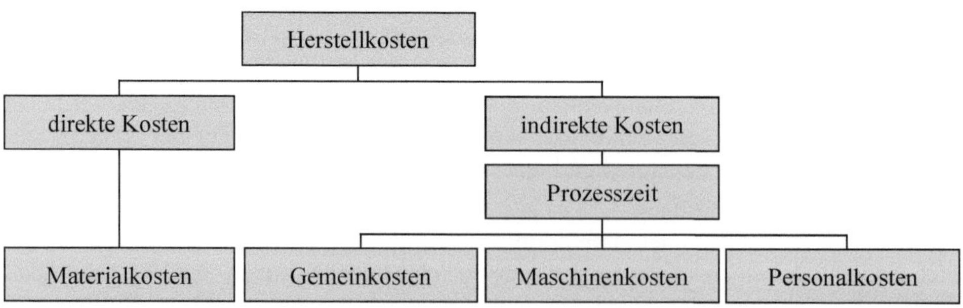

Abbildung 2.15: Komponenten der Herstellkosten

nen daher nicht verursachungsgerecht zugeordnet und müssen über Verteilungsschlüssel oder Zuschlagssätze umgelegt werden. Sie gehen proportional zur Prozesszeit in die Kostenberechnung ein. [223]

Die direkten Kosten eines Prozesses K_{DIR} bzw. die Materialkosten K_{MAT} ergeben sich aus den für das Bauteil verwendeten Rohstoffen (Gleichung 2.12). Diese stellen den wesentlichen Bestandteil des produzierten Bauteils dar. Als Beispiel berechnen sich die Materialkosten für ein laseradditiv aufgebautes Bauteil aus den Materialeinzelkosten pro Mengeneinheit Pulverwerkstoff k_{MAT} [€/kg] multipliziert mit der benötigten Masse m_{MAT} [kg]. Wiederum lässt sich die Masse als Produkt seiner Dichte ρ_{MAT} [g/cm³] und seines Volumens V_{MAT} [cm³] darstellen.

$$K_{DIR} = K_{MAT} = k_{MAT} \times m_{MAT} \tag{2.12}$$

Je nach Fertigungsverfahren und damit eingesetzten Rohstoffen können auch Materialeinzelkosten anfallen, die in die Kostenberechnung pro Längen- oder Flächeneinheit einfließen. Die indirekten Kosten eines Prozesses K_{IND} umfassen die Gemeinkosten K_{GK} [€], die Maschinenkosten K_{MK} [€] und die Personalkosten K_{PK} [€] (Gleichung 2.13).

$$K_{IND} = K_{GK} + K_{MK} + K_{PK} \tag{2.13}$$

Zu den Gemeinkosten K_{GK} zählen insbesondere die Kosten für die Software- und Hardwarenutzung. Aufgrund eines zu großen Zuordnungsaufwands werden zur Vereinfachung einige direkte Kosten oft als Gemeinkosten behandelt und als unechte Gemeinkosten betitelt [224]. Sie umfassen Verbrauchsstoffe in Form von Hilfs- oder Betriebsstoffen wie Reinigungsmittel, Kühl- und Schmierstoffe sowie Gase.

Die Maschinenkosten K_{MK} repräsentieren die Kosten, die die Fertigung eines Bauteils auf einer Maschine verursacht. Zur Ermittlung wird das Produkt aus dem sogenannten Maschinenstundensatz k_{MSS} [€/h] und der Maschinennutzungsdauer im Prozess t_{PND} [h] gebildet (Gleichung 2.14) [225].

$$K_{MK} = k_{MSS} \times t_{PND} \tag{2.14}$$

Die Nutzungsdauer umfasst neben der Dauer für die maschinelle Bearbeitung des Bauteils auch die Vor- und Nachbereitungsdauer der Maschine. Für die Berechnung des Maschinenstundensatzes k_{MSS} werden die jährlichen Maschinenkosten [€/a] auf die geplante jährliche Maschinennutzungsdauer t_{JND} [h/a] bezogen (Gleichung 2.15) [223].

$$k_{MSS} = \frac{k_{AA} + k_{ZIN} + k_{INS} + k_{RAU} + k_{EN}}{t_{JND}} \tag{2.15}$$

mit
- k_{AA} kalkulatorische Abschreibungen auf Anlagen [€/a] = K_{WB} / t_{ND}
- k_{ZIN} kalkulatorische Zinsen [€/a] = $\frac{1}{2} \times K_{WB} \times p$
- k_{INS} Instandhaltungskosten [€/a]
- k_{RAU} Raumkosten [€/a] = $A_M \times k_{RKS}$
- k_{EN} Energiekosten [€/a] = $E_M \times k_{EKS} \times t_{JND}$

Aus den oben gezeigten Komponenten setzen sich die jährlichen Maschinenkosten zusammen. Die kalkulatorischen Abschreibungen auf Anlagen k_{AA} dienen der Erfassung planmäßiger oder außerplanmäßiger Wertminderungen von Vermögensgegenständen wie Maschinen. Der entsprechende Werteverzehr findet in der Regel über mehrere Abrechnungsperioden statt, deren Anzahl den Empfehlungen der AfA-Tabellen entnommen werden kann. Bei der Berechnung der jährlichen Abschreibungen, welche in dieser Arbeit nach der linearen Methode ermittelt werden, werden der Anschaffungspreis oder die Wiederbeschaffungskosten K_{WB} [€] durch die empfohlene Gesamtnutzungsdauer t_{ND} [a] dividiert [226]. Zur Bestimmung der kalkulatorischen Zinsen k_{ZIN} bietet sich die Durchschnittsmethode an, bei der der halbe Wiederbeschaffungswert mit dem Zinssatz p [1/a] multipliziert wird, der sich üblicherweise am Kapitalmarktzins orientiert. Alle Kosten, die für die Wartung der Maschine oder bei Ausfällen für die Reparatur aufgebracht werden, sind in den Instandhaltungskosten k_{INS} zusammengefasst. Diese entsprechen den Kosten des jährlichen Wartungsvertrags [223]. Aus dem Produkt des benötigten Platzbedarfs der Maschine inklusive Peripherie A_M [m²] und dem standortbezogenen Raumkostensatz k_{RKS} [€/m²×a] berechnen sich die Raumkosten k_{RAU}. Als letzte Kostenkomponente ergeben sich die Energiekosten k_{EN} durch Multiplikation des Energiebedarfs E_M [kWh/h] der Maschine mit dem Energiepreis k_{EKS} [€/kWh] des Standorts und der jährlichen Maschinennutzungsdauer t_{JND} [h/a].

Personalkosten K_{PK} entstehen durch den Einsatz von Personal während der Herstellung. Sie berechnen sich aus dem individuellen Stundensatz des Mitarbeitenden k_{MA} [€/h] multipliziert mit der Tätigkeitsdauer t_{TD} [h] (Gleichung 2.16). Im Stundensatz muss auch der Arbeitgeberanteil zur Sozialversicherung berücksichtigt werden [225].

$$K_{PK} = k_{MA} \times t_{TD} \tag{2.16}$$

Die dargestellten Inhalte zu den Herstellkosten im Fertigungsbereich werden ebenso wie die Inhalte zu den konventionellen Stanzwerkzeugen bei der abschließenden Übertragung der Prozesskombination auf die Referenzanwendungen wieder aufgegriffen. Dabei dienen die Grundlagen dieses Abschnitts der Erstellung von verfahrensspezifischen Kostenmodellen, die erst nach Abschluss der anwendungsunabhängigen Prozessentwicklung abgeleitet werden können.

3 Problemstellung, Zielsetzung und Lösungsweg

Die laseradditive Fertigung bietet bezüglich der geometrischen Gestaltungsfreiheit von Bauteilen und der effizienten Nutzung des Rohmaterials während des Fertigungsprozesses erhebliche Vorteile gegenüber konventionellen Verfahren (vgl. Abschnitt 2.1). Jedoch weisen die gefertigten Bauteile aufgrund ihres schichtweisen Aufbaus mit Pulverwerkstoff oft unzureichende Oberflächen auf, die aufgrund ihrer Gestaltabweichungen für den direkten Einsatz nicht geeignet sind (vgl. Abschnitt 2.1.4).

Um die Einhaltung technischer Anforderungen zu gewährleisten, sind die charakteristischen Oberflächen der laseradditiv erzeugten Bauteile einer Nacharbeit zu unterziehen, in der die Abweichungen reduziert werden (vgl. Abschnitt 2.1.1). Neben den herkömmlichen trennenden Fertigungsverfahren wie Fräsen, Schleifen oder Polieren, die bereits für die Oberflächennachbearbeitung laseradditiv gefertigter Bauteile eingesetzt werden, gibt es Bestrebungen, auch den Laser als Werkzeug zu verwenden (vgl. Abschnitt 2.2.4). Dabei beschränkt sich die lasergestützte Nachbearbeitung bisher sowohl bei umschmelzendem als auch subtraktivem Lasereinsatz hauptsächlich auf die Verbesserung der Oberflächengüte von laseradditiven Bauteilen mit ebener Oberfläche. Eine gezielte Reduktion von Maßabweichungen dreidimensionaler laseradditiver Bauteile durch eine lasersubtraktive Bearbeitung wird hingegen bislang nicht durchgeführt. Diese aktuellen Anwendungsfelder verdeutlichen, dass die lasersubtraktive Technologie zur Nachbearbeitung von laseradditiv gefertigten Bauteilen noch nicht etabliert ist.

Gleichwohl erscheint die lasersubtraktive Fertigung insbesondere für dreidimensionale Bauteile, die unter Nutzung gestalterischer Freiheit mit effizientem Materialeinsatz hergestellt werden, zur Korrektur von Gestaltabweichungen als geeignet. Mit dem Laserstrahl als flexiblen Werkzeug, das nicht durch eine vordefinierte Form eingeschränkt ist und als Mikrobearbeitungsinstrument gleichzeitig über einen sehr kleinen Bearbeitungsdurchmesser verfügt, lassen sich schwer zugängliche Oberflächenareale der Bauteile abtragen, die mit konventionellen Verfahren nicht erreichbar sind (vgl. Abschnitt 2.2). Die Bauteile müssen wiederum zur Gewährleistung eines Übermaßes an den nachzubearbeitenden Flächen bereits in der Konstruktion mit einer Bearbeitungszugabe versehen werden, damit sie durch eine Oberflächennachbearbeitung auf das gewünschte Zielmaß abgetragen werden können. Dank der Möglichkeit einer ressourcenschonenden Pulvernutzung während des Fertigungsprozesses und dem damit verbundenen endkonturnahen Aufbau kann sich dieses Übermaß in der Größenordnung der Aufbaugenauigkeit bewegen (vgl. Abschnitt 2.1.4). Daraus folgt, dass nur ein sehr geringes Werkstoffvolumen abzutragen ist, was wiederum den Einsatz der lasersubtraktiven Präzisionstechnologie begünstigt.

Neben der Oberflächenbeschaffenheit und der Möglichkeit zur Nachbearbeitung aus Qualitätssicht sind aus wirtschaftlicher Sicht die Kosten ein entscheidendes Kriterium für den erfolgreichen Einsatz der laseradditiven Fertigung. Bei der Bauteilfertigung entstehen aufgrund des relativ zeitaufwändigen Verfahrens hohe Herstellkosten, die maßgeblich vom aufzubauenden Volumen abhängen (vgl. Abschnitt 2.1.2). Im Sinne einer Kostenreduktion ist daher immer eine Verringerung der Bauzeit und damit des aufgebauten Werkstoffvolumens anzustreben. Analog verhält es sich mit der lasersubtraktiven Fertigung. Je kleiner

S. Hallmann, *Prozesskombination aus laseradditiver und lasersubtraktiver Fertigung*, Light Engineering für die Praxis,
https://doi.org/10.1007/978-3-662-72196-4_3

das durch den laseradditiven Prozess aufgebaute Volumen ist, desto kleiner ist prinzipiell auch das anschließend abzutragende Werkstoffvolumen und desto eher kann die lasersubtraktive Präzisionstechnologie mit wirtschaftlichem Nutzen eingesetzt werden.

Angesichts der dargestellten Grenzen und Potenziale der laseradditiven und lasersubtraktiven Fertigung erscheint es sinnvoll, durch eine sequenzielle Verknüpfung beider Verfahren und somit einer doppelten Nutzung des Lasers Synergieeffekte zu erzielen, um die aufgezeigten Genauigkeits- und Kosteneinschränkungen zu überwinden.

Das Ziel dieser Arbeit ist die Entwicklung einer Prozesskombination, bei der beide Fertigungsverfahren in einen gemeinsamen Prozess integriert werden. Der Schwerpunkt der Untersuchungen liegt darin, das Potenzial der lasersubtraktiven Fertigung als universelle Nachbearbeitungsmethode für laseradditiv hergestellte Bauteile zu analysieren.

Im Hinblick auf die Herstellkosten und -zeit konzentriert sich die folgende Prozessentwicklung explizit auf Bauteile mit geringem Werkstoffvolumen. Zum einen wird eine Reduktion des laseradditiven Anteils bei ansonsten konstantem Bauteilvolumen forciert, was durch Bauteile in Hybridbauweise erreicht wird (vgl. Abschnitt 2.1.2). Dabei weist das kostengünstige konventionelle Bauteilsegment eine einfache ebene Geometrie auf und das laseradditive Verfahren wird nur für Segmente mit komplexer Geometrie eingesetzt. Durch Verwendung von hybriden Bauteilen werden die Vorteile der additiven und der konventionellen Fertigung vereint, um Gestaltungsfreiheit und Materialeffizienz bei gleichzeitig hoher Kosteneffizienz zu realisieren. Zum anderen verfügen die in dieser Arbeit betrachteten Hybridbauteile an sich nur über ein geringes Gesamtvolumen, sodass die Abmessungen des laseradditiven Segments und folglich auch das abzutragende Volumen klein sind. Das konventionelle Segment bildet ein Substrat, welches wesentlich dünner als die konventionelle Bauplattform ist.

Abbildung 3.1 zeigt die methodische Vorgehensweise zur Erreichung des Ziels. Die erste Phase zur Umsetzung der Prozesskombination, die im weiteren Verlauf synonym auch als kombinierter Prozess betitelt wird, bildet die strukturelle Prozessgestaltung (vgl. Kapitel 4). Während dieser werden der laseradditive Prozess und der lasersubtraktive Prozess sequenziell in einen gemeinsamen Prozess integriert. Zu diesem Zweck erfolgt eine Analyse der beiden Laserprozesse durch eine umfassende Bestandsaufnahme der einzelnen Aktivitäten, die wiederum in voneinander abgegrenzte Prozessschritte zusammengefasst wer-

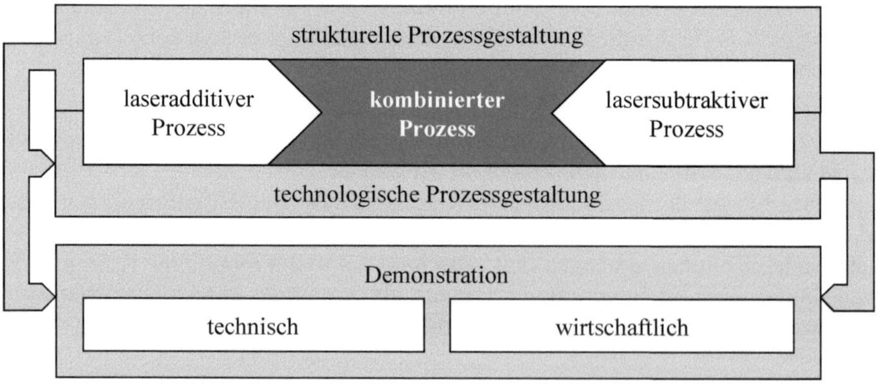

Abbildung 3.1: methodisches Vorgehen im Rahmen dieser Arbeit

den. Die Schritte werden getrennt nach Material- und Informationspfad in ein systematisches Prozessschema eingeordnet, welches die Kombination der Prozesse erleichtert. Das resultierende Schema des kombinierten Prozesses, das für Hybridbauteile ausgelegt ist, fließt in die technologische Prozessgestaltung ein und dient innerhalb der Prozessdemonstration als Grundlage für die technische Umsetzung und die wirtschaftliche Betrachtung.

Die technologische Prozessgestaltung ist Gegenstand der zweiten Entwicklungsphase (vgl. Kapitel 5). Dabei wird im ersten Schritt die Herstellung von Hybridbauteilen untersucht, indem laseradditive Segmente mit geringem Volumen auf konventionell gefertigte Untergründe aufgebaut werden (vgl. Abschnitt 5.2). Für diese Bauteile ist typisch, dass ihre laseradditiven Segmente keine Stützstrukturen besitzen und ihre konventionellen Segmente eine beliebige Form aufweisen können. Da beide Segmente zusammen das fertige Bauteil bilden, ist die übliche Bauplattform nicht als Bauuntergrund für das laseradditive Segment nutzbar. Für die Untersuchungen werden stattdessen wesentlich dünnere Substrate verwendet, die wiederum eine spezielle Fixierung in der Maschine erfordern.

Die Entwicklung des lasersubtraktiven Prozesses stellt den zweiten Schritt dar (vgl. Abschnitt 5.3). Um die Verwendung des gleichen Werkzeugs sowohl für den Aufbau als auch für die Nachbearbeitung zu ermöglichen, sind bei der lasersubtraktiven Prozessausführung insbesondere die Gestaltabweichungen der laseradditiv erzeugten Segmente als Eingangsgröße zu berücksichtigen. Da die Abweichungen fertigungsbedingt entlang der Segmentoberfläche variieren, sind die Ist-Oberfläche und damit auch das abzutragende Volumen ohne zusätzlichen Bestimmungsaufwand unbekannt. Das bedeutet, dass der Prozess ohne die präzise Kenntnis der Ausgangssituation in der Lage sein muss, die Anforderungen an das Zielmaß bezüglich Rauheit und Maß zu erfüllen. Im Idealfall erfolgt dies in einem einzigen Bearbeitungsschritt.

In der letzten Phase wird die entwickelte Prozesskombination auf beispielhafte Anwendungen aus dem Stanzwerkzeugbau übertragen (vgl. Kapitel 6), um die Praxisrelevanz der Entwicklungsergebnisse zu verdeutlichen. Diese Demonstration beinhaltet die technische Umsetzung inklusive der Fertigung von Werkzeugen und der exemplarischen Durchführung von Stanzversuchen. Darüber hinaus erfolgt auf Basis der strukturellen und technologischen Prozessgestaltung die Ableitung von Kostenmodellen einerseits für den kombinierten Prozess und andererseits für konventionelle Herstellverfahren von Stanzwerkzeugen, die für eine vergleichende wirtschaftliche Bewertung genutzt werden.

4 Strukturelle Gestaltung der Prozesskombination

Der kombinierte Prozess stellt in dieser Arbeit den Hauptprozess dar, der sich in die beiden Teilprozesse der laseradditiven und lasersubtraktiven Fertigung gliedert. Er wird explizit für die Herstellung von Bauteilen in Hybridbauweise entwickelt. Infolgedessen ergeben sich zusätzliche Herausforderungen hinsichtlich der technologischen Prozessgestaltung. Vor diesem Hintergrund dient die strukturelle Gestaltung der Prozesskombination in diesem Kapitel zur Unterstützung der technologischen Gestaltung in Kapitel 5 sowie insbesondere als Grundlage der späteren wirtschaftlichen Bewertung in Kapitel 6.

Deren Umsetzung beginnt mit der separaten Bestandsaufnahme der beiden Teilprozesse, indem die Verfahrensbeschreibungen aus dem Stand der Technik (vgl. Abschnitte 2.1.1, 2.1.2) in eine eigene Darstellung des Prozessablaufs überführt werden. Darauf aufbauend werden die Teilprozesse miteinander zum Hauptprozess verknüpft, während eine Analyse der Schnittstellen stattfindet, um mögliche Synergien identifizieren und nutzen zu können.

Das zugrunde gelegte Schema zur Prozessdarstellung, welches sowohl für die Teilprozesse als auch für die Prozesskombination genutzt wird, ist in Abbildung 4.1 gezeigt. Es teilt sich in zwei Dimensionen, wobei sich die erste Dimension auf die zeitliche Abfolge bezieht, in der sich die Prozesse in vorgelagerte Prozessschritte, den Prozessschritt der Bearbeitung und nachgelagerte Prozessschritte gliedern. In dieser Dimension sind die Prozesse durch Eingangsgrößen und Ausgangsgrößen begrenzt. Die Zuordnung der Prozessschritte erfolgt in der zweiten Dimension nach inhaltlichen Schwerpunkten. Dies bedeutet, dass die einzelnen Schritte entweder dem Informations- oder dem Materialpfad zugeordnet werden. Beispielsweise wird der Schritt der Datenvorbereitung zeitlich den vorgelagerten Prozessschritten und inhaltlich dem Informationspfad zugerechnet.

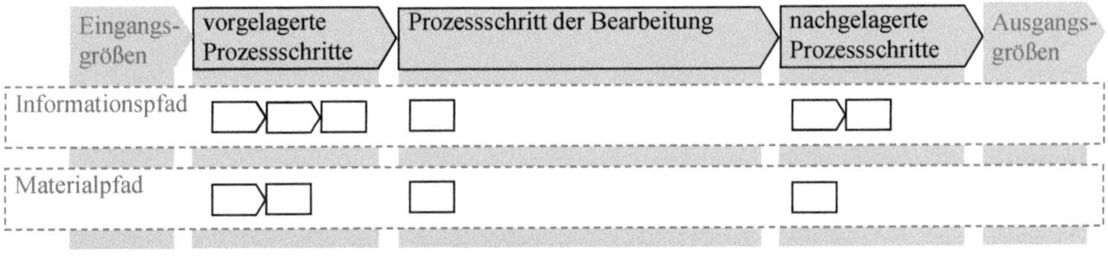

Abbildung 4.1: Schema zur Prozessdarstellung

4.1 Bestandsaufnahme der Teilprozesse

Für die Analyse der Teilprozesse werden sämtliche Prozessschritte identifiziert und in das oben genannte Prozessschema aufgenommen. Dabei werden die Prozessschritte in Aktivitäten, die sich nicht weiter untergliedern lassen, aufgeschlüsselt. Die beabsichtigte Verknüpfung der Teilprozesse erfordert eine Neuordnung der Prozessschritte, deren Abfolge im kombinierten Prozess einen zusammenhängenden Material- und Informationspfad aufweist. Im Folgenden sind die resultierenden Prozessabläufe dargestellt.

S. Hallmann, *Prozesskombination aus laseradditiver und lasersubtraktiver Fertigung*, Light Engineering für die Praxis,
https://doi.org/10.1007/978-3-662-72196-4_4

4.1.1 Prozess der laseradditiven Fertigung

Das Prozessschema der laseradditiven Fertigung ist in Abbildung 4.2 dargestellt. Der Informationspfad des laseradditiven Prozesses beginnt mit der Übergabe der Anforderungen an die Bauteilkonstruktion. Diese Anforderungen dienen als Eingangsgröße für den Prozess und beinhalten die Bauteilspezifikationen hinsichtlich Abmessungen, Toleranzen, Werkstoff und die Definition der geforderten mechanischen Eigenschaften.

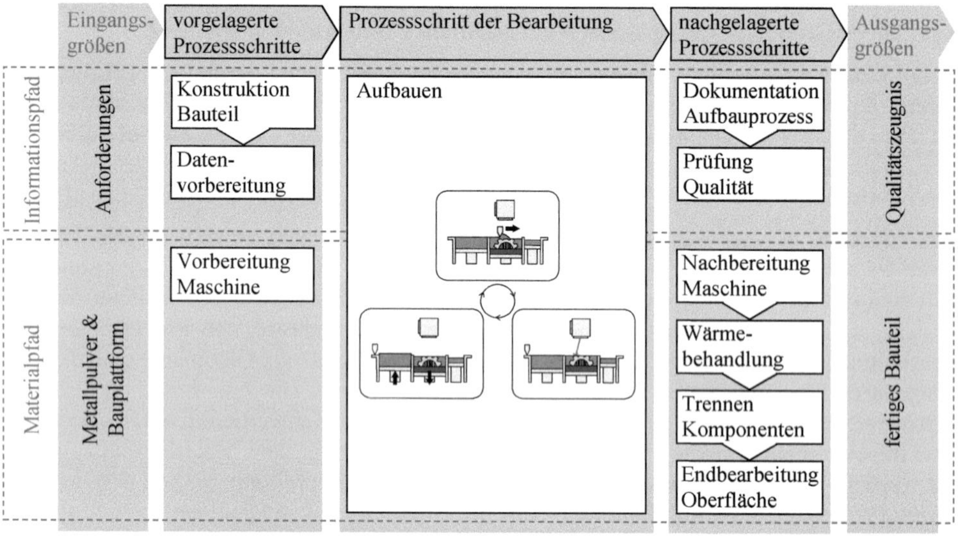

Abbildung 4.2: Prozessschema der laseradditiven Fertigung

Die vorgelagerten Prozessschritte umfassen die konstruktive Umsetzung des Bauteils sowie die Datenvorbereitung. Nach einer erfolgten Machbarkeitsprüfung wird das Bauteil als dreidimensionales Volumenmodell mit einem CAD-Programm erstellt, wobei spezielle Konstruktionsrichtlinien für die laseradditive Fertigung berücksichtigt werden [227, 228]. Das Modell wird in der Regel im STL-Dateiformat als Oberflächenmodell exportiert und anschließend in einer Bauvorbereitungssoftware zur Datenvorbereitung verwendet [229]. Dort findet zunächst die Bauteilanordnung durch Orientierung und Positionierung im virtuellen Bauraum statt, die nach verschiedenen Kriterien wie Aufbauzeit, Werkstoffbedarf oder Nacharbeitsaufwand vorgenommen werden kann [12]. Danach werden die Stützstrukturen zwischen Bauteil und Bauplattform auf Basis der Maschinenspezifikation automatisch oder manuell erzeugt [229]. Des Weiteren werden die notwendigen Schichtdaten maschinen- und materialspezifisch erstellt, wobei sämtliche Prozessparameter wie Schichtdicke, Belichtungsstrategie, Laserparameter oder Bauraumtemperatur vollständig zugewiesen werden [227]. Anschließend erfolgt die Speicherung der Maschinendaten beispielsweise im SLI-Format (Slice Layer Interface), das alle Informationen zu den einzelnen Schichten enthält [228]. Nach der Übertragung der Daten an die Maschine findet der Aufbau statt.

Die nachgelagerten Prozessschritte bestehen aus der Dokumentation des Aufbauprozesses [230] und der Prüfung der Qualität. Der Dokumentationsrahmen umfasst Aktivitäten wie das Sammeln von Maschinen-Logdateien und Sensordaten aus der Prozessüberwachung. Diese protokollierten Messwerte sind beispielsweise die Maschinenlaufzeit, die Temperatur und der Sauerstoffgehalt in der Prozesskammer, die eingesetzte Laserleistung oder die Schmelzbaddimension. Oftmals werden auch Kameraaufnahmen zur Dokumentation der Beschichtungsqualität oder zur thermografischen Darstellung von Prozesszuständen verwendet. Die Qualitätssicherung erstreckt sich grundsätzlich über den gesamten Prozess, wobei wesentliche Merkmale des Bauteils erst nach Abschluss des Aufbauprozesses und gegebenenfalls nach weiterer Bearbeitung geprüft werden können. Im Prozessschritt Qualitätsprüfung erfolgt die Kontrolle der wichtigsten Eigenschaften wie Maßhaltigkeit, Rauheit, Porosität, Härte und Festigkeit sowohl mit zerstörenden als auch zerstörungsfreien Verfahren [229, 231]. Zusätzlich können die Prüfergebnisse mit den erfassten Sensordaten verglichen werden, um einen Zusammenhang zwischen Bauteil- und Prozessqualität herzustellen. Die Ausgangsgröße des Informationspfads ist ein Qualitätszeugnis, das die Erfüllung der anfänglich definierten Anforderungen bestätigt und die Freigabe des Bauteils für den vorgesehenen Einsatz erteilt.

Der Materialpfad erhält als Eingangsgrößen den metallischen Ausgangswerkstoff in Pulverform und die Bauplattform. In der Regel wird der Pulverwerkstoff durch Herstellerangaben charakterisiert. Sollten die Kennwerte wie Legierungszusammensetzung, Partikelform und Partikelgrößenverteilung nicht bekannt sein, müssen diese gegebenenfalls durch zusätzliche Analysen ermittelt werden.

Der vorgelagerte Prozessschritt der Maschinenvorbereitung beginnt mit der Überprüfung des Zustands von Filter und Beschichtungseinheit, um bei Bedarf durch den Austausch der Komponenten die Betriebsbereitschaft herzustellen. Weitere Aktivitäten in diesem Schritt sind die Installation und Ausrichtung der Bauplattform zum Beschichter [228] sowie die Materialbestückung durch Einfüllen von Metallpulver in den Vorratsbehälter der Maschine [230]. Abschließend wird eine erste Schicht Metallpulver auf die Bauplattform aufgetragen [232].

In der Startphase des Aufbauens wird zur Herstellung der erforderlichen Prozessbedingungen die Schutzgasatmosphäre in der Prozesskammer erzeugt und der Bauuntergrund vorgeheizt. Anschließend erfolgt die zyklische Prozessführung bis zur Fertigstellung des physischen Bauteils (vgl. Abschnitt 2.1.1). Der Schritt des Aufbauens endet mit der Bauteilabkühlung. [232]

Die nachgelagerten Prozessschritte unterteilen sich in die Nachbereitung der Maschine, eine mögliche Wärmebehandlung, das Trennen sämtlicher Komponenten sowie in eine optionale Endbearbeitung der Bauteiloberfläche. Der erste Schritt der maschinenbezogenen Nachbereitung besteht darin, das überschüssige Metallpulver aus der Prozesskammer zu entfernen und für den Einsatz im nächsten laseradditiven Fertigungszyklus aufzubereiten [230]. Anschließend wird die Bauplattform mit den auf ihr befindlichen Bauteilen entnommen [228]. Es folgt die Reinigung der Prozesskammer einschließlich der Strahleintrittsscheibe [232, 233]. Die Wärmebehandlung dient dem Abbau von Bauteileigenspannungen und der Verbesserung der mechanischen Eigenschaften [231]. Je nach Anforderung beinhaltet dies beispielsweise auch das Härten oder das heißisostatische Pressen. Ein obligatorischer Schritt ist das Trennen der Komponenten voneinander. Dabei werden die Bauteile durch Sägen oder Drahterodieren von der Bauplattform getrennt und meist manuell von Stützkonstruktionen und Pulverresten befreit [228]. Nach dem Planfräsen der Oberfläche kann die Bauplattform wiederverwendet werden. Der letzte Schritt ist die Oberflächenendbearbeitung, z. B. durch Partikelstrahlen, Schleifen, Polieren, Fräsen oder Beschichten, entweder am gesamten Bauteil oder an bestimmten Funktionselementen [234]. Das fertige Bauteil bildet die Ausgangsgröße des Materialpfads und steht zur Nutzung oder zum Einbau in Baugruppen bereit.

4.1.2 Prozess der lasersubtraktiven Fertigung

Abbildung 4.3 zeigt das abgeleitete Prozessschema der lasersubtraktiven Fertigung. Die Eingangsgröße des Informationspfads des lasersubtraktiven Prozesses umfasst die Anforderungen an das zu bearbeitende Rohbauteil. Jene spezifizieren insbesondere Vorgaben zu den Abmessungen und Toleranzen des abzutragenden Volumens und zur zulässigen Rauheit der abgetragenen Oberflächenbereiche.

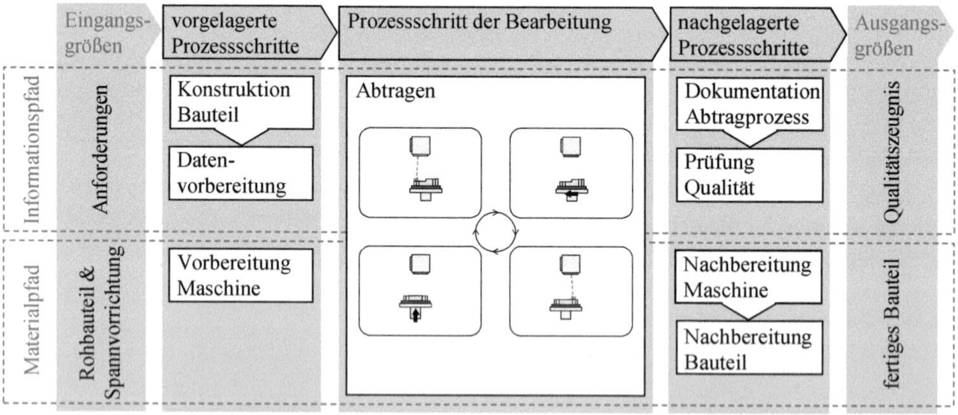

Abbildung 4.3: Prozessschema der lasersubtraktiven Fertigung

Die vorgelagerten Prozessschritte bestehen aus der Bauteilkonstruktion und der Vorbereitung der Maschinendaten. Als erster Konstruktionsschritt wird ein dreidimensionales Volumenmodell des Rohbauteils erstellt und als Oberflächenmodell im STL-Format gespeichert [120]. Dabei ist darauf zu achten, dass eine geeignete Haltevorrichtung in das Modell integriert wird, um später eine vollständige Kollisionsanalyse durchführen zu können. Zusätzlich wird das abzutragende Volumen konstruiert, das je nach verwendeter Maschine und deren spezifischer Datenvorbereitungskette ebenfalls direkt als dreidimensionales Volumenmodell erstellt und gespeichert wird. Alternativ kann es ausreichen, auf der Oberfläche des Rohbauteils eine Bearbeitungsebene zu definieren, die als Bezugsfläche für den Laserabtrag dient und die Breite und Länge des abzutragenden Volumens festlegt. In diesem Fall wird die dritte Dimension des gewünschten Abtragvolumens erzeugt, indem in die Bearbeitungsebene eine Pixelgrafik mit Graustufen eingepasst wird, deren Farbverlauf die Tiefeninformation für den Abtrag enthält. Die Verknüpfung des dreidimensionalen Rohbauteils mit seiner Bearbeitungsebene und dem zweidimensionalen Graustufenbild erfolgt über ein Polygonnetz, das in Form und Lage identisch mit der Bearbeitungsebene ist. Für die vollständige Bauteilkonstruktion wird folglich die STL-Datei des Rohbauteils und entweder das abzutragende Volumen direkt oder die Bearbeitungsebene in Form eines Polygonnetzes und die Pixelgrafik benötigt.

In der Datenvorbereitung erfolgt mit maschinenspezifischer Software zunächst eine Kollisionsanalyse zwischen dem Rohbauteil einschließlich seiner Haltevorrichtung und des abzutragenden Volumens sowie den virtuellen Modellen der Bearbeitungsmaschine und des Lasersystems. Folgend werden die Abtragparameter Spurabstand, Schraffur, maximale Größe der Teilflächen und Schichtdicke zugewiesen [132, 134]. Bei Verwendung der Pixelgrafik muss außerdem die Abtragtiefe angegeben werden, die dem dunkelsten Grauton zugeordnet wird. Schließlich wird das Maschinenprogramm berechnet, das Informationen über die einzelnen Schichten und deren Teilflächen sowie über den Lasereinstrahlwinkel und alle Achsbewegungen der Maschine enthält. Nach Übertragung der Daten an die Abtragmaschine und Zuweisung der Laserparameter Pumpstrom, Scangeschwindigkeit, Pulsfrequenz und Pulsdauer [133] erfolgt das schichtweise Abtragen.

Die Dokumentation des Abtragprozesses und die Qualitätsprüfung sind die nachgelagerten Prozessschritte. Dokumentiert werden verschiedene Aspekte, darunter die Gesamtbearbeitungszeit, aufgeschlüsselt in die Positionierzeit der Achsen und die Zeit des Lasereinsatzes. Beim Abtragen unter Schutzgas wird auch der Zustand der Gasatmosphäre im Arbeitsraum erfasst. Je nach Maschinenspezifikation können während des Abtragvorgangs aufgezeichnete Prozessüberwachungsdaten bereits eine erste Aussage zur Abtragqualität liefern [235]. Zum Beispiel kann durch manuelles oder optisches Abtasten der aktuellen Abtragtiefe, einen Vergleich dieser Tiefe mit dem Sollwert und gegebenenfalls einer Nachregelung des Pumpstroms das Abtragergebnis gezielt beeinflusst werden. Im Prozessschritt der Qualitätsprüfung werden wesentliche Merkmale wie die Oberflächenbeschaffenheit in Form von Mikrorauheit und Welligkeit sowie die Maßhaltigkeit kontrolliert [118, 133]. Die Erfüllung der zu Beginn definierten Anforderungen wird durch die Ausstellung eines Qualitätszeugnisses bescheinigt, das gleichzeitig die Ausgangsgröße des Informationspfads darstellt.

Der Materialpfad erhält als Eingangsgrößen das Rohbauteil und die Spannvorrichtung. In der Regel wird das Rohbauteil von extern angeliefert, während die Spannvorrichtung als Schnittstelle zwischen Bauteil und Maschine entweder ebenfalls von extern bezogen oder intern gefertigt wird.

Der vorgelagerte Prozessschritt ist die Maschinenvorbereitung, die mit der Installation der Spannvorrichtung auf dem Arbeitstisch beginnt. Als nächste Aktivität wird das Rohbauteil auf der Vorrichtung fixiert. Um die Ausrichtung und Position des Rohbauteils in der Maschine an das CAM-System zu übergeben, wird abschließend der Nullpunkt und die Orientierung der Achsen eingestellt. Dabei werden die Nullpunkte von STL-Datei und Maschine überlagert.

Es folgt der zyklische Prozessschritt der Bearbeitung, bei dem die Maschine die einzelnen Schichten abträgt (vgl. Abschnitt 2.2.1). Der Vorgang ist abgeschlossen, wenn das gesamte abzutragende Volumen vom Rohbauteil entfernt wurde.

Die nachgelagerten Prozessschritte bestehen aus der Nachbereitung der Maschine und des Bauteils [120]. Dabei wird der Arbeitsraum der Maschine gereinigt, und das Bauteil sowie die Spannvorrichtung werden einzeln entnommen. Das Bauteil wird in der Regel zunächst mit Druckluft von Bearbeitungsrückständen befreit und kann je nach Anforderungsprofil weiteren Schritten wie einer Ultraschallreinigung oder einer strahlenden Reinigung mit Partikeln unterzogen werden. Am Ende des Materialpfads steht das fertige Bauteil.

4.2 Zusammenführung der Teilprozesse

Das abgeleitete Schema des kombinierten Prozesses ist in Abbildung 4.4 dargestellt. In dieser Abbildung sind die Schemas der Teilprozesse aus den vorangegangenen Abschnitten zu einer Gesamtdarstellung zusammengeführt. Das resultierende Prozessschema besteht aus den vor- und nachgelagerten Prozessschritten sowie den Prozessschritten der integralen Bearbeitung, die sich aus den Schritten des Aufbauens und Abtragens zusammensetzt.

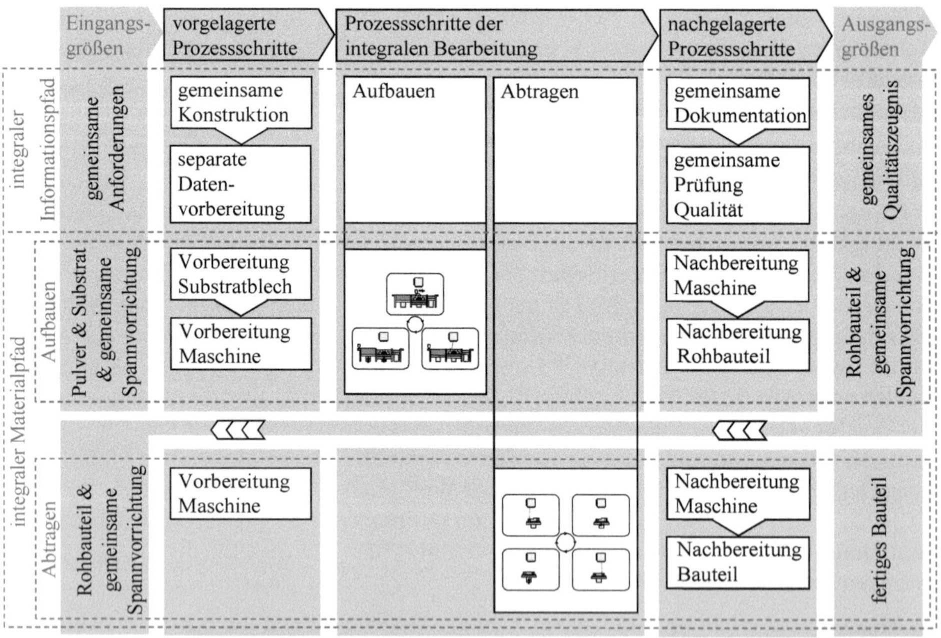

Abbildung 4.4: Schema des kombinierten Prozesses

Der integrale Informationspfad beginnt mit der Übermittlung einer Liste an die Bauteilkonstruktion, die die Anforderungen an das Hybridbauteil für die laserbasiert und die konventionell gefertigten Segmente enthält. Je nach gewähltem Fertigungsverfahren für das konventionell hergestellte untere Segment kann die Erstellung eines dreidimensionalen Datenmodells erforderlich sein. Für das laseradditiv und -subtraktiv gefertigte obere Bauteilsegment bietet sich eine gemeinsame Konstruktion an, da beide Laserverfahren als Datengrundlage eine Datei im STL-Format benötigen. Bei der Erstellung des dreidimensionalen Modells wird die abzutragende Bearbeitungszugabe berücksichtigt. Der anschließende Prozessschritt der Datenvorbereitung wird getrennt für beide Bearbeitungsschritte durchgeführt, kann aber prinzipiell auch parallel stattfinden. Da der kombinierte Prozess auf die Fertigung von Bauteilen in Hybridbauweise ausgerichtet ist, entfallen die Stützstrukturen. Für die integrale Bearbeitung werden die vorbereiteten Daten an beide Fertigungsmaschinen übertragen.

Die nachgelagerten Prozessschritte beinhalten die Dokumentation des Prozesses und die Qualitätsprüfung. Hierbei werden die individuellen Prozessdokumentationen in eine umfassende Dokumentation des kombinierten Prozesses integriert. Am Ende der integralen Bearbeitung erfolgt die Prüfung des Bauteils, wobei nach dem ersten Teilprozess nur eine Sichtprüfung stattfindet. Als Ausgangsgröße des integralen Informationspfads steht ein Qualitätszeugnis zur Verfügung, das die Einhaltung der gestellten Anforderungen für beide Laserprozesse bestätigt und somit das Bauteil für den Einsatz freigibt.

Innerhalb des integralen Materialpfads laufen beide Teilprozesse sequenziell ab. Wie bereits bei der Bestandsaufnahme des laseradditiven Prozesses erwähnt, wird für die Maschinenvorbereitung im laseradditiven Teilprozess das gewünschte Metallpulver benötigt. Hinzu kommen für den kombinierten Prozess sowohl das konventionelle Substrat als Bauunterlage und Bestandteil des Hybridbauteils als auch eine Spannvorrichtung für das Substrat. Diese gemeinsame Vorrichtung wird durchgängig für den gesamten Prozess eingesetzt, d. h. einschließlich des lasersubtraktiven Teilprozesses. Hinzu kommen mögliche weitere Prozessschritte, für die die Vorrichtung ausgelegt sein muss. Je nach Anforderungsprofil des Substrats kann die Spannvorrichtung entweder als klassische Bauplattform oder als spezielle Sonderanfertigung ausgeführt sein.

Die Vorbereitung der laseradditiven Fertigung erfolgt nach dem bekannten Vorgehen, wobei zum Einrichten der Maschine zunächst die Spannvorrichtung montiert, das Substrat darauf fixiert und die erste Pulverschicht aufgetragen wird. Der anschließende laseradditive Aufbau und die Reinigung der Maschine verlaufen ebenfalls wie bereits beschrieben. Im Anschluss wird das Rohbauteil, das sich aus dem laseradditiven Segment und dem Substrat zusammensetzt, gemeinsam mit der Spannvorrichtung aus der Prozesskammer entnommen und in diesem Zustand einer Nachbereitung, bestehend aus einer Reinigung gegebenenfalls einer Wärmebehandlung, unterzogen. Anstatt die beiden Komponenten anschließend voneinander zu trennen und das Rohbauteil einzeln einer möglichen Oberflächenendbearbeitung zuzuführen, bilden das Bauteil und die Spannvorrichtung als Einheit die Ausgangsgröße des ersten Teilprozesses.

Die Endbearbeitung des laseradditiv hergestellten Bauteilsegments erfolgt im zweiten Teil der integralen Bearbeitung durch Laserstrahlabtragen. Im Zuge der Maschinenvorbereitung wird das auf der Spannvorrichtung fixierte Rohbauteil als Eingangsgröße direkt in die Abtragmaschine integriert. Die Maschine wird gerüstet, und das Abtragen erfolgt als Oberflächenendbearbeitung wie bereits beschrieben. Nach der Reinigung der Maschine kann die Fixierung zwischen dem endbearbeiteten Bauteil und der Spannvorrichtung manuell gelöst werden. Das Bauteil wird aus der Maschine entnommen und ebenfalls gereinigt. Da für die Herstellung des Hybridbauteils keine Stützstrukturen erforderlich sind, entfallen die üblichen Trennvorgänge und auch die Aufbereitung des Bauuntergrunds. Die für beide Teilprozesse verwendete Spannvorrichtung kann für wiederholte Durchläufe der integralen Bearbeitung ohne weitere Nachbearbeitung wiederverwendet werden. Am Ende des kombinierten Prozesses steht das fertige Bauteil in hybrider Bauweise.

Durch die Integration der Teilprozesse in den kombinierten Prozess ist es möglich, mit dem Laser als Werkzeug sowohl den Aufbau von Rohbauteilen als auch deren direkte Endbearbeitung durchzuführen. Im Rahmen der technologischen Ausgestaltung ist es erforderlich, ein 3D-Datenmodell abzuleiten, das die prozessspezifischen Fertigungsgenauigkeiten berücksichtigt. Beim Materialpfad empfiehlt es sich, darauf zu achten, dass dieser möglichst rüstarm durchlaufen wird, weshalb eine Spannvorrichtung zu entwickeln ist, die in beiden Laserbearbeitungsmaschinen gleichermaßen eingesetzt werden kann. Für eine erfolgreiche Umsetzung der Prozesskombination auf Basis der in diesem Abschnitt abgeleiteten Prozessstruktur ist bei der nachfolgenden technologischen Gestaltung vor allem die verfahrensspezifisch erzielbare Qualität des Prozessergebnisses zu berücksichtigen.

5 Technologische Gestaltung der Prozesskombination

Gegenstand des folgenden Kapitels ist die technologische Gestaltung der Prozesskombination. Abbildung 5.1 zeigt den zugehörigen Ablauf der Entwicklungstätigkeiten für hybride Bauteile. Das Ziel der Prozessgestaltung ist es, sowohl den laseradditiven als auch den lasersubtraktiven Teilprozess hinsichtlich der Wahl der Prozessparameter und der Strahlführung zu entwickeln.

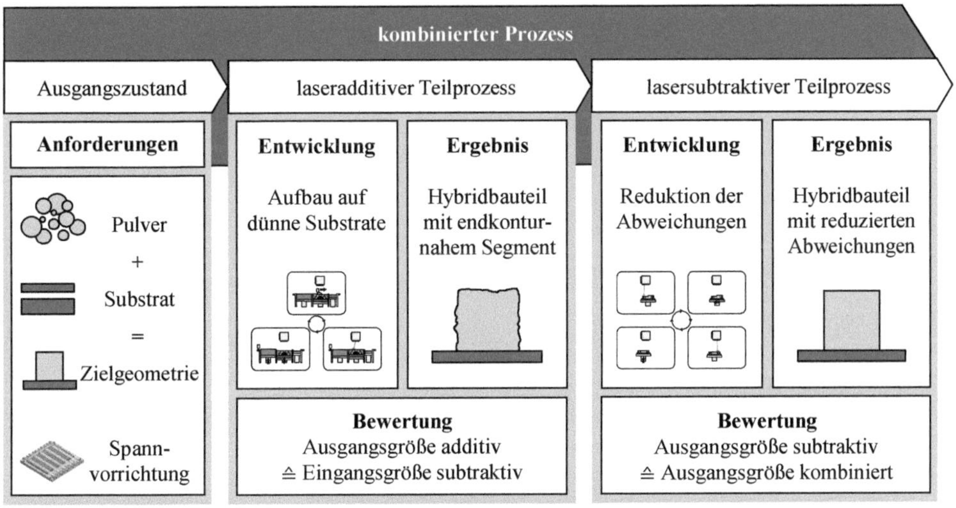

Abbildung 5.1: Ablauf der technologischen Gestaltung des kombinierten Prozesses

Die technologische Gestaltung beginnt mit der Festlegung des Ausgangszustands, der primär die Eingangsgrößen für den ersten Teilprozess bestimmt, jedoch auch den zweiten Teilprozess beeinflusst. In diesem Schritt werden zunächst die Anforderungen für die Entwicklung der Teilprozesse und somit für die Prozesskombination abgeleitet. Zudem wird die angestrebte Zielgeometrie der Hybridbauteile definiert, einschließlich der Auswahl des Pulverwerkstoffs und der Substrate. Die Geometrie der hybriden Bauteile setzt mit ihren Abmessungen die Anforderungen für die Spannvorrichtung fest, die zur Fixierung der Substrate während der Bearbeitung dient.

In der anschließenden Entwicklung des ersten Teilprozesses liegt der Untersuchungsschwerpunkt auf dem laseradditiven Aufbau auf ausgewählte dünne Substrate. Das Ziel besteht darin, als Ergebnis ein Hybridbauteil mit einem endkonturnah aufgebauten Segment zu erhalten. Dieses hybride Bauteil stellt die Ausgangsgröße des Teilprozesses dar, welche bewertet wird und als Eingangsgröße für die Entwicklung des lasersubtraktiven Teilprozesses dient.

Da das laseradditive Segment über die prozesstypische Oberflächenstruktur mit seinen charakteristischen Abweichungen zur geometrisch idealen Oberfläche verfügt, liegt der Fokus des zweiten Teilprozesses auf der subtraktiven Endbearbeitung dieses Segments.

S. Hallmann, *Prozesskombination aus laseradditiver und lasersubtraktiver Fertigung*, Light Engineering für die Praxis,
https://doi.org/10.1007/978-3-662-72196-4_5

Ziel ist es, durch die Erarbeitung einer wirksamen Prozessführung die Abweichungen zu verringern und somit ein Bauteil mit verbesserter Oberflächengüte und Maßhaltigkeit zu erreichen. Dieses stellt gleichzeitig die Ausgangsgröße für diesen Teilprozess und somit für den kombinierten Prozess dar. Das Ergebnis wird abschließend bewertet.

5.1 Ausgangszustand

Im Folgenden werden die Anforderungen bzw. die Bewertungskriterien zur Entwicklung der Prozesskombination und die Versuchskörper als abstrahierte Form der Hybridbauteile spezifiziert. Anschließend erfolgt die Beschreibung der verwendeten Anlagentechnik. Darüber hinaus werden die Randbedingungen und die Umsetzung der integralen Spannvorrichtung dargestellt.

5.1.1 Anforderungen

Die Formulierung der Anforderungen an die Teilprozesse und damit auch an den kombinierten Prozess erfolgt anhand der übergeordneten Kategorien Qualität und Produktivität. Diese unterteilen sich in Kriterien, die sich aus den Merkmalen der beiden Prozesse ableiten (vgl. Abschnitte 2.1.3, 2.1.4, 2.2.2, 2.2.3) und zur Bewertung der Prozessergebnisse herangezogen werden. Sie sind in Tabelle 5.1 zusammengefasst.

Tabelle 5.1: Bewertungskategorien und -kriterien der zu entwickelnden Teilprozesse

Kategorie	Kriterium	Teilprozess	
		laseradditiv	lasersubtraktiv
Qualität	Dichte	typische Dichte	–
	Anbindung	Vollanschluss	–
	Rauheit	prozessspezifische Rauheitskennwerte	Verringerung der Rauheit
	Maßhaltigkeit	prozessspezifische Maßabweichung	Verringerung der Maßabweichung
Produktivität	Volumenrate	erzielbare Aufbaurate	erzielbare Abtragrate

Die Qualität der hybriden Versuchskörper wird im Anschluss an den laseradditiven Fertigungsprozess anhand der Dichte des laseradditiven Segments, dessen Anbindung an das Substrat sowie dessen Rauheit und Maßhaltigkeit bewertet. Der Teilprozess ist derart zu entwickeln, dass als erstes Kriterium eine hochdichte Gefügestruktur aufgebaut wird, deren Porosität sich homogen verteilt. Als Dichte ρ wird ein typischer Kennwert von mindestens 99,8 % über das gesamte aufgebaute Segment gefordert (vgl. Abschnitt 2.1.4). Zudem ist es für die Hybridbauweise von Bedeutung, dass eine sichere Anbindung zwischen dem laseradditiven und dem konventionellen Segment besteht. Dies erfordert einen Vollanschluss, bei dem über die gesamte Segmentbreite eine durchgehende Einschweißung vorhanden ist (vgl. Abschnitt 5.2.1). Dieser Ansatz ist unerlässlich, um ein mögliches Strukturversagen durch Restporen im Anbindungsbereich zu vermeiden. Da der lasersubtraktive Teilprozess keinen Einfluss auf die Dichte und die Anbindung besitzt, stimmt das Ergebnis des kombinierten Prozesses hinsichtlich dieser beiden Kriterien mit den Ausgangsgrößen des laseradditiven Teilprozesses überein.

Eine weitere Bewertungsgröße ist die Rauheit, da additiv gefertigte Segmente oft eine geringere Oberflächengüte als konventionell hergestellte Oberflächen aufweisen und die für den direkten Bauteileinsatz oft nicht ausreicht (vgl. Abschnitt 2.1.4). Dies erfordert eine Nachbearbeitung, insbesondere der Funktionsflächen. Im kombinierten Prozess soll die aus dem laseradditiven Teilprozess resultierende Rauheit im anschließenden lasersubtraktiven Teilprozess reduziert werden, um höhere Anforderungen an die Oberflächenqualität erfüllen zu können. Dabei dient das Ergebnis aus der additiven Fertigung als Bezugsgröße für die Rauheitskennwerte, die durch die Nachbearbeitung entstehen. Die Untersuchungen haben zum Ziel, die Fragestellungen zu klären, welche Oberflächenrauheit unter den gegebenen Bedingungen im laseradditiven Prozess erzielt und welche Verbesserung mit dem lasersubtraktiven Prozess erreicht werden kann.

Bei der laseradditiven Fertigung wird Metallpulver schichtweise aufgeschmolzen, bildet ein Schmelzbad und erstarrt schließlich zu einem Festkörper (vgl. Abschnitt 2.1.1). Dieser Prozess führt zu prozessbedingten Gestaltabweichungen, die die Maßhaltigkeit beeinträchtigen. Um höheren Anforderungen genügen zu können, sollen die Maßabweichungen der endkonturnah aufgebauten Segmente analog zum Kriterium Rauheit durch den zweiten Teilprozess reduziert werden. Insbesondere für kleine Bauteilvolumina mit entsprechenden Abmessungen soll untersucht werden, mit welchen Maßabweichungen durch den laseradditiven Prozess zu rechnen ist und wie diese durch den nachgeschalteten Prozess beeinflusst werden können.

Die Produktivität des zu entwickelnden Prozesses wird anhand des prozessierbaren Volumens pro Zeiteinheit bestimmt. Hierbei werden sowohl die erzielbare Aufbaurate im laseradditiven Teilprozess als auch die erzielbare Abtragrate im lasersubtraktiven Teilprozess zur Bewertung herangezogen. Es ist zu beachten, dass eine erhöhte Produktivität im laseradditiven Teilprozess mit einer verminderten Oberflächenqualität und Maßhaltigkeit einhergeht [236]. Da diese beiden Kriterien jedoch ohnehin durch die lasersubtraktive Bearbeitung beeinflusst werden, kann unter Umständen zugunsten der Produktivität auf eine höhere Genauigkeit des additiven Segments verzichtet werden. Dies setzt jedoch voraus, dass der lasersubtraktive Teilprozess die Rauheit und Maßabweichungen ausgleichen kann und gleichzeitig eine ausreichend hohe Abtragrate erzielt. Somit stellen die Parametereinstellungen des kombinierten Prozesses ein Optimierungsproblem dar, bei dem die Qualitätskennwerte und die Produktivität der beiden Teilprozesse im Zusammenhang analysiert und bewertet werden müssen.

5.1.2 Hybride Versuchskörper

Die Prozessentwicklung findet anhand von Versuchskörpern statt, die über eine hybride Bauweise verfügen. Zur vollständigen Charakterisierung der hybriden Versuchskörper sind sowohl ihre geometrische Form und Abmessungen als auch die Werkstoffe festzulegen. Wie Abbildung 5.2.a zeigt, setzen sich die Körper aus einem oberen laseradditiven Segment und einem unteren konventionell hergestellten Segment zusammen (vgl. Abschnitt 2.1.2), welches aus einem dünnen Substrat besteht. Beim laseradditiven Segment ist zu beachten, dass dieses im zweiten Teilprozess lasersubtraktiv nachbearbeitet wird. Daher muss gegebenenfalls eine Bearbeitungszugabe berücksichtigt werden. Das Substrat wird keiner weiteren Nachbearbeitung unterzogen.

Um die Prozessstrategien für die beiden Teilprozesse systematisch entwickeln zu können, werden vereinfachte geometrische Formen für beide Segmente der Versuchskörper ausge-

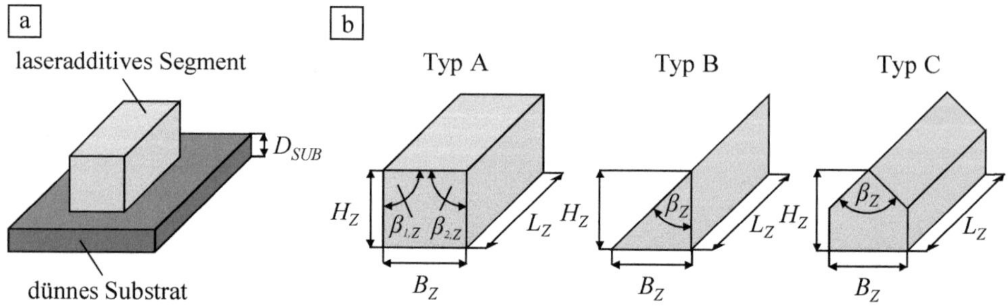

Abbildung 5.2: hybride Versuchskörper; (a) schematischer Aufbau, (b) Typen des laseradditiven Segments

wählt. Abbildung 5.2.b stellt die Typen der laseradditiven Segmente dar. Sie zeichnen sich durch Querschnitte in Vierecks- (Typ A) und Dreiecksform (Typ B) sowie einer Kombination aus beiden Formen (Typ C) aus. Die drei Segmenttypen besitzen Oberflächen mit unterschiedlicher Orientierung zum Substrat und dienen damit bei der Prozessentwicklung zur Beurteilung der Rauheit und Maßhaltigkeit in den verschiedenen Raumrichtungen (vgl. Abschnitt 2.1.4).

Da die Prozesskombination explizit für geringe Aufbau- und Abtragvolumina entwickelt wird, beschränken sich die Querschnittsabmessungen der laseradditiven Segmente auf den kleinsten Nennmaßbereich von 0,5 bis 3 mm nach DIN 2768 (vgl. Tabelle 2.1). Alle Segmente verfügen über eine Höhe H_Z von 1 bis 2 mm und eine Breite B_Z zwischen 0,7 und 2,0 mm exklusive möglicher Bearbeitungszugaben. Ihre Länge L_Z variiert zwischen 10 und 26 mm. Die Bauteilwinkel $\beta_{1,Z}$ und $\beta_{2,Z}$ des Viereckquerschnitts betragen jeweils 90°, während der Winkel β_Z der Dreieckskomponenten bei 45° oder 63° liegt. Bei den angegebenen Werten handelt es sich um Zielmaße. Diese Maße sind in den entsprechenden CAD-Modellen hinterlegt, auf deren Basis die Segmente aufgebaut werden. Den Planungen zum experimentellen Versuchsvorgehen mit den Abschnittsnummern 5.2.2, 5.3.2.1 und 5.3.3.1 sind die Größenabstufungen der laseradditiven Segmente zu entnehmen.

Angepasst an die additiven Segmente soll auch das konventionelle Segment eine einfache geometrische Form und ein geringes Volumen aufweisen. Da es sich bei einem Blechhalbzeug um die einfachste Form von möglichen Substraten handelt, wird für dieses Segment die Blechform gewählt. Das geringe Volumen resultiert aus einer geringen Dicke der Substratbleche, die sich im Bereich von sogenanntem Feinblech [237] befindet und damit wesentlich dünner als die konventionelle Bauplattform (vgl. Abschnitt 2.1.1) ist. Je dünner das Substrat ist, umso eher ist auch eine vom Standardverfahren abweichende neue Prozessführung für einen erfolgreichen Aufbau auf dem Blech erforderlich. Um mehrere Entwicklungsszenarien abzudecken, werden Substratblechdicken D_{SUB} von 2 und 0,1 mm für die Untersuchungen gewählt (vgl. Abbildung 5.2.a). Das 2 mm dicke Substratblech ist um den Faktor zehn dünner als die Standardbauplattform und besitzt damit in z-Richtung die gleichen Maximalabmessungen wie das zuvor beschriebene additive Segment. Die Grundfläche A_{SUB} der Substratbleche beträgt 30×40 mm². Besonders dünne Substratbleche mit einer Dicke D_{SUB} von 0,1 mm sind bei Untersuchungen zur Herstellung von Hybridbauteilen bisher noch nicht eingesetzt worden (vgl. Abschnitt 2.1.2), sodass mit der folgenden Entwicklung die Grenze der Hybridbauweise verschoben werden soll. Die Blechdicke D_{SUB} dieser Substrate misst lediglich 0,5 % der Dicke D_{BP} einer Bauplattform. In der Untersuchung werden Blechstreifen mit einer Fläche A_{SUB} von 250×18 mm² verwendet.

Um die erfolgreiche Herstellung der Versuchskörper sicherzustellen, muss die Schweißeignung zwischen Metallpulver und Substratblech gewährleistet sein. Daher wird für beide Segmente ein Metall aus der gleichen Werkstoffgruppe bestimmt. Aufgrund seiner vielseitigen Einsetzbarkeit, den flexibel einstellbaren mechanischen Eigenschaften sowie der Verfügbarkeit in Pulver- und Blechform bietet Stahl die beste Option bei der Werkstoffauswahl. Als Pulverwerkstoff dient der in der laseradditiven Fertigung gängige martensitaushärtende Werkzeugstahl X3NiCoMoTi18-9-5 mit der Werkstoffnummer 1.2709. Seine chemische Zusammensetzung gemäß dem Prüfzeugnis ist in Tabelle 5.2 aufgeführt. Die Partikelgrößen x des Pulvers reichen laut Hersteller von 10 bis 45 µm [238].

Tabelle 5.2: chemische Zusammensetzung des verwendeten Pulverwerkstoffs [238]

X3NiCoMoTi18-9-5

Fe	Ni	Co	Mo	Ti	Cr	Al	Si
Basis	17,91	9,2	4,8	1,1	0,13	0,1	0,04
Mn	O	C	N	P	S	Sonstige	
0,02	0,02	< 0,01	< 0,01	< 0,005	0,002	< 0,1	

Massenanteil in %

Der Bereich der Volumenenergie E_V, in dem der verwendete Pulverwerkstoff auf konventionellen Bauplattformen zu dichten Strukturen aufgebaut wird, erstreckt sich von 95 J/mm³ [25] 123 J/mm³ [80]. Auch bei einer Energiedichte E_V von 21 J/mm³ [25] lässt sich der Werkstoff noch prozessieren. Bei dieser geringen Energieeinbringung entstehen jedoch anstatt hochdichter Gefügestrukturen gezielt poröse Strukturen.

Als konventionelle Segmente der Versuchskörper werden zwei verschiedene Stahlsorten genutzt. Die 2 mm dicken Substratbleche bestehen aus dem am häufigsten verwendeten rostfreien Edelstahl X5CrNi18-10 mit der Werkstoffnummer 1.4301. Für die 0,1 mm dicken Substrate ist ein kaltgewalztes Feinblech notwendig, sodass der unlegierte Baustahl DC01 mit der Werkstoffnummer 1.0330 gewählt wird. Die chemische Zusammensetzung beider Werkstoffe ist in Tabelle 5.3 angegeben. Alle drei festgelegten Stähle verfügen über einen sehr geringen Kohlenstoffanteil, wie in ihren Materialdatenblättern angegeben. Dies macht sie mittels Laserstrahl besonders gut schweißbar.

Tabelle 5.3: chemische Zusammensetzung der verwendeten Substratwerkstoffe [239, 240]

X5CrNi18-10

Cr	Ni	Mn	Si	N	C	P	S
17,50 bis 19,50	8,00 bis 10,50	2,00	1,00	0,10	0,07	0,045	0,015

DC01

C	Mn	P	S
0,12	0,06	0,045	0,045

Massenanteil in % max.

5.1.3 Anlagentechnik

Die Fertigung der hybriden Versuchskörper wird auf kommerziell erhältlicher Anlagentechnik mit den Bezeichnungen CONCEPT LASER M2 cusing und EOS M270 Xtended durchgeführt.

Erstgenannte Maschine ist mit einem kontinuierlich emittierenden Nd:YAG-Faserlaser ausgestattet, der eine Wellenlänge λ von 1070 nm, eine maximale Leistung $P_{LA,max}$ von 400 W und einen Fokusdurchmesser $d_{f,LA}$ von 80 µm aufweist. Sie verfügt über einen Bauraum mit den Abmessungen x,y,z = 250, 250, 280 mm. In der M270 Xtended ist ein Yb-Faserlaser derselben Wellenlänge eingesetzt, der eine maximale Leistung $P_{LA,max}$ von 200 W und einen Fokusdurchmesser $d_{f,LA}$ von 100 µm besitzt. Der Bauraum ist mit x,y,z = 250, 250, 215 mm dimensioniert. Bei beiden Maschinen wird die Bauplattform direkt auf dem Hubtisch mittels Schraubverbindung aufgespannt. Ebenfalls verwenden beide Maschinen eine Argonatmosphäre im Fertigungsprozess, wobei der Sauerstoffgehalt O_2 weniger als 0,1 % ausmacht.

Die lasersubtraktiven Untersuchungen erfolgen auf einer Laserpräzisionsmaschine vom Typ DMG Lasertec 50 Shape [241]. Laut Hersteller verfügt die Maschine mit Nullpunktspannsystem der Firma EROWA über eine Positioniergenauigkeit P_e von 8 µm und über einen Arbeitsraum von x,y,z = 500, 500, 700 mm. Zur Positionierung der Werkstücke besteht die integrierte 5-Achs-Maschinenkinematik aus drei translatorischen (X, Y und Z) und zwei rotatorischen (B und C) Achsen. Für die Strahlpositionierung ist ein Scanner vom Typ SCANLAB intelliSCAN 14 integriert [242]. Die verwendete Brennweite F von 163 mm besitzt ein Scanfeld mit einer Fläche A_F in der x-y-Ebene von 60 × 60 mm². Sie bestimmt den festen Arbeitsabstand zwischen der Linse und der zu bearbeitenden Werkstückoberfläche entlang der vertikalen Z-Achse. Als Laserstrahlquelle wird ein Yb-Faserlaser des Modells YLP-HP-1-120-200-200 der Firma IPG eingesetzt, der eine Wellenlänge λ von 1064 nm und eine Pulsdauer t_H von 120 ns verwendet [243]. Seine Pulsfrequenz f_P ist im Bereich von 20 bis 200 kHz und sein Pumpstrom I_{PS} zwischen 10 und 100 % stufenlos einstellbar. Die mittlere Leistung P_{LS} berechnet sich aus dem Produkt der Pulsenergie E_P und der Pulsfrequenz f_P mit der Gleichung 2.4 und hängt vom eingestellten Pumpstrom I_{PS} und der Pulsfrequenz f_P ab. Bei einer maximalen Pulsfrequenz $f_{P,max}$ von 200 kHz und einer maximalen Pulsenergie $E_{P,max}$ von 1 mJ (I_{PS} = 100 %) ergibt sich die maximale mittlere Leistung $P_{LS,max}$ von 200 W.

5.1.4 Integrale Spannvorrichtung

Aus Kapitel 4 geht hervor, dass für einen effizienten Materialfluss die Entwicklung einer integralen Spannvorrichtung erforderlich ist, die als Schnittstelle zwischen den Substraten und den aufgeführten Maschinen dient. Sie wird für eine erleichterte Übergabe zwischen den Lasermaschinen derart konzipiert, dass sie in beiden Bearbeitungsstationen eingesetzt werden kann, ohne dass ein Umspannen der Substrate notwendig ist.

Bei der konventionellen laseradditiven Fertigung fungiert die Bauplattform (vgl. Abschnitt 2.1.1) als Schnittstelle zwischen den aufzubauenden Strukturen und der Maschine. Die gefertigten Bauteile sind stoffschlüssig mit der Plattform verbunden und werden in der Regel nach Abschluss des Fertigungsprozesses maschinell von ihr getrennt. Ein Stoffschluss besteht bei der Herstellung von Hybridbauteilen nur zwischen dem laseradditiven Segment und dem Substrat. Das bedeutet, dass die zu entwickelnde Spannvorrichtung nur in Richtung der Maschine die klassische Fixierungsfunktion übernehmen muss. Sowohl ihre Grundfläche als auch das Lochbild der Befestigungsbohrungen müssen daher maschinenspezifisch ausgelegt sein. Während der Bearbeitung muss die Vorrichtung das Substrat in einer definierten Position halten können und gleichzeitig über eine temporäre, lösbare Verbindung zu diesem verfügen.

Darüber hinaus ist für eine gleichmäßige Pulverbeschichtung von großer Bedeutung, dass das Substrat, das als Bauuntergrund dient, auf der Spannvorrichtung parallel zur x-y-Ebene der Maschine ausgerichtet ist. Als weiteres Kriterium muss das eingespannte Substrat in z-Richtung den höchsten Punkt der Vorrichtung darstellen, damit die Beschichtungseinheit den üblichen vollen Verfahrweg zurücklegen kann und keine Kollisionsgefahr mit der Vorrichtung besteht.

Die Bauplattform hat in erster Linie die Aufgabe, die beim Aufbau der Bauteile entstehende Wärme abzuleiten. Sie ist zum Zweck der Fügbarkeit im gleichen Werkstoff wie die Bauteile ausgeführt, besitzt eine massive Bauweise und eine Dicke von mehreren Zentimetern, wodurch sie über eine hohe absolute Wärmekapazität verfügt. Für die Herstellung von hybriden Versuchskörpern bedeutet dies, dass die Spannvorrichtung zusammen mit dem Substrat die Funktion der Wärmeableitung übernehmen muss. Die in dieser Arbeit verwendeten Substrate sind allerdings nur 2 bzw. 0,1 mm dick, weshalb sie nur eine sehr geringe Wärmekapazität aufweisen. Daher muss hauptsächlich die Spannvorrichtung die Wärme ableiten. Da der laseradditive Aufbau auf den Substraten und nicht auf der Bauplattform erfolgt, ist die Werkstoffwahl für die Vorrichtung flexibel. Dadurch können auch Werkstoffe mit höherer Wärmeleitfähigkeit als üblich eingesetzt werden.

Voruntersuchungen zur Entwicklung der Vorrichtung haben gezeigt, dass ein laseradditiver Aufbau auf 2 mm dicken Substraten realisierbar ist, wenn diese mit einer lösbaren adhäsiven Verbindung auf einer ebenen Stahlplatte befestigt werden. Die Grundfläche A_{SUB} dieser Substrate beträgt aufgrund der Maschinenrestriktionen maximal 250×250 mm². Für die dünneren Substrate kann die identische Fixierung jedoch nicht verwendet werden, da thermisch induzierte Spannungen die Verbindung bei der Laserüberfahrt lösen und sich die Substrate plastisch verformen. Dadurch ist kein weiterer Beschichtungsvorgang möglich und der Prozess bricht ab. Demzufolge ergibt sich die Notwendigkeit zur Ableitung eines neuen Spannkonzepts, das die oben genannten Kriterien berücksichtigt. Das Konzept ist in Abbildung 5.3 gezeigt.

Es besteht aus einer Grundplatte, die mit einer Aufbauplatte, zwei Niederhaltern und einer Spanneinheit zum Spannen und Fixieren der Substratstreifen ausgestattet ist. Für einen störungsfreien Pulverauftrag erfüllt die Einspannung des Substrats die Kriterien hinsichtlich dessen Parallelität zur Beschichtungsebene sowie der Höhenanordnung im Bauraum. Die Fixierkomponenten befinden sich in z-Richtung ausschließlich unterhalb der Substratoberfläche. Das Substrat liegt flach und ohne Zwischenräume auf der Vorrichtung, um ei-

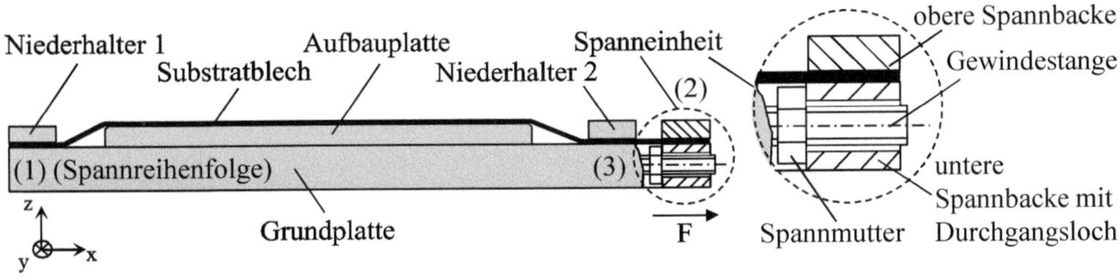

Abbildung 5.3: Konzept zum Spannen der 0,1 mm dicken Substrate

ne möglichst gute Wärmeableitung über die Aufbauplatte zu gewährleisten. Um Verschiebungen und thermischen Verformungen während des laseradditiven Prozesses entgegenzuwirken, werden die Substrate unter Zug-Druck-Spannung fest eingespannt.

Zum Spannen werden die Substratstreifen zunächst auf der Seite ohne Spanneinheit positioniert und am ersten Ende mithilfe des Niederhalters 1 fixiert (1). Anschließend werden sie über die Aufbauplatte geführt, und das zweite Ende wird zwischen das Spannbackenpaar, bestehend aus oberer und unterer Spannbacke, geklemmt (2). Durch gleichmäßiges Anziehen der Spannmuttern auf den Gewindestangen wird das Spannbackenpaar nach außen verschoben, um die Streifen zu spannen. Abschließend wird der Niederhalter 2, der die Streifen unter zusätzliche Spannung setzt, fixiert (3) und das Spannbackenpaar entfernt. In der Spannvorrichtung werden die Blechstreifen folglich mit Kraftkomponenten in Längsrichtung und in Richtung der Grundplatte beaufschlagt.

Abbildung 5.4.a zeigt die Vorrichtung, die für die CONCEPT LASER M2 cusing ausgelegt ist und aus unlegiertem Baustahl mit der Werkstoffnummer 1.0038 besteht. Die Grundplatte hat die Abmessungen einer Standardbauplattform und verfügt über maschinenspezifische Senkbohrungen zur Befestigung auf dem Hubtisch der Maschine. Der Abstand zwischen den Bohrungen a_{BO} von 172 mm definiert die maximale Breite, in der die Substrate eingespannt werden können. Innerhalb dieses Bereichs ist die Aufbauplatte angebracht.

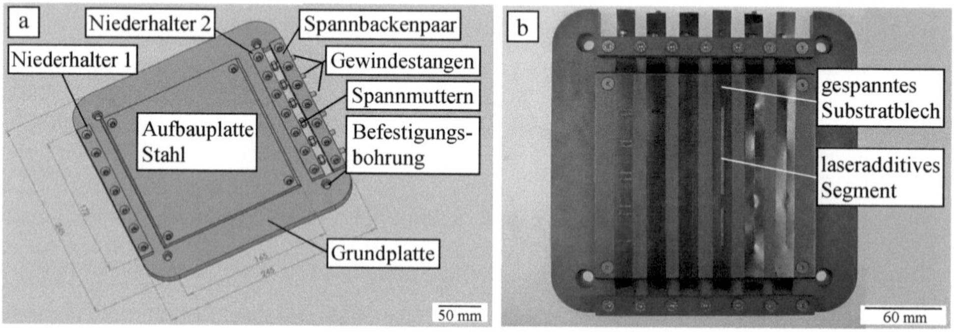

Abbildung 5.4: Spannvorrichtung mit Aufbauplatte aus Stahl; (a) Konstruktion zum Spannen der Substrate, (b) Voruntersuchung mit gefertigten Versuchskörpern

Neben der bereits erwähnten Vorrichtung mit einer Aufbauplatte aus dem standardmäßig verwendeten Stahlwerkstoff wird zur Untersuchung einer verbesserten Wärmeleitfähigkeit eine zweite Vorrichtungsvariante mit einer kupfernen Aufbauplatte hergestellt (Abbildung 5.5.a). Das Kupfer besitzt eine Wärmeleitfähigkeit κ von 380 W/(m×K), welche siebenmal höher ist als die des Baustahls mit 50 W/(m×K) [244]. Die Spannvorrichtung mit Kupferunterlage ist an die EOS M270 angepasst und verfügt über eine Grundplatte mit den Flächenabmessungen A_{GP} von 250 × 250 mm².

Beide Vorrichtungen werden einer Funktionsprüfung mit gleichen Versuchsbedingungen unterzogen. Es zeigt sich, dass die Streifen auf beiden Vorrichtungen erfolgreich gespannt und Versuchskörper störungsfrei aufgebaut werden können (Abbildung 5.4.b, Abbildung 5.5.b). Von der Aufbauplatte aus Stahl lassen sich die Körper jedoch nicht zerstörungsfrei lösen, da sie stoffschlüssig mit ihr verbunden sind. Dies wird durch eine zu geringe Wärmeleitung über die Aufbauplatte verursacht, weswegen sich während des Aufbauvorgangs ein Schmelzbad bildet, das durch seine Ausdehnung das Substrat durchbricht und es nach

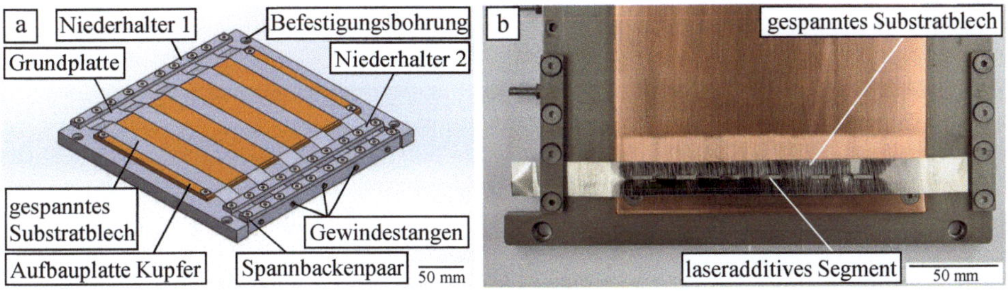

Abbildung 5.5: Spannvorrichtung mit Aufbauplatte aus Kupfer; (a) Konstruktion zum Spannen der Substrate, (b) gefertigte Versuchskörper

dem Erstarren mit der Platte verschweißt. An der Aufbauplatte aus Kupfer zeigt sich, dass die Wärme besser aus der Bearbeitungszone abgeführt wird. Obwohl die Streifen Einschweißtiefen in der Größenordnung der Substratdicke aufweisen, lassen sich die Versuchskörper problemlos und ohne Beschädigung manuell von der Unterlage trennen. Da die Lösbarkeit der Verbindung mit der Kupferunterlage gegeben ist, wird diese für die weitere Prozessentwicklung genutzt.

Zur Temperaturüberwachung sind in die Kupferplatte an neun verschiedenen Positionen Thermoelemente vom Typ K integriert. Sie ermöglichen die Aufzeichnung von Temperaturverläufen während des laseradditiven Prozesses. Dadurch können die Prozessbedingungen bei wiederholter Anwendung an identischen laseradditiven Segmenten anhand einer objektiven Messgröße verglichen werden, und es ist möglich, den Einfluss unterschiedlicher Segmenttypen zu detektieren. Die Elemente sind für einen Temperaturbereich von $T_{K,min} = -270$ °C bis $T_{K,max} = +1372$ °C ausgelegt, verfügen über einen Drahtdurchmesser d_D von 0,25 mm [245] und eine Ansprechzeit t_r von etwa 0,42 s, was der zeitlichen Auflösung der Messungen entspricht. Das Messsystem mit seiner Recheneinheit ARDUINO Mega könnte mit 8,33 Hz eine höhere Messfrequenz f_t abbilden [246]. Der eingesetzte Wandler besitzt eine Temperaturauflösung d_T von weniger als 1 °C [247]. Zur Messung befinden sich die Messspitzen der Thermoelemente direkt unter den aufzubauenden Segmenten und berühren die Substratunterseite. Auf die Verwendung von Wärmeleitpaste an der Kontaktstelle muss verzichtet werden, um einer möglichen Verunreinigung des Pulverwerkstoffs einschließlich der Bildung von Agglomeraten sowie einer Beeinflussung des Aufbauprozesses entgegenzuwirken.

Über die laseradditive Fertigung hinaus stellt das lasersubtraktive Fertigungsverfahren Anforderungen an die Spannvorrichtung. Die Forderung nach einer konstanten und definierten Position der Versuchskörper innerhalb der Bearbeitungsmaschine ist bereits gewährleistet. Voraussetzung ist, dass die Vorrichtung in das System integriert werden kann. Weiterhin muss die Zugänglichkeit der laseradditiv erzeugten Oberflächen, die vom Laserstrahl nachbearbeitet werden sollen, sichergestellt sein. Es ist zu beachten, dass der Versuchskörper während der Bearbeitung unter dem Laserstrahl ausgerichtet wird. Die lasersubtraktive Maschine führt die Anstellbewegung mit der B-Achse und die Vorschubbewegung in z-Richtung aus. Daher dürfen keine Elemente der Spannvorrichtung den Laserstrahl abschatten. Durch die ebene Ausführung der Vorrichtung ist gewährleistet, dass die Anforderung bezüglich der Zugänglichkeit des Laserstrahls erfüllt ist. Um die Integration zu ermöglichen und die Übergabe zwischen den Maschinen zu gewährleisten, verfügt die Grundplatte über ein maschinenspezifisches Lochbild zur standardisierten Befestigung.

Die gefertigte Spannvorrichtung ermöglicht während der Prozessentwicklung und der späteren Demonstration einen effizienten Materialfluss mit nahtloser Übergabe der Versuchskörper zwischen den beiden Lasermaschinen, ohne dass diese umgespannt werden müssen. Rüstzeiten fallen weiterhin durch die unterschiedlichen Spannsysteme der verwendeten Maschinen an (vgl. Abschnitt 5.1.3). Jedoch können durch das Einsparen des Umrüstvorgangs des Werkstücks auf der Vorrichtung Arbeitsschritte und auch Rüstzeit reduziert werden, wodurch sich die Durchlaufzeit verringert und die Produktivität steigt.

5.2 Laseradditiver Teilprozess

Im folgenden Abschnitt zur Entwicklung des laseradditiven Teilprozesses werden zunächst die zugrundeliegenden Versuchsbedingungen und Messmethoden für die Bewertungskriterien aufgezeigt. Daran schließen sich die Darstellungen des Versuchsvorgehens sowie der Ergebnisse und deren Zusammenfassung an, die als Eingangsgröße für den zweiten Teilprozesses dient.

5.2.1 Versuchsbedingungen und Messmethoden

Die Untersuchungen zur Entwicklung des laseradditiven Teilprozesses werden unter Verwendung der in Abschnitt 5.1.3 beschriebenen Anlagentechnik durchgeführt. Mithilfe der zur Verfügung gestellten Standardsoftwarepakete (vgl. Abschnitt 4.1.1) erfolgt die Datenvorbereitung. Sofern nicht anders angegeben, werden die laseradditiven Segmente ohne Bearbeitungszugabe und ohne Konturfahrten mit Standardbelichtung (vgl. Abschnitt 2.1.3) auf den Substraten aufgebaut. Dabei beträgt die Schichtdicke D_{LA} 30 µm.

In Tabelle 5.4 sind die Prozessparameter aufgeführt, die für die Entwicklung des Teilprozesses zur Flächenbelichtung genutzt werden. Für den Aufbau auf beide Substratdicken variiert die Laserleistung P_{LA} von 40 bis 190 W. Die Scangeschwindigkeit $v_{s,LA}$ reicht von 600 bis 1300 mm/s und der Spurabstand h_s von 75 bis 105 µm. Dies führt zu einem untersuchten Bereich der Volumenenergiedichte von E_V 13 bis 121 J/mm³ (vgl. Gleichung 2.2). Bei einer zusätzlichen Konturbelichtung wird für diese eine Scangeschwindigkeit $v_{s,LA}$ von 1250 mm/s, ein Spurabstand h_s von 100 µm sowie eine Laserleistung P_{LA} von 150 W genutzt, welche als Standard in der Maschinensoftware hinterlegt sind. Die gestellten Stufen der Parameter sind in Abschnitt 5.2.2 dargestellt, in dem das detaillierte Versuchsvorgehen erläutert ist.

Tabelle 5.4: Bandbreite der Prozessparameter für die Fertigung hybrider Versuchskörper

Parameter	Symbol	Einheit	Wertebereich
Laserleistung	P_{LA}	W	40–190
Scangeschwindigkeit	$v_{s,LA}$	mm/s	600–1300
Spurabstand	h_s	µm	75–105

Zur Durchführung der laseradditiven Untersuchungen wird die Maschine mit beiden Substrattypen gerüstet. Zunächst erfolgt der Zuschnitt der 2 mm dicken Substrate mittels Laserstrahlschneiden auf die vordefinierte Größe. Anschließend werden die Zuschnitte auf

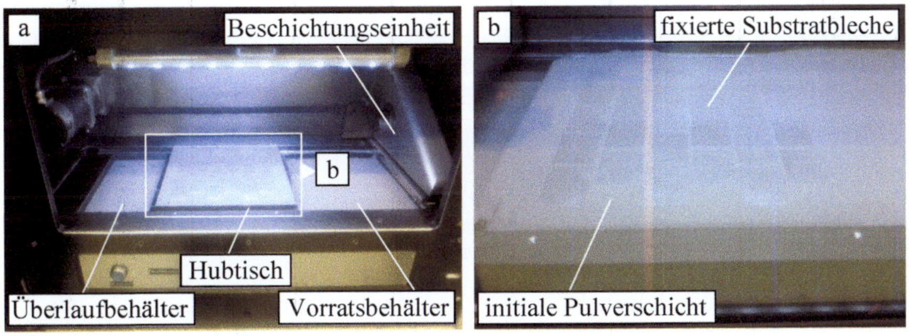

Abbildung 5.6: Prozesskammer mit eingebauter Spannvorrichtung; (a) fixierte 2 mm dicke Substratbleche, (b) erste Pulverschicht auf Substratoberflächen

der Spannvorrichtung fixiert (vgl. Abschnitt 5.1.4) und quer zur Beschichtungsrichtung manuell mit Schleifpapier mit der Körnung P400 aufgeraut, um eine bessere Haftung der ersten Pulverschicht zu gewährleisten. Danach wird die Vorrichtung in die Maschine eingebaut (Abbildung 5.6.a). Da die Substratbleche mit Abstand zueinander fixiert sind, müssen alle Zwischenräume manuell mit Metallpulver aufgefüllt werden, damit während der ersten Beschichtungsvorgänge ein gleichmäßiger Pulverauftrag gewährleistet ist. Anschließend werden der Beschichter und die Substratoberflächen derart zueinander ausgerichtet, dass genau eine Pulverschicht auf die Substrate aufgetragen wird (Abbildung 5.6.b).

Auch für die 0,1 mm dicken Substratbleche erfolgt zuerst das Zuschneiden auf das definierte Streifenformat (vgl. Abschnitt 5.1.2), gefolgt von einem Anrauen der Oberflächen. Die Zuschnitte werden auf der entwickelten Spannvorrichtung fixiert, die wiederum in die Maschine eingebaut wird. Der weitere Ablauf bis zum Auftragen der ersten Pulverschicht erfolgt analog zu den dickeren Substraten. Nachdem die Maschine eingerichtet ist, werden die laseradditiven Segmente auf die Substratbleche aufgebaut (vgl. Abschnitt 2.1.1). Anschließend werden sie entweder von der Spannvorrichtung gelöst und analysiert oder dem lasersubtraktiven Teilprozess zugeführt.

Die zur Probencharakterisierung eingesetzten Methoden und Geräte sind nachfolgend dargestellt. Zur Auswertung der Dichte werden Schliffbilder erstellt. Hierfür werden die Versuchskörper mit einer STRUERS Secotom 50 Präzisionstrennmaschine quer zur x-y-Ebene getrennt. Anschließend erfolgt eine Warmeinbettung mit einer STRUERS Citopress-1 oder alternativ eine Kalteinbettung der Körper in Acryl. Zur weiteren Präparation werden die eingebetteten Versuchskörper mechanisch mit einer STRUERS Tegramin geschliffen und teilweise mit der chemo-mechanischen Oxidpoliersuspension OP-U poliert. Für die Untersuchung der Porosität werden die Probenquerschliffe mit dem Auflichtmikroskop OLYMPUS GX51 aufgenommen und mit der Bildverarbeitungssoftware OLYMPUS Stream ausgewertet. Die größtmögliche Querschnittsfläche der Versuchskörper wird bei 50-facher Vergrößerung in Anlehnung an DIN ISO 4499 mittels ROI (Region of Interest) analysiert [248]. Bei der Analyse werden die Randbereiche mit offener Porosität ausgespart, da diese im späteren Teilprozess ohnehin lasersubtraktiv abgetragen werden. Aus der resultierenden Porosität wird die Dichte abgeleitet.

Zur Beurteilung der Anbindung werden die Gefügeunterschiede der Versuchskörper in den präparierten Querschliffen sichtbar gemacht. Für die Makroätzung wird eine Salz-

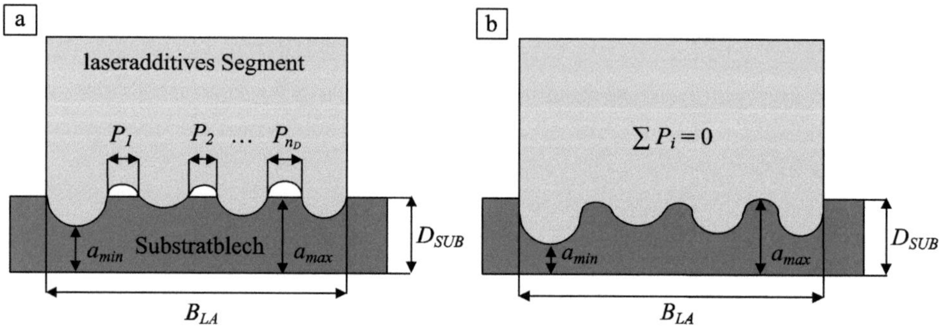

Abbildung 5.7: Schema und Messgrößen zum Kriterium Anbindung; (a) Anbindungstiefe zu gering, (b) anforderungsgerechter Vollanschluss

säurelösung nach Adler verwendet [249]. Die Auswertung der Anbindung erfolgt mittels optischem Auflichtmikroskop OLYMPUS GX51 mit 100-facher Vergrößerung und Digitalmikroskop KEYENCE VHX-5000 mit bis zu 200-facher Vergrößerung. Dabei wird die HDR-Funktion zur Farb- und Kontrastverbesserung eingesetzt. In Abbildung 5.7 ist die zugehörige Methodik zur Aufnahme der Messwerte an zwei Beispielen skizziert. Im ersten Fall (Abbildung 5.7.a) ist die Tiefe der Anbindung zu gering, wohingegen der zweite Fall in Abbildung 5.7.b eine Anbindung zeigt, die den Anforderungen entspricht.

Zur Beurteilung der Anbindung werden aus den gemessenen Werten Größen berechnet, die die Anbindung charakterisieren und gleichzeitig die Grenzen für einen anforderungsgerechten Vollanschluss definieren. Die minimale Anbindungstiefe $T_{A,min}$ [%] ergibt sich aus der Substratblechdicke D_{SUB} abzüglich des Abstands zwischen Substratunterseite und dem Ort der geringsten Anbindungstiefe a_{max} dividiert durch D_{SUB} (Gleichung 5.1).

$$T_{A,min} = \frac{D_{SUB} - a_{max}}{D_{SUB}} \times 100 \tag{5.1}$$

Analog wird die maximale Anbindungstiefe $T_{A,max}$ [%] kalkuliert (Gleichung 5.2).

$$T_{A,max} = \frac{D_{SUB} - a_{min}}{D_{SUB}} \times 100 \tag{5.2}$$

Die Anbindungsbreite B_A [%] ergibt sich aus der Gesamtbreite des laseradditiven Segments an der Substratoberseite B_{LA} abzüglich der Summe der Porositätsbreiten an der Substratoberseite $\sum_{i=1}^{n_D} P_i$ dividiert durch B_{LA} (Gleichung 5.3).

$$B_A = \frac{B_{LA} - \sum_{i=1}^{n_D} P_i}{B_{LA}} \times 100 \tag{5.3}$$

Um einen Vollanschluss zu erreichen, müssen $T_{A,min}$ und $T_{A,max}$ jeweils größer als 0 % und kleiner als 100 % sein. Gleichzeitig muss B_A bei 100 % liegen, wobei $\sum_{i=1}^{n_D} P_i = 0$ mm sein muss.

Wie in Tabelle 5.5 dargestellt, werden drei mögliche Anbindungsfälle unterschieden: kein Vollanschluss wegen zu geringer Anbindungstiefe, anforderungsgerechter Vollanschluss und kein Vollanschluss wegen zu großer Anbindungstiefe einschließlich Durchbruch des Substrats.

Tabelle 5.5: Auswertungsfälle zum Bewertungskriterium Anbindung

Parameter	kein Vollanschluss (T_A zu gering)	Vollanschluss (anforderungsgerecht)	kein Vollanschluss (T_A zu groß, mit Durchbruch)
minimale Anbindungstiefe in %	$T_{A,min} = 0$	$0 < T_{A,min} < 100$	$0 < T_{A,min} < 100$
maximale Anbindungstiefe in %	$T_{A,max} \geq 0$	$0 < T_{A,max} < 100$	$T_{A,max} \geq 100$
Anbindungsbreite in %	$B_A < 100$	$B_A = 100$	$B_A = 100$
Summe der Porosität in mm	$\sum P_i \geq 0$	$\sum P_i = 0$	$\sum P_i = 0$

Die Messung der Oberflächenrauheit erfolgt optisch mit einem VK-8170 Laserkonfokalmikroskop der Firma KEYENCE gemäß ISO 25178 [250] bei einer Wellenlänge λ von 658 nm. Das kalibrierte Messystem verfügt über eine Auflösung d_z und d_{xy} von 10 nm bei einer Wiederholgenauigkeit R_e von 30 nm. Es wird das optische Verfahren für die Messungen gewählt, da es im Gegensatz zur taktilen Messung, bei der der Messbereich mechanisch abgefahren wird und die Aufnahmegenauigkeit durch den Radius der verwendeten Tastspitze bestimmt wird [251], nur beugungsbegrenzt ist und somit eine höhere Genauigkeit bei der Erfassung der Oberfläche bietet. Dabei werden die dreidimensionalen Höheninformationen der gewünschten Versuchskörperoberfläche bei 400-facher Vergrößerung an sechs Einzelflächen mit einer Kantenlänge L_{KA} von 0,2 mm berührungslos aufgenommen. Vor der Bestimmung der Oberflächenparameter werden die Messdaten derart aufbereitet, dass eine S-L-Oberfläche für die Feinstrukturauswertung entsteht. Hierzu werden die kurzwelligen Oberflächenabweichungen mit einem Tiefpassfilter (S-Filter; 2 µm) entfernt, die sich daraus ergebende Primäroberfläche einer Neigungskorrektur zur Formentfernung unterzogen (F-Operator) und die Welligkeit anhand eines Hochpassfilters (L-Filter; 0,2 mm) aus der Oberfläche herausgefiltert [252]. Mithilfe der Software VK Analyzer wird die mittlere arithmetische Höhe S_a ermittelt und für die Auswertung genutzt [253].

Zur Beurteilung der Maßhaltigkeit werden die Querschliffe mit dem Digitalmikroskop mit bis zu 200-facher Vergrößerung aufgenommen und mit der Software ImageJ ausgewertet. Dabei dient die DIN ISO 2768-1 als Bewertungsgrundlage [96], in der die Allgemeintoleranzen für Längen- und Winkelmaße festgelegt sind. Da die laseradditiven Segmente ein geringes Bauteilvolumen und damit kleine Abmessungen aufweisen, wird für die Bewertung der kleinste Nennmaßbereich von 0,5 bis 3 mm mit seinen Grenzabmaßen für die verschiedenen Toleranzklassen gewählt. Das Messschema zur Beurteilung der Maßhaltigkeit zeigt Abbildung 5.8. Bei den viereckigen laseradditiven Segmenten (Abbildung 5.8.a) vom Typ A (vgl. Abbildung 5.2) erfolgt die Messung der Abweichungen anhand der Längenmaße Höhe H und Breite B sowie der beiden Winkel β_1 und β_2. Zur Auswertung werden die Spannweiten R aus den gemessenen Minimal- und Maximalwerten, die die Größe der Maßabweichungen der laseradditiven Segmente widerspiegeln, in Bezug zum Zielmaß des CAD-Modells gesetzt. Die maximale Abweichung vom Zielmaß stellt die Genauigkeit dar. Aufgrund der Geometrievorgabe des Segments werden Höhe und Breite rechtwinklig zueinander gemessen, sodass β_1 und β_2 dem festen Zielwinkel von 90° entsprechen. Nach gleichem Vorgehen werden die Dreieckskörper vom Typ B (Abbildung 5.8.b) ausgewertet. Im Gegensatz zum Typ A, bei dem die Höhe entlang der Breite variiert, ist die Höhe

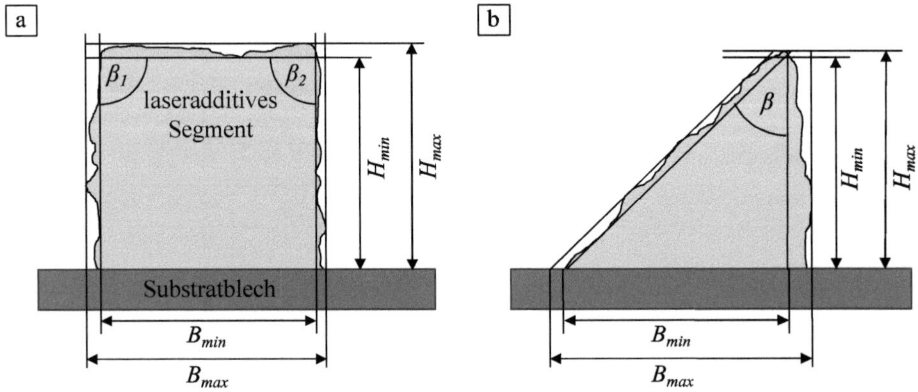

Abbildung 5.8: Messgrößen zur Beurteilung der Maßhaltigkeit; (a) viereckiges und (b) dreieckiges laseradditives Segment

des Dreiecks durch einen einzigen Punkt vorgegeben. Damit ist die Geometrie des rechtwinkligen Dreiecks durch diese Höhe H und den Winkel β eindeutig definiert. Der ebenfalls dreieckige Typ C stellt eine Sonderform des Typs B dar, weshalb die Auswertung nach identischem Schema erfolgt.

Die Produktivität des laseradditiven Teilprozesses bemisst sich an der berechneten Aufbaurate VR_{LA} (vgl. Gleichung 2.3), die unter Einhaltung einer anforderungsgerechten Dichte und Substratanbindung erreicht wird. Im anschließenden Abschnitt ist das Vorgehen beschrieben, welches der experimentellen Durchführung der Versuche zugrunde liegt.

5.2.2 Versuchsvorgehen

Bei der Entwicklung wird ein Prozess zum additiven Aufbau auf dünne Substrate zwecks Herstellung von Hybridbauteilen erarbeitet. Dabei erfolgen die Untersuchungen, die zwecks Sicherstellung der Reproduzierbarkeit mehrfach durchgeführt werden, indem der Einfluss ausgesuchter Aufbauparameter auf die Ergebnisqualität der hybriden Bauteile in drei Schritten analysiert wird. Die Auswertung der Prozessergebnisse findet sowohl anhand der Qualitätskriterien Dichte und Anbindung als auch anhand der Rauheit und Maßhaltigkeit statt (vgl. Abschnitt 5.1.1). Eine Diskussion von Aspekten zur Produktivitätssteigerung komplettiert die Prozessentwicklung. Während der Versuchsdurchführung werden hybride Versuchskörper hergestellt. Sie bestehen aus laseradditiven Segmenten vom Typ A und Typ B mit einer Zielhöhe H_Z von 2 mm und Zielbreite B_Z von 2 mm sowie Substraten mit den Blechdicken D_{SUB} von 0,1 und 2 mm.

Der Inhalt des ersten Entwicklungsschritts leitet sich aus der Grundvoraussetzung der laseradditiven Fertigung ab, dass einsatzfähige Bauteile über eine hochdichte Gefügestruktur verfügen müssen (vgl. Abschnitt 2.1.4). Darüber hinaus muss im Fall der Hybridbauteile eine sichere Verbindung zwischen laseradditivem Segment und Substratblech sichergestellt sein. Deswegen besteht im ersten Schritt die Vorgabe, laseradditive Segmente mit geforderter Dichte aufzubauen und gleichzeitig eine Anbindung mit einem Vollanschluss zu gewährleisten (vgl. Abschnitt 5.1.1). Es werden daher beide Qualitätskriterien untersucht und aus den Ergebnissen eine Strategie zum laseradditiven Aufbau auf dünne Substrate abgeleitet. Für diese Untersuchungen werden laseradditive Segmente vom Typ A auf Substrate beider Blechdicken aufgebaut.

Die Versuchsplanung basiert auf der Prozesskenngröße der Volumenenergiedichte E_V (vgl. Abschnitt 2.1.3). Der Untersuchungsbereich zur Erlangung anforderungsgerechter Dichtwerte leitet sich von den bekannten Literaturwerten zum Aufbau hochdichter Gefügestrukturen auf konventionellen Bauplattformen (vgl. Abschnitt 5.1.2) sowie unter Berücksichtigung der Voruntersuchungen zur Entwicklung der Spannvorrichtung (vgl. Abschnitt 5.1.4) ab. Diese Untersuchungen lassen den Schluss zu, dass das Risiko eines Prozessabbruchs, bedingt durch plastische Verformungen der Substrate, bei den dickeren Blechen als sehr gering einzustufen und bei den dünneren Blechen erhöht ist. Folglich wird beim Aufbau auf die 2 mm dicken Substrate für den Maximalwert der zu untersuchenden Energiedichte E_V der obere Literaturwert von 123 J/mm³ [80] hinzugezogen. Im Hinblick auf die Prozesssicherheit wird hingegen für den Aufbau auf die 0,1 mm dicken Substrate mit dem unteren Literaturwert von $E_V = 95$ J/mm³ [25] eine niedrigere Grenze definiert. Bezüglich der Wahl der unteren Energiegrenze besteht kein Verformungsrisiko der Substrate, sodass eine Fallunterscheidung als nicht erforderlich erachtet wird. Der Wert muss zur Erreichung einer anforderungsgerechten Dichte über dem Wert von $E_V = 21$ J/mm³ [25] zur Erzeugung poröser Strukturen liegen. Für den Aufbau wird daher eine Energiedichte E_V von 55 J/mm³ festgelegt, die für beide Substratdicken gilt. Infolgedessen ergibt sich ein zu untersuchender Bereich der Volumenenergie E_V von 55 bis 123 J/mm³ für den Aufbau auf die 2 mm dicken Substrate bzw. von 55 bis 95 J/mm³ für den Aufbau auf die 0,1 mm dicken Substrate. Die Laserparameter sind derart zu variieren, dass die entsprechende Volumenenergie innerhalb dieser Energiespektren liegt. Zu diesem Zweck erfolgt die Einstellung der Laserleistung P_{LA} in vier äquidistanten Stufen von 160 bis 190 W. Der Spurabstand SA wird ebenfalls in vier Stufen von 75 bis 105 µm gesetzt, während die Steigerung der Scangeschwindigkeit $v_{s,LA}$ in acht äquidistanten Stufen von 600 bis 1300 mm/s erfolgt. Die Schichtdicke wird während der Versuchsdurchführung konstant bei der typischen Dicke D_{LA} von 30 µm gehalten. Durch eine zur Reduktion des Versuchsaufwands teilfaktorielle Planung ergeben sich für die Untersuchungen mit den 2 mm dicken Substraten 28 Kombinationen der Stellgrößen und 26 Kombinationen für die Versuche mit den 0,1 mm dicken Blechen. Es empfiehlt sich, neben der Dichte auch bereits die Anbindungsqualität an den aufgebauten Hybridkörpern zu überprüfen.

Aus den Voruntersuchungen geht ebenfalls hervor, dass die Anbindung der laseradditiven Segmente an die dünneren Substrate über eine Tiefe $T_{A,max}$ von 100 % verfügt (vgl. Abschnitt 5.1.4). Damit ist gesichert, dass der Anschluss nicht der Anforderung entspricht (vgl. Tabelle 5.5). In einer weiteren Versuchsreihe wird deswegen die Anbindungsqualität insbesondere bei den Substraten mit einer Dicke D_{SUB} von 0,1 mm separat untersucht. Aufgrund der bisher zu großen Anbindungstiefe ist die Energiedichte E_V für diese Untersuchung zu reduzieren. Hierzu wird die Laserleistung P_{LA} in 14 äquidistanten Stufen von 40 bis 170 W eingestellt, sodass die Volumenenergiedichte E_V in einem Bereich von 13 bis 57 J/mm³ liegt. Die übrigen Versuchsparameter bleiben konstant. Durch die breite Wahl des Leistungsbereichs sollen sowohl der Arbeitsbereich als auch seine Grenzen ermittelt werden. Eine für den laseradditiven Aufbau zu geringe Energiedichte ist für die Prozesssicherheit unkritischer als eine zu hoch gewählte, da anstatt möglicher Substratverformungen der Pulverwerkstoff entweder gar nicht aufgeschmolzen wird oder angeschmolzene Pulveragglomerate durch die Beschichtungseinheit in den Überlaufbehälter befördert werden.

Abschließend erfolgt im ersten Entwicklungsschritt die Zusammenführung der Erkenntnisse aus den getätigten Parameteruntersuchungen in eine Strategie für den laseradditiven

Aufbau. Zudem wird die Übertragbarkeit jener abgeleiteten Vorgehensweise an hybriden Versuchskörpern überprüft, die über bisher nicht untersuchte geometrische Abmessungen verfügen. Für die laseradditiven Segmente vom Typ A und Typ B werden dazu eine Zielhöhe H_Z von 1,4 mm und Vorgaben bezüglich der Breite B_Z von 0,7 und 1,4 mm festgelegt, welche sich innerhalb des Nennmaßbereichs von 0,5 bis 3 mm befinden. Im Zusammenhang der Validierung dient eine Temperaturmessung zur Überwachung der Aufbaustrategie, um durch eine potenziell zu implementierende Regelung der Energieeinbringung das Risiko eines Prozessabbruchs zu verringern.

Der zweite Schritt der Entwicklung umfasst eine Analyse der Ergebnisqualität hinsichtlich der geometrischen Kriterien Rauheit und Maßhaltigkeit. Diese Ermittlung der Qualität ist erforderlich, da die Prozessentwicklung der anschließenden lasersubtraktiven Nachbearbeitung an den Ergebnissen auszurichten ist. Dabei dienen die Messwerte als Referenz zur Beurteilung einer Verbesserung durch den zweiten Teilprozess. Für die Untersuchungen werden unter Variation relevanter Belichtungsparameter Segmente vom Typ A und Typ B in einer Versuchsreihe aufgebaut. Da eine Konturbelichtung die Bauteilgeometrie nachweislich beeinflussen kann (vgl. Abschnitt 2.1.3), erfolgt der laseradditive Aufbau sämtlicher Segmente ohne und mit Kontur.

Ein wesentlicher Einflussfaktor für die Ausprägung der Rauheit ist die Orientierung der laseradditiv hergestellten Oberflächen zur Bauplattform (vgl. Abschnitt 2.1.4), weswegen für die Rauheitsuntersuchungen ein möglichst großes Winkelspektrum zu berücksichtigen ist. Von daher umfasst die Versuchsplanung den Aufbau von Deckflächen mit 0°-Orientierung zum Substrat, Seitenflächen mit 90°-Orientierung und nach oben weisenden Abhangflächen mit 45°-Orientierung. Bei diesen Untersuchungen deckt der Typ A die Raumrichtungen 0° und 90° sowie der Typ B den 45°-Winkel ab.

Im Hinblick auf eine lasersubtraktive Oberflächennachbearbeitung ist es entscheidend, die Abmessungen der laseradditiv hergestellten Segmente zu erfassen und mit den vorgegebenen Zielmaßen zu vergleichen. Nur bei ausreichendem Übermaß können im Nachbearbeitungsprozess Werkstoffvolumen abgetragen und Rauheitsspitzen geglättet werden. Das heißt, dass nur positive Maßabweichungen an den aufgebauten Strukturen zulässig sind. Die Maßabweichungen sind durch die Aufbauspannweite sowie die Lage der Spannweite zum Zielmaß charakterisiert. Bei der Untersuchung zur Maßhaltigkeit ist daher zunächst zu ermitteln, welche Aufbauspannweite sich durch den laseradditiven Prozess in den verschiedenen Raumrichtungen ergibt und wie diese im Vergleich zum Zielmaß liegt. Darüber hinaus wird geprüft, wie eine Bearbeitungszugabe, die an Funktionsflächen typisch ist (vgl. Abschnitt 2.1.4), die Lage der Spannweite beeinflusst. Für die Versuchsplanung bedeutet dies, dass laseradditive Segmente sowohl ohne als auch mit Bearbeitungszugabe aufzubauen sind. Die Bearbeitungszugabe BZ wird mit Orientierung an den Literaturangaben zur Aufbaugenauigkeit (vgl. Abschnitt 2.1.4) auf Werte von 0,1 bis 0,3 mm in drei äquidistanten Stufen festgelegt und bemisst sich senkrecht an den nachzubearbeitenden Flächen der Segmente. Insgesamt ergeben sich für die Untersuchungen zur Rauheit und Maßhaltigkeit 16 Parameterkombinationen aus dem Segmenttyp, der Konturbelichtung und der Bearbeitungszugabe.

Auf Basis der Resultate aus den beiden ersten Schritten erfolgt im dritten Entwicklungsschritt eine Diskussion möglicher Direktmaßnahmen zur Produktivitätssteigerung des laseradditiven Teilprozesses. Die Ergebnisse dieser Betrachtung fließen in die spätere Wirtschaftlichkeitsrechnung ein.

5.2.3 Ergebnisse

Die Ergebnisse der experimentellen Prozessentwicklung zum laseradditiven Aufbau auf konventionell hergestellten Substraten werden im Folgenden beschrieben und diskutiert. Dabei erfolgt eine separate Aufstellung entsprechend den Bewertungskriterien (vgl. Abschnitt 5.1.1).

5.2.3.1 Dichte und Anbindung

Der erste Abschnitt zeigt zunächst die Ergebnisse der Dichteuntersuchung. Hierzu verdeutlicht Abbildung 5.9 die Abhängigkeit der resultierenden Dichte ρ der aufgebauten Segmente von der Volumenenergie E_V. Bei beiden Substratdicken weisen die Dichtewerte ein Maximum bei mittlerer Volumenenergie auf und fallen zu beiden Seiten ab. Bei einer Energiedichte E_V zwischen 60 und 70 J/mm³ liegen bereits Segmente mit einer Dichte ρ von mindestens 99,8 % vor. Allerdings schwankt die Dichte ρ in diesem Energiebereich stark und nimmt bis auf 99,5 % ab.

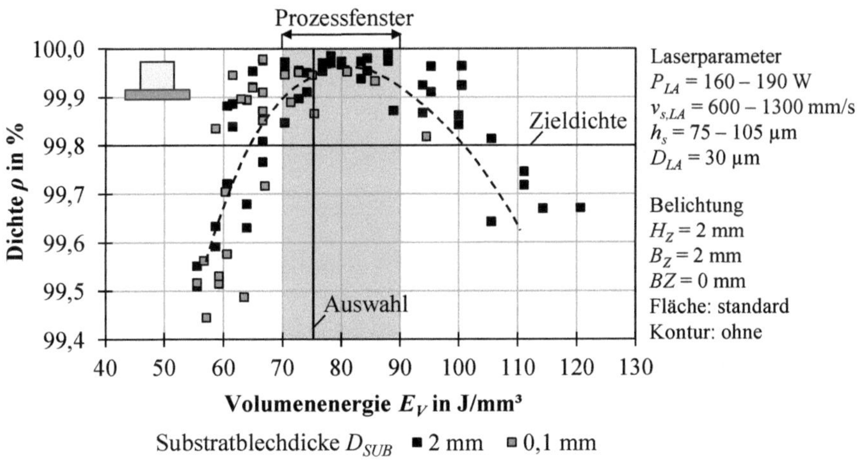

Abbildung 5.9: Zusammenhang zwischen Dichte und Volumenenergie beim Aufbau auf den betrachteten Substratdicken

Unabhängig von den eingestellten Parametern und der Substratdicke ergibt sich ein Prozessfenster im Energiebereich E_V von 70 bis 90 J/mm³, in dem die Dichtewerte im Zielbereich liegen (Abbildung 5.10.b). Eine nicht adäquate Volumenenergie führt zu Defekten in den laseradditiven Segmenten, die die Dichte verringern (vgl. Abschnitt 2.1.4). Abbildung 5.10.a zeigt die ausgefransten Poren, die durch unzureichendes Aufschmelzen des Pulverwerkstoffs entstehen. In Abbildung 5.10.c sind hingegen runde Gasporen dargestellt, die typisch für einen zu hohen Energieeintrag im Prozess sind.

Um die Parametersätze innerhalb des vorliegenden Prozessfensters (vgl. Abbildung 5.9) zu bewerten, wird zusätzlich das Kriterium der Volumenrate VR_{LA} (vgl. Abschnitt 2.1.3) hinzugezogen. Im vorliegenden Fall ergeben sich Aufbauraten VR_{LA} zwischen 7 und 9 cm³/h. Da sich die Volumenenergie und die Aufbaurate rechnerisch gegenläufig zueinander verhalten, ist es das Ziel, im Prozessfenster eine möglichst geringe Volumenenergie bei gleichzeitig hoher Aufbaurate zu wählen. Der Parametersatz, der diese Vorga-

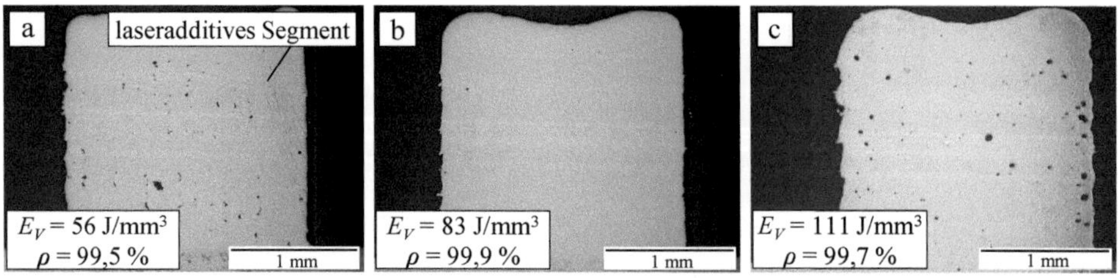

Laserparameter P_{LA} = 180 W, h_s = 90 µm, $v_{s,LA}$ = {(a) 1200 mm/s, (b) 800 mm/s, (c) 600 mm/s}, D_{LA} = 30 µm

Abbildung 5.10: Querschliffe mit unterschiedlicher Volumenenergie aufgebauter Segmente mit (a) ausgefransten Poren, (b) anforderungsgerechter Dichte und (c) runden Poren

be am besten erfüllt, besitzt eine Volumenenergie E_V von 75 J/mm³ und eine Volumenrate VR_{LA} von 8,64 cm³/h. Er setzt sich aus einer Laserleistung P_{LA} von 180 W, einer Scangeschwindigkeit $v_{s,LA}$ von 800 mm/s, einem Spurabstand h_s von 100 µm und der Schichtdicke D_{LA} von 30 µm zusammen.

Zur Beurteilung des zweiten Qualitätskriteriums veranschaulicht Abbildung 5.11 beispielhaft den Anbindungsbereich zwischen einem laseradditiven Segment und dem 2 mm dicken Substrat. Aufgrund der senkrecht zum Probenquerschliff verlaufenden Scanvektoren zeigt die Anbindung ein gleichmäßiges Wellenmuster (Abbildung 5.11.a) mit einer maximalen Tiefe $T_{A,max}$ von 33 µm (Abbildung 5.11.b). Alle auf 2 mm dicken Substraten aufgebauten Segmente (vgl. Abbildung 5.9) aus der ersten Versuchsreihe weisen eine ähnliche, vollständige Anbindung zum Substrat auf, ohne Poren im Übergangsbereich der Werkstoffe. Die Anbindungsbreite B_A beträgt somit 100 %, und in allen Fällen ist die minimale Anbindungstiefe $T_{A,min}$ größer als 0 %. Sämtliche Segmente, die mit einer Energiedichte innerhalb des identifizierten Prozessfensters aufgebaut worden sind, verfügen über eine maximale Anbindungstiefe $T_{A,max}$ von 4 %. Dadurch bestätigt sich die Annahme, dass der ausgewählte Bereich des Energieeintrags für die Stabilität der Substratbleche und zugleich für die Prozesssicherheit unkritisch ist. Außerdem sind damit die Voraussetzungen für einen Vollanschluss beim Aufbau auf das 2 mm dicke Substrat gegeben, und gleichzeitig ist eine anforderungsgerechte Dichte gewährleistet.

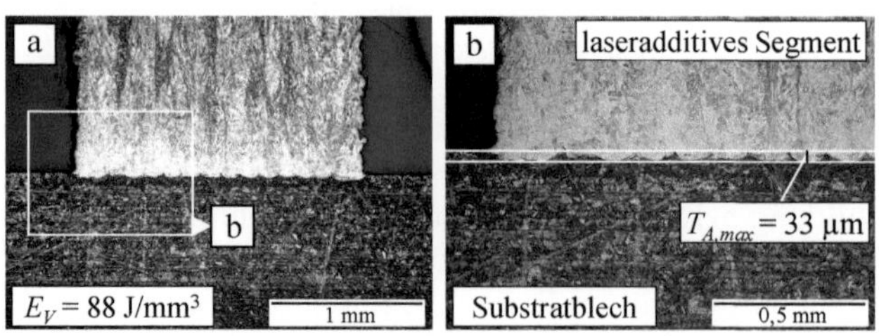

Laserparameter
P_{LA} = 190 W
$v_{s,LA}$ = 800 mm/s
h_s = 90 µm
D_{LA} = 30 µm

Belichtung
Fläche: standard
Kontur: ohne

Abbildung 5.11: Anbindung mit Vollanschluss auf 2 mm dickem Substrat; (a) Ansicht als Querschliff, (b) Detailansicht des prozesstypischen Wellenmusters

Ebenfalls werden die Hybridkörper mit den 0,1 mm dicken Substraten zur Bewertung der Anbindungsqualität betrachtet. Es wird deutlich, dass sowohl die Segmente mit zufriedenstellender Dichte als auch die Segmente mit zu geringer Dichte eine unzureichende Anbindung aufweisen. Diese äußert sich in verschiedenen Schadensbildern, die in Abbildung 5.12 dargestellt sind. Neben Einschnürungen des Substrats an der Grenzfläche zum laseradditiven Segment (Abbildung 5.12.a) kann es infolge dieser Einschnürungen zum Ab-

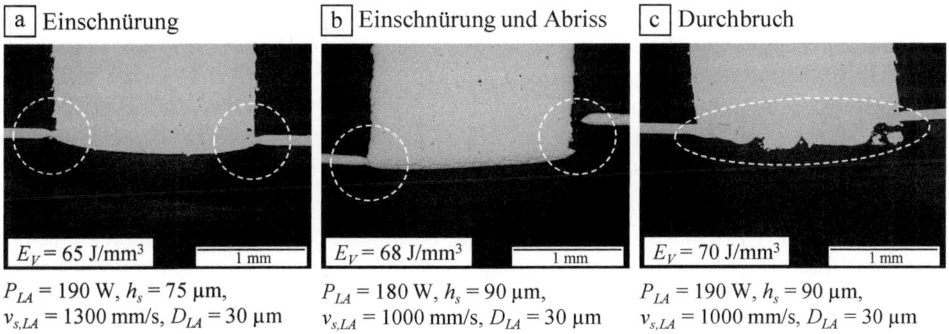

Abbildung 5.12: exemplarische Schadensfälle beim Aufbau auf 0,1 mm dicken Substraten; (a) Einschnürung, (b) Einschnürung und Abriss, (c) Durchbruch

reißen des Substrats kommen (Abbildung 5.12.b). Des Weiteren sind vollständige Durchschweißungen des Substrats durch den Schmelzprozess zu beobachten (Abbildung 5.12.c).

An den Ergebnissen lässt sich feststellen, dass die gewählte Volumenenergie zwar ausreicht, um laseradditive Segmente mit erforderlicher Dichte aufzubauen, die Energiedichte E_V von über 55 J/mm³ allerdings zu hoch ist, um eine fehlerfreie Anbindung auf besonders dünnen Substraten sicherzustellen. Das aktuelle Vorgehen mit den gewählten Parametern ist damit nur für den Aufbau auf 2 mm dicken Substraten geeignet. Um eine Anbindung mit Vollanschluss auch auf 0,1 mm dicken Substraten zu gewährleisten und gleichzeitig die aufgezeigten Schadensfälle zu vermeiden, scheint eine Reduktion des Energieeintrags, wie bereits auf Basis der Voruntersuchungsergebnisse vermutet, während des laseradditiven Aufbaus zielführend. Wie vorgesehen, wird zu diesem Zweck die Anbindung an den dünneren Substraten im Detail betrachtet. Abbildung 5.13 stellt die Ergebnisse der zugrun-

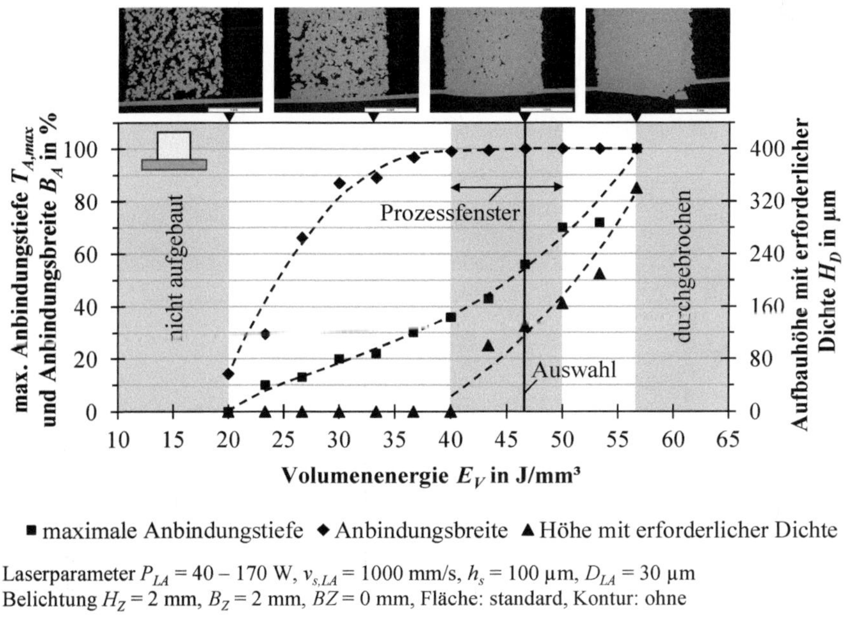

Abbildung 5.13: Anbindungsgrößen in Abhängigkeit der Volumenenergie

deliegenden Untersuchung mit einem minimalen Energieeintrag E_V von 13 J/mm³ dar. Die laseradditiven Segmente werden erst ab einer Energiedichte E_V von 20 J/mm³ aufgebaut. Ein geringerer Energieeintrag reicht nicht aus, um das Pulver aufzuschmelzen bzw. Pulveragglomerate mit dem Substrat zu verschweißen. Auch eine Energiedichte E_V über 56 J/mm³ führt dazu, dass eine Prozessierbarkeit nicht mehr gegeben ist, da beim Aufbau ein maschinenseitiger Prozessabbruch aufgrund thermisch induzierter Verformungen der Substrate droht.

Bei der unteren Energiegrenze E_V von 20 J/mm³ beträgt die Anbindungsbreite B_A lediglich 14 %. Mit zunehmender Energiedichte steigt sie an, und ab einer Volumenenergie E_V von circa 45 J/mm³ erreicht sie einen Wert von B_A = 100 %. Ähnliches gilt für die maximale Anbindungstiefe $T_{A,max}$. Bei E_V = 20 J/mm³ wird das additive Segment ausschließlich auf das Substrat aufgeschweißt, jedoch nicht eingeschweißt. Die maximale Tiefe der Anbindung $T_{A,max}$ steigt bis E_V = 55 J/mm³ auf über 70 % an. Bei einer Energiedichte E_V von über 55 J/mm³ erfolgt nach der Bildung von Einschnürungen auch in diesem Fall eine Durchschweißung des Substrats. Die gemessenen Dichtewerte liegen bis zu einer Volumenenergie E_V von 40 J/mm³ im gesamten Segment unterhalb der Anforderung. Ab einer Volumenenergie E_V von 43 J/mm³ wird die geforderte Dichte im Segment bis zu einer Höhe H_D von 100 µm erreicht, gemessen in z-Richtung von der Substratoberseite aus. Diese Höhe H_D steigt bis zur maximal auswertbaren Energiedichte auf 340 µm an.

Zur Verdeutlichung sind in Abbildung 5.14 drei hybride Versuchskörper mit unterschiedlichen Anbindungsqualitäten dargestellt. Bei einem geringen Energieeintrag E_V von 27 J/mm³ (Abbildung 5.14.a) wird das laseradditive Segment nur auf das Substrat aufgeschweißt, wodurch die Anbindung nur eine maximale Tiefe $T_{A,max}$ von 13 % besitzt. Diese geringe Tiefe geht mit einer Anbindungsbreite B_A von lediglich 66 % einher. Aufgrund des niedrigen Energieeintrags ist der gesamte Aufbau durch einen mangelnden Zusammenhalt gekennzeichnet, sodass auch im Anbindungsbereich keine anforderungsgerechte Dichte vorliegt. Das Substrat behält sein kaltgewalztes Ausgangsgefüge über die gesamte

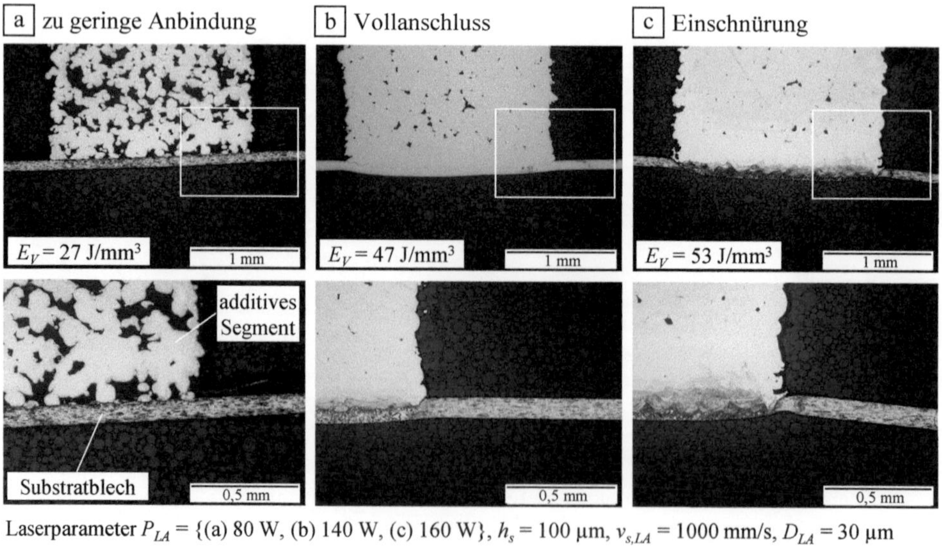

Abbildung 5.14: unterschiedliche Anbindungsqualitäten in Abhängigkeit der Energiedichte; (a) zu geringe Anbindungstiefe, (b) Vollanschluss, (c) Einschnürung

Breite unter dem laseradditiven Segment sowie daneben im Randbereich des Blechs bei. Eine Beeinflussung des Gefüges durch den Wärmeeintrag findet nicht statt.

Durch eine Steigerung der eingebrachten Volumenenergie E_V auf 47 J/mm³ vergrößern sich die maximale Anbindungstiefe $T_{A,max}$ auf 56 % und die Anbindungsbreite B_A auf 100 % (Abbildung 5.14.b). Bis zu einer Höhe H_D von 130 µm über der Substratoberfläche weist die laseradditive Struktur eine lokale Dichte ρ von 99,8 % auf. In den darüberliegenden Schichten nimmt die Porosität zu. Das Substrat zeigt aufgrund des erhöhten Wärmeeintrags Gefügeänderungen im nicht aufgeschmolzenen Bereich, wobei sich die Wärmeeinflusszone unterhalb des additiven Segments bis an dessen Rand erstreckt. Bei einer noch höheren Energie E_V von 53 J/mm³ bleibt der Vollanschluss mit einer minimalen $T_{A,min}$ bzw. maximalen Anbindungstiefe $T_{A,max}$ von 10 % bzw. 73 % erhalten (Abbildung 5.14.c). Die Höhe der Zone mit anforderungsgerechter Dichte H_D liegt in diesem Energiebereich bei 210 µm. Allerdings weist das Substrat neben Gefügeänderungen erste Schädigungen in Form von Einschnürungen auf.

Unter Berücksichtigung der Anbindungsbreite B_A, der maximalen Anbindungstiefe $T_{A,max}$ und der Aufbauhöhe mit erforderlicher Dichte H_D ergibt sich ein Energiebereich E_V von 43 bis 50 J/mm³, in dem ein Vollanschluss auf den 0,1 mm dicken Substraten möglich ist, ohne dass eine Schädigung durch ein zu tiefes Einschweißen auftritt. Im Bereich dieser Energiedichte liegt die maximale Anbindungstiefe $T_{A,max}$ zwischen 43 und 70 %, während die minimale Anbindungstiefe $T_{A,min}$ größer ist als 0 % und bis zu 20 % beträgt. Jedoch bestätigt sich auch in dem für die Anbindung optimalen Energiebereich, dass die geforderte Dichte für das gesamte Segment nicht erreicht werden kann. Bei einer Energiedichte E_V von 50 J/mm³ besitzt das gesamte laseradditive Segment lediglich eine Dichte ρ von 98,5 %.

Die Ergebnisse der vorherigen Untersuchungen führen zu der Erkenntnis, dass für den Aufbau laseradditiver Segmente auf dünnen Substraten eine neue Aufbaustrategie notwendig ist. Diese muss sich von der Strategie der konventionellen laseradditiven Fertigung unterscheiden, bei der nur ein Parametersatz für das gesamte Bauteil verwendet wird. Dies liegt daran, dass die geforderte Qualität eines Vollanschlusses bei gleichzeitiger Dichte ρ von mindestens 99,8 % im gesamten Segment nicht allein durch die Verwendung eines einzigen Energiewerts erreicht werden kann. Um beide Kriterien zu erfüllen, bedarf es unterschiedlicher Volumenenergien für die Schichten des laseradditiven Segments.

Daher wird ein Lösungsansatz verfolgt, bei dem die Anbindungszone zunächst mit reduziertem Energieeintrag aufgebaut wird (Energiebereich vgl. Abbildung 5.13), bevor im Verlauf des Aufbauprozesses die Volumenenergie gesteigert und der Parametersatz gewechselt wird (Energiebereich vgl. Abbildung 5.9). Mit dem sogenannten Anbindungsparametersatz besteht die Anforderung, eine Anbindung mit einer Anbindungsbreite B_A von 100 % und einer maximalen Anbindungstiefe kleiner als die Substratdicke zu generieren. Der sogenannte Aufbauparametersatz hat zum Ziel, das restliche Bauteil mit einer Dichte ρ von mindestens 99,8 % aufzubauen.

Aufgrund seiner geringen Energiedichte hat der Anbindungsparametersatz den Nachteil, dass er nicht geeignet ist, die Dichteanforderungen über das gesamte Bauteil zu erfüllen. Er liefert nur im Anschlussbereich zufriedenstellende Ergebnisse. Abbildung 5.13 zeigt, dass die Dichteanforderung bei einer Einstellung E_V von 47 J/mm³ bis zu einer Höhe H_D von 130 µm erfüllt wird. Das bedeutet, dass bei einer Schichtdicke D_{LA} von 30 µm der Aufbau einer Schichtanzahl $n_{LA,S}$ von etwa 4 ohne Qualitätsverlust erwartet werden kann. Für die Prozessanwendung wird daher empfohlen, nach 4 Schichten bei reduzierter Energiedichte E_V von 47 J/mm³ den Parametersatz zu wechseln und sprunghaft auf den Aufbauparametersatz mit einer Energiedichte E_V von 75 J/mm³ umzuschalten. Die beiden ausgewählten Parametersätze für die Herstellung von Versuchskörpern mit 0,1 mm dicken Substraten liegen im jeweils optimalen Energiebereich für eine anforderungsgerechte Anbindung bzw. Dichte und sind in Tabelle 5.6 dargestellt.

Tabelle 5.6: Anbindungs- und Aufbauparametersatz für die zweistufige Prozessstrategie zum laseradditiven Aufbau auf 0,1 mm dicken Substraten

Parameter	Symbol	Einheit	Wert Anbindungsparameter	Wert Aufbauparameter
Laserleistung	P_{LA}	W	140	180
Scangeschwindigkeit	$v_{s,LA}$	mm/s	1000	800
Spurabstand	h_s	µm	100	100
Schichtdicke	D_{LA}	µm	30	30

Anhand der Validierung der abgeleiteten Prozessstrategie mit Parameterwechsel (Abbildung 5.15.a) zeigt sich, dass sich Versuchskörper in Hybridbauweise, auch mit anderen als den bisher untersuchten Abmessungen, zuverlässig herstellen lassen. Das Ergebnis ist in Abbildung 5.15.b beispielhaft an einem Hybridkörper veranschaulicht. Der Anschlussbereich hat eine maximale Anbindungstiefe $T_{A,max}$ von 50 % und eine minimale Anbindungstiefe $T_{A,min}$ von 5 % (Abbildung 5.15.c). Damit ist die Anforderung des Vollanschlusses bei einer Anbindungsbreite B_A von 100 % erfüllt. Die Dichte ρ des gesamten laseradditiven Segments beträgt 99,9 %. Es sind keine optischen Unterschiede aufgrund lokaler Dichteänderungen zwischen der mit niedriger Energiedichte aufgebauten Anbindungszone und der mit höherer Energiedichte aufgebauten Aufbauzone mehr erkennbar. Das laseradditive Segment weist eine homogene Dichteverteilung auf. Damit wird gezeigt, dass mit der zweistufigen Prozessstrategie eine anforderungsgerechte Dichte im gesamten Segment erreicht werden kann.

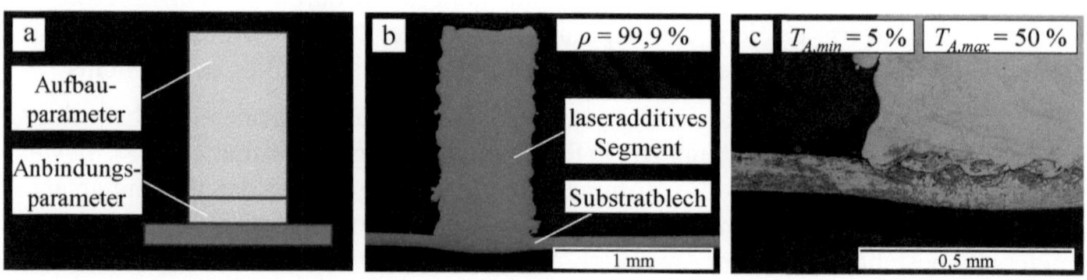

Laserparameter Anbindung: P_{LA} = 140 W, $v_{s,LA}$ = 1000 mm/s, h_s = 100 µm, D_{LA} = 30 µm, Aufbau: P_{LA} = 180 W, $v_{s,LA}$ = 800 mm/s, h_s = 100 µm, D_{LA} = 30 µm | Belichtung Fläche: standard, Kontur: ohne

Abbildung 5.15: hybrider Versuchskörper zur Validierung der zweistufigen Prozessstrategie; (a) schematische Aufteilung, (b) Ansicht als Querschliff, (c) Detailansicht der Anbindung

Die Aufbaustrategie lässt sich auch aus der Temperaturüberwachung mit den Thermoelementen an der Substratunterseite (vgl. Abschnitt 5.1.4) ablesen. In diesem Kontext zeigt Abbildung 5.16 die Abhängigkeit der maximalen Temperatur pro Schicht T von der Anzahl der aufgebauten Schichten $n_{LA,S}$ für drei weitere Segmentquerschnitte. Die laseradditi-

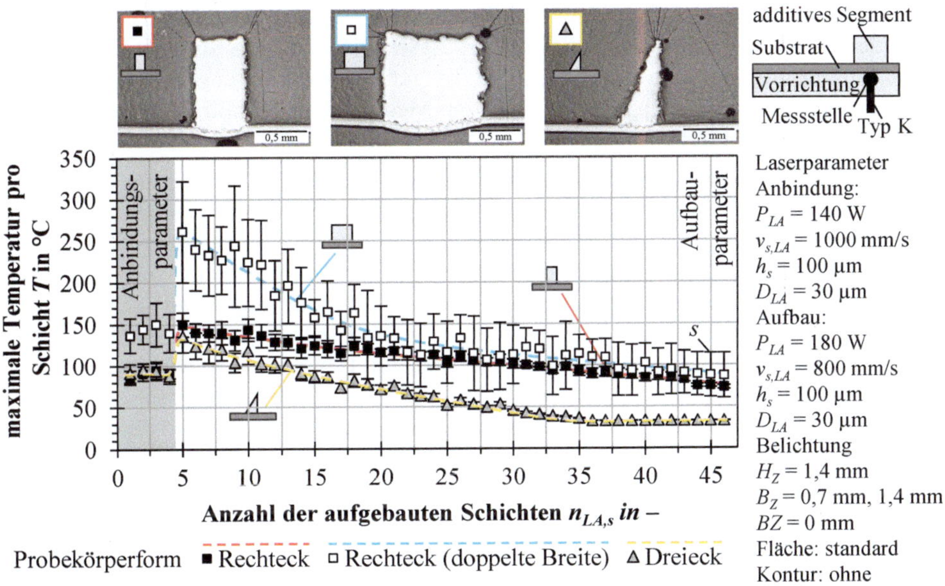

Abbildung 5.16: Maximaltemperatur pro Schicht in Abhängigkeit von der Schichtanzahl für unterschiedliche Querschnitte laseradditiver Segmente

ven Segmente bestehen aus zwei Vierecken mit Breiten B_Z von 0,7 und 1,4 mm sowie einem Dreieck mit einer Breite B_Z von ebenfalls 0,7 mm. Sie verfügen jeweils über eine Zielhöhe H_Z, die sich aus der Gesamtanzahl aufgebauter Schichten n_{LA} von 46 ergibt. Es ist zu erkennen, dass bei allen aufgebauten Geometrien nach einer Schichtanzahl $n_{LA,S}$ von 4 ein Temperatursprung beim Wechsel vom Anbindungs- zum Aufbauparametersatz auftritt. Das Temperaturniveau T des schmaleren Vierecks und des Dreiecks ist anfangs mit einem Wert um 95 °C identisch. Für das breitere Viereck liegt die Temperatur T mit Anbindungsparametern zwischen 140 und 150 °C. Nach dem Wechsel des Parametersatzes erreichen die gemessenen Temperaturen ihr globales Maximum T_{max}. Während das schmale Viereck mit 150 °C und das dreieckige Segment mit 135 °C ähnliche Temperaturmaxima T_{max} aufweisen, liegt das Maximum T_{max} des breiten Vierecks bei 260 °C. Danach nehmen die Temperaturspitzen pro Schicht bei allen Versuchskörpern stetig ab. Nach einer Schichtanzahl $n_{LA,S}$ von 20 haben sich die Temperaturen T der Vierecke angenähert und laufen auf ähnliche Endwerte von 75 bzw. 85 °C hinaus. Am schnellsten fällt die Temperaturkurve des Dreiecks ab, sodass die Endtemperatur T, die zugleich Umgebungs- und Ausgangstemperatur ist, mit 30 °C bereits nach einer Anzahl aufgebauter Schichten $n_{LA,S}$ von circa 35 erreicht wird.

Die Temperatur stellt eine wichtige Zustandsgröße dar, anhand derer die Wirkung des Laserstrahls im additiven Prozess abgelesen und verglichen werden kann. Der gemessene Temperaturverlauf hängt von der eingebrachten Energie ab, die sich aus den gewählten Einstellparametern und der Geometrie der aufgebauten Strukturen ergibt. Bei jeder Belichtung einer Schicht steigt die Temperatur bis auf den gezeigten Maximalwert T an, fällt während der nachfolgenden Beschichtung wieder auf Umgebungsniveau in der Prozesskammer ab und erreicht bei der Belichtung der nächsten Schicht erneut ein Maximum. Der zeitliche Verlauf der Temperaturmaxima markiert den Wechsel von den Anbindungs- zu den Aufbauparametern durch einen deutlichen Temperatursprung. Die Temperaturmessung zeigt, dass die thermische Wirkung des Laserstrahls auf das Substrat mit jeder weiteren aufgebauten Schicht abnimmt, denn die aktuelle Bearbeitungsebene entfernt sich schrittweise um jeweils eine Schichtdicke vom Messpunkt unterhalb des Substrats, bis die vorgegebene Aufbauhöhe H_Z von 1,4 mm erreicht ist.

Der Vergleich verschiedener Querschnittsformen zeigt, dass die Temperatur durch die geometriespezifische Belichtungsfläche beeinflusst wird. Das Substrat eines Vierecks mit doppelter Breite erfährt in den ersten Schichten ein um etwa 50 % höheres Temperaturniveau T. Dieser erhöhte Temperatureintrag birgt insbesondere beim Aufbau der ersten Schichten das Risiko des Durchschweißens und damit einer möglichen schadhaften Anbindung. Nach einer Schichtanzahl $n_{LA,S}$ von 20 verteilt sich der Wärmeeintrag jedoch auf ein größeres bereits aufgebautes Volumen, und die Temperaturen zwischen den unterschiedlich breiten Vierecken gleichen sich an. Für das dreieckige Segment ergibt sich ein niedrigeres Temperaturniveau, vor allem da der Wärmeeintrag aufgrund des sich schichtweise verjüngenden Querschnitts abnimmt. Darüber hinaus zeigt die Temperaturanalyse, dass die Belichtung der nahezu identischen Querschnitte des kleinen Vierecks und des Dreiecks in den ersten Schichten unter Anbindungsparametern zu ähnlichen Temperaturmaxima führt. Dies belegt die Korrelation zwischen den gemessenen Temperaturen und der aufgebauten Geometrie und die Reproduzierbarkeit der Temperatur als Zustandsgröße im Prozess.

Perspektivisch bietet die Temperaturmessung das Potenzial, eine Prozessregelung für den additiven Aufbau auf dünnen Substraten zu implementieren. Dabei könnten die Prozessparameter wie Laserleistung, Scangeschwindigkeit und Spurabstand sensorbasiert derart eingestellt werden, dass ein vordefiniertes Temperaturfenster während des Prozesses eingehalten wird.

5.2.3.2 Rauheit

Zur weiteren Analyse der Ergebnisqualität erfolgt die Auswertung der Oberflächenrauheit. Es ist zu beachten, dass das laseradditive Segment hauptsächlich mit Aufbauparametern hergestellt wird, die somit maßgeblich die Rauheit beeinflussen. Der Anbindungsparametersatz trägt bei den dünnen Substraten nur einen Bruchteil zum Aufbau bei und kommt bei den 2 mm dicken Substraten gar nicht zum Einsatz. Die Rauheitsmessungen werden daher an Strukturen durchgeführt, die unter Aufbauparametern aufgebaut worden sind. Das Ergebnis zu der Untersuchung mit unterschiedlichen Flächenorientierungen, bei denen sowohl der Standardaufbau mit Flächen- und Konturbelichtung als auch der Aufbau ohne Konturbelichtung betrachtet wird, ist in Abbildung 5.17 dargestellt.

Das Niveau der mittleren arithmetischen Höhe S_a bewegt sich im Bereich zwischen 9,0 und 14,7 µm mit Standardabweichungen s von 2,4 bis 3,5 µm. Diese Werte liegen innerhalb der in der Literatur gefundenen Spannweite (vgl. Abschnitt 2.1.4). Wird die Flächenorientierung ohne Konturbelichtung betrachtet, zeigt die Deckfläche mit $S_a = 9{,}0 \pm 2{,}4$ µm eine deutlich bessere Oberflächenrauheit auf als die Abhang- und die Seitenfläche, die mit $S_a = 14{,}3 \pm 3{,}1$ µm bzw. $S_a = 14{,}7 \pm 2{,}6$ µm auf vergleichbarem Niveau liegt. Durch eine Konturbelichtung kann insbesondere bei der Abhangfläche eine Verbesserung auf $S_a = 9{,}2 \pm 2{,}4$ µm erreicht werden. Sowohl bei der Deckfläche als auch bei der Seitenfläche bewirkt die Belichtung der Kontur hingegen keine signifikante Änderung der Rauheit.

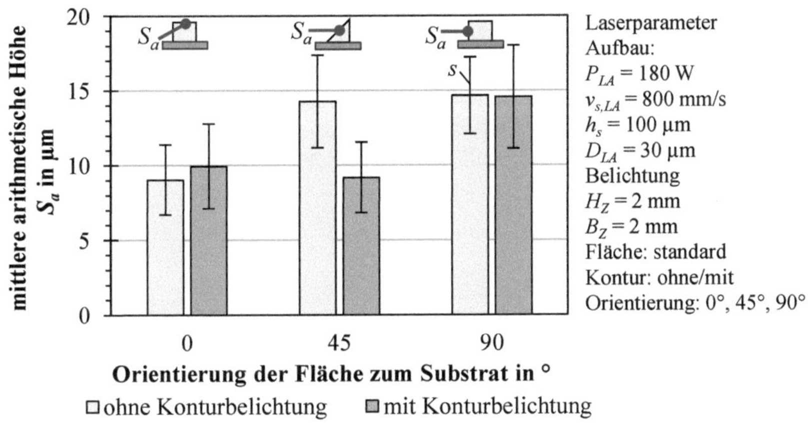

Abbildung 5.17: mittlere arithmetische Höhe in Abhängigkeit der Flächenorientierung und Konturbelichtung

In der laseradditiven Fertigung wird die mittlere arithmetische Höhe maßgeblich von den an der Oberfläche anhaftenden Pulverpartikeln bestimmt, die durch den Laserstrahl lediglich angeschmolzen werden und nach dem Abkühlen eine Verbindung mit dem Bauteil eingehen (vgl. Abschnitt 2.1.4). Da nach der Belichtung der Deckfläche keine weitere Pulverbeschichtung erfolgt, ist die Anhaftung von Partikeln minimal, weshalb an dieser Fläche die geringste Oberflächenrauheit gemessen wird. Abbildung 5.18.a verdeutlicht, dass die ermittelte Rauheit auf die prozesstypischen Schmelzspuren zurückzuführen ist. Darüber hinaus zeigt die Abbildung sichtbare Pulveranhaftungen an den Abhangflächen (Abbildung 5.18.b) und den Seitenflächen (Abbildung 5.18.c), die für die höheren Rauheitsmesswerte verantwortlich sind. Die Anwendung der Konturbelichtung mit tangentialer Laserführung kann bei der Abhangfläche durch zusätzliches Aufschmelzen der Pulver-

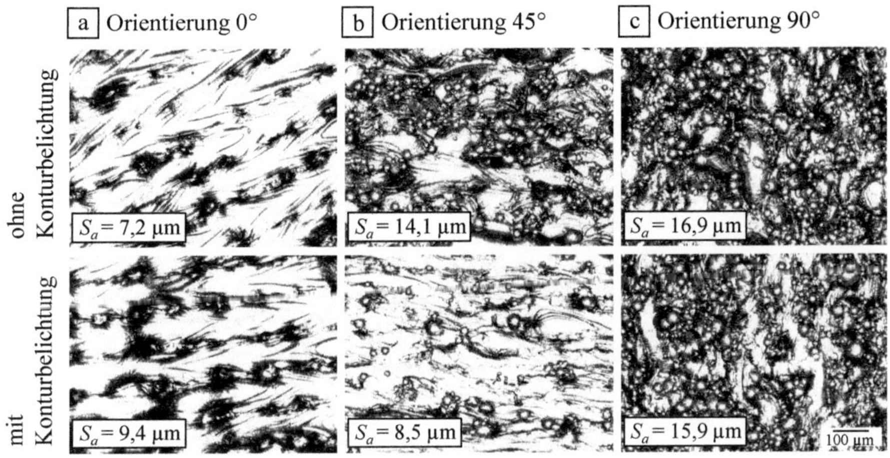

Laserparameter Aufbau: P_{LA} = 180 W, $v_{s,LA}$ = 800 mm/s, h_s = 100 µm, D_{LA} = 30 µm
Belichtung Fläche: standard, Kontur: ohne/mit, Orientierung: {(a) 0°, (b) 45°, (c) 90°}

Abbildung 5.18: aufgebaute Flächen mit unterschiedlicher Orientierung; (a) 0°, (b) 45°, (c) 90°

partikel eine Glättung der Oberfläche bewirken und dadurch zu einer Verringerung der mittleren arithmetischen Höhe S_a um etwa 5 µm führen.

Die Oberflächenrauheit ist zur Beurteilung der Bauteilqualität nur dann direkt ausschlaggebend, wenn keine Nachbearbeitung erfolgt. Wird die Oberfläche nachbearbeitet, bestimmt vor allem dieser nachgelagerte Prozess die erzielbare Oberflächenqualität. Es ist zu prüfen, inwieweit die zuvor gemessenen Rauheitswerte das erreichbare Ergebnis der Nacharbeit beeinflussen.

5.2.3.3 Maßhaltigkeit

Dieser Abschnitt zeigt die Ergebnisse zu den Versuchsreihen der Maßhaltigkeit. In diesem Zusammenhang besteht bezüglich der Ergebnisdarstellung die Voraussetzung, dass die Bauteilwinkel der laseradditiven Segmente den vorgegebenen Zielmaßen entsprechen (vgl. Abschnitt 5.2.1). Dies führt zu den beispielhaft gezeigten Messungen an den Schliffbildern des Typs A (Abbildung 5.19.a) mit einem Zielwinkel β_Z von 90°. Für diesen Segmenttyp werden die Längenmaße Höhe H (Abbildung 5.19.b) in z-Richtung sowie Breite B (Abbildung 5.19.c) in x-y-Ebene ausgewertet.

Abbildung 5.19: exemplarische Auswertung der Aufbauspannweiten für Typ A; (a) Ansicht als Querschliff, Detailansichten von (b) Höhe und (c) Breite

Abbildung 5.20 zeigt die Spannweiten R der Abweichungen von den Zielmaßen ΔH_Z und ΔB_Z, die sich bei einem additiven Standardaufbau ohne Bearbeitungszugabe mit möglicher Konturbelichtung für die untersuchten Typen A und B ergeben. Für alle Segmente reichen die Spannweiten der Höhe R_H und der Breite R_B ohne Konturbelichtung höchstens an die

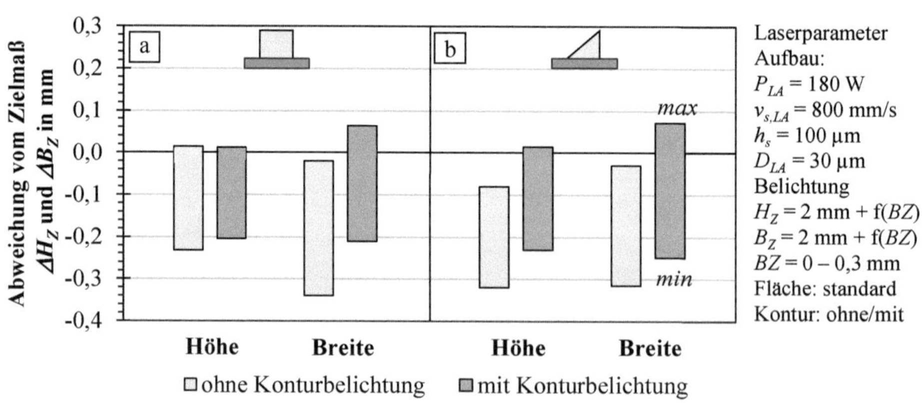

Abbildung 5.20: Abweichungen von der Zielhöhe und -breite in Abhängigkeit der Konturbelichtung und des Segmentquerschnitts

Zielmaße H_Z und B_Z heran, während eine Konturbelichtung eine Verschiebung auch in Bereiche positiver Abweichungen bewirkt.

Für den Typ A (Abbildung 5.20.a) beträgt die Spannweite der Höhenabweichungen R_H sowohl ohne als auch mit Konturfahrt etwa 0,2 mm. Die aufgebauten Segmente erreichen maximal das Zielmaß H_Z und sind minimal bis zum genannten Wert untermaßig aufgebaut. In Bezug auf die Breite liegt die Aufbauspannweite R_B unabhängig von der Kontur bei circa 0,3 mm. Ohne Konturbelichtung nähert sich das Maximalmaß B_{max} dem Zielmaß B_Z an, erreicht es jedoch nicht. Erst mit einer Konturfahrt erreicht das Maß B_{max} die Zielbreite B_Z und überschreitet diese maximal um ΔB_Z von 0,06 mm. Die Spannweite R_B der Segmente mit belichteter Kontur ist im Vergleich zu den Segmenten ohne Kontur um 0,08 mm in Richtung Zielmaß B_Z verschoben. Bei den dreieckigen Typen (Abbildung 5.20.b) entspricht das untere Grenzmaß für die Höhe H_{min} und für die Breite B_{min} dem unteren Breitenmaß B_{min} des Typs A. Auch bei der Breite B sind die Beträge der Spannweiten R_B und die Lage der Abweichungen ΔB_Z beider Segmenttypen ähnlich. Die Spannweite der Höhe R_H ist ohne Konturbelichtung mit 0,05 mm bzw. mit Konturbelichtung mit 0,08 mm geringer als die Breitenspannweite R_B.

Bei den viereckigen Segmenten hat die Konturbelichtung keinen Einfluss auf die Lage der Höhenabweichungen ΔH_Z, da sie in derselben z-Position wie die Flächenbelichtung erfolgt. Die Spannweite R_H entsteht durch eine ungleichmäßig aufgebaute Deckfläche, die neben Überhöhungen durch Fehlerfortpflanzung im Schichtaufbau von Schmelzspuren beeinflusst wird (vgl. Abschnitt 2.1.4). Dagegen verringert die Konturfahrt die Abweichung vom gewünschten Höhenmaß ΔH_Z bei den dreieckigen laseradditiven Segmenten. Sie beeinflusst durch die zusätzliche Belichtung in der x-y-Ebene die Breite B beider Segmenttypen, sodass diese auch über positive Abweichungen ΔB_Z verfügen. Die Spannweite der Breite R_B ist im Vergleich zur Spannweite der Höhe R_H größer, da die Oberflächenabweichungen infolge der Schmelzspuren zu beiden Seiten des laseradditiven Segments auftreten und in Summe in das Breitenmaß einfließen.

Es lässt sich ableiten, dass sich für die laseradditive Fertigung kleiner Strukturen, unabhängig von ihrer geometrischen Form, eine Spannweite für Höhe R_H und Breite R_B im Bereich von 0,2 mm in z-Richtung und 0,3 mm in x-y-Ebene ergibt. Ohne Bearbeitungszugabe und unabhängig von der Konturbelichtung kann höchstens eine einseitige Toleranzvorgabe im negativen Bereich eingehalten werden, da die Mehrzahl der Segmente unter ihrem Zielmaß aufgebaut wurde. Um den üblichen Anforderungen einer zweiseitigen Toleranz gerecht zu werden, ist die Zugabe einer Bearbeitungszugabe erforderlich.

In Abbildung 5.21 ist der Zusammenhang zwischen jener Bearbeitungszugabe BZ und den Abweichungen von den Zielmaßen ΔH_Z und ΔB_Z dargestellt. Mit zunehmender Bearbeitungszugabe BZ verschieben sich sowohl die Höhen- als auch die Breitenabmessungen von teilweise negativen Abweichungen in einen positiven Bereich mit Übermaß. Während die Höhe H bei einer Bearbeitungszugabe BZ von 0,1 mm noch um das Zielmaß H_Z schwankt, zeigen die laseradditiven Segmente mit einer Bearbeitungszugabe BZ von 0,3 mm ausschließlich positive Abweichungen ΔH_Z. In diesem Fall beläuft sich die minimale Abweichung ΔH_Z auf 0,1 mm, was dem Mindestwert des Übermaßes entspricht. Die Breitenabmessungen erstrecken sich bei der kleinsten Bearbeitungszugabe BZ sowohl in den negativen als auch in den positiven Abweichungsbereich. Erst bei einer Bearbeitungszugabe BZ von 0,3 mm in Verbindung mit einer Konturbelichtung tritt nur noch ein Übermaß auf. Dieses beträgt mindestens 0,1 mm und höchstens 0,36 mm.

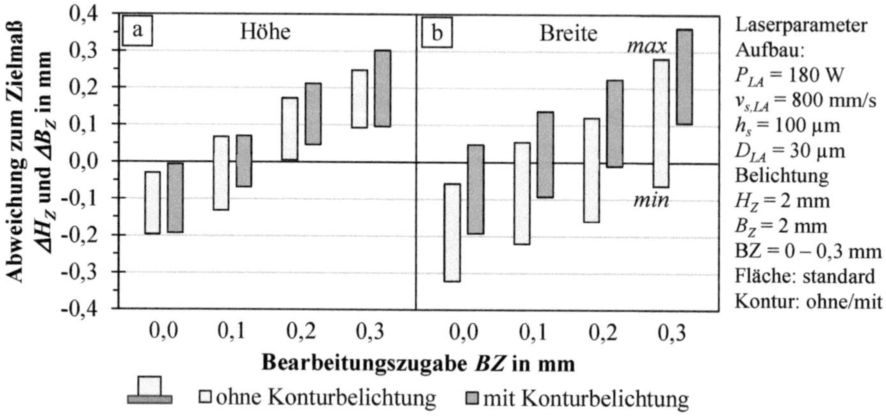

Abbildung 5.21: Abweichung vom Zielmaß in Abhängigkeit der Bearbeitungszugabe und der Konturbelichtung für den Typ A; (a) Höhe, (b) Breite

Durch die Zugabe einer Bearbeitungszugabe in Höhen- und Breitenrichtung kann die Lage der Aufbauspannweite im Verhältnis zum Zielwert gezielt beeinflusst werden. Da die Maximalwerte H_{max} und B_{max} mit Bearbeitungszugabe BZ immer größer als die Zielmaße H_Z und B_Z sind, besteht grundsätzlich die Möglichkeit, dass die Strukturen eine zweiseitige Toleranzvorgabe einhalten und nachbearbeitet werden können. Wenn eine Nacharbeit erforderlich ist, muss durch die Bearbeitungszugabe gewährleistet sein, dass die Struktur an jeder Stelle größer ist als das geforderte Mindestmaß, das heißt Nennmaß minus Toleranz. Ziel muss es aber auch sein, die Bearbeitungszugabe so gering wie möglich zu halten, um die Wirtschaftlichkeit des Nachbearbeitungsprozesses zu sichern.

Abbildung 5.21 bestätigt, dass sich bei den aufgebauten Segmenttypen eine Höhenspannweite R_H von 0,2 mm und eine Breitenspannweite R_B von 0,3 mm ergibt. Wenn die Spannweite der Höhe als zweiseitige Toleranzvorgabe betrachtet wird, beträgt die maximale Abweichung ΔH_Z 0,1 mm. Damit resultiert eine Genauigkeit in z-Richtung Δz von ± 0,1 mm. Innerhalb des Nennmaßbereichs von 0,5 bis 3 mm (vgl. Tabelle 2.1) entspricht dieses Grenzabmaß der Toleranzklasse mittel. Analog lässt sich aus der Breitenspannweite R_B eine Genauigkeit in x-y-Ebene Δxy von ± 0,15 mm ableiten, was die Toleranzklasse grob bedeutet. Somit verfügen die mit dem laseradditiven Teilprozess hergestellten hybriden Versuchskörper insgesamt nur über die Toleranzklasse grob. Eine Nacharbeit der laseradditiven Segmente ist notwendig, wenn höhere Anforderungen an die Maßhaltigkeit gestellt werden.

5.2.3.4 Produktivität

Die Produktivität des entwickelten Teilprozesses wird zunächst anhand der Aufbaurate (vgl. Gleichung 2.3) für die Flächenbelichtung charakterisiert. Da sich die Laserparameter (vgl. Tabelle 5.6) für den Aufbau auf den beiden untersuchten Substratdicken unterscheiden, ist eine Fallunterscheidung vorzunehmen. Bei den 2 mm dicken Substraten wird nur der Aufbauparametersatz mit der Aufbaurate VR_{LA} von 8,64 cm³/h (vgl. Gleichung 2.3) verwendet. Für den reinen Anbindungsparametersatz ergibt sich aufgrund der schnelleren Scangeschwindigkeit eine um 25 % höhere Aufbaurate VR_{LA} von 10,80 cm³/h. Daher ist auch der Aufbau auf die 0,1 mm dicken Substrate mit der Kombination aus Aufbau- und Anbindungsparametern schneller. In einer 2 mm hohen Struktur, die aus einer Gesamtschichtanzahl n_{LA} von 67 aufgebaut wird, ergibt sich bei einer Schichtanzahl $n_{LA,S}$ von 4 ein Anteil von 6 % der Schichten, der mit der höheren Aufbaurate hergestellt wird. Dies führt zu einer Volumenrate VR_{LA} von 8,77 cm³/h. Mit steigender Strukturhöhe nähert sich diese Bearbeitungsrate wieder der Rate des Aufbauparametersatzes an. Da sich die Aufbauraten bereits bei niedrigen Strukturhöhen nur geringfügig unterscheiden, wird im weiteren Verlauf der Arbeit eine durchschnittliche Aufbaurate VR_{LA} von 8,7 cm³/h verwendet. Diese liegt im üblichen Bereich für den Aufbau von Stahlwerkstoffen (vgl. Abschnitt 2.1.3).

Wenn die laseradditive Struktur nachträglich bearbeitet werden muss, kann von vornherein auf die oberflächenverbessernde Konturbelichtung verzichtet werden, um die Produktivität zu steigern. Für ein kleines Strukturvolumen V_{LA} von 2 × 2 × 10 mm³ ($H \times B \times L$) mit einer Fläche $A_{S,LA}$ von 20 mm² pro Schicht ergibt sich eine Konturfahrtlänge L_{KO} von 24 mm. Bei einer Scangeschwindigkeit $v_{s,LA}$ von 1250 mm/s dauert die Konturbelichtung jeder Schicht $t_{KO} = 0{,}02$ s. Wird die Flächenbelichtung der Struktur nur mit Aufbauparametern durchgeführt, beträgt die Belichtungszeit pro Schicht t_F 0,25 s. Die Gesamtzeit pro Schicht t_S mit Flächen- und Konturbelichtung beträgt folglich 0,27 s. Das Einsparpotential an Belichtungszeit bei Verzicht auf die Konturbelichtung liegt somit bei rund 7 %.

5.2.4 Bilanz des Teilprozesses

In der folgenden Tabelle 5.7 sind die Ergebnisse der laseradditiven Prozessentwicklung für beide Substratdicken zusammengefasst. Die Qualitätsanforderungen bezüglich der Dichte ρ der laseradditiven Segmente von mindestens 99,8 % sowie eines Vollanschlusses, unter Berücksichtigung der maximalen Anbindungstiefe $T_{A,max}$ und Anbindungsbreite B_A, werden erfüllt. Mit dem identifizierten Aufbauparametersatz kann den Anforderungen entsprechend auf die 2 mm dicken Substrate aufgebaut werden. Um beide Kriterien gleichzeitig zu erfüllen, wurde für den Aufbau auf die 0,1 mm dicken Substrate eine zweistufige Aufbaustrategie mit einem zusätzlichen Anbindungsparametersatz entwickelt. Auf Basis der Parametersätze ergibt sich für den ersten Teilprozess eine durchschnittliche Aufbaurate VR_{LA} von 8,7 cm³/h. Diese Bearbeitungsrate wird für die spätere wirtschaftliche Betrachtung der Prozesskombination verwendet.

Tabelle 5.7: Kenngrößen des laseradditiven Teilprozesses als Eingangsgrößen für den lasersubtraktiven Teilprozess

Kategorie	Kriterium	Teilprozess	
		laseradditiv	lasersubtraktiv
Qualität	Dichte	$\rho \geq 99{,}8$ %	–
	Anbindung	$0 < T_{A,min} < 100$ % $0 < T_{A,max} < 100$ % $B_A = 100$ %	–
	Rauheit	$S_a = 9{,}0 - 14{,}7$ µm	Verringerung der Rauheit
	Maßhaltigkeit	$\Delta xy = \pm 0{,}15$ mm (grob) $\Delta z = \pm 0{,}10$ mm (mittel)	Verringerung der Maßabweichung
Produktivität	Volumenrate	$VR_{LA} = 8{,}7$ cm³/h	erzielbare Abtragrate

Der konturnahe laseradditive Aufbau wird anhand der Kriterien Rauheit und Maßhaltigkeit quantifiziert. Die mittlere arithmetische Höhe S_a für die drei verschiedenen Oberflächenorientierungen reicht von 9,0 bis 14,7 µm und liegt damit im prozesstypischen Bereich. Für die beiden untersuchten Aufbaurichtungen, x-y-Ebene und z-Richtung, ergeben sich für den betrachteten Nennmaßbereich die Toleranzklassen grob bzw. mittel basierend auf den gemessenen Maßabweichungen. Die ermittelten Werte dieser beiden Kriterien dienen als Referenzwerte für die Beurteilung des anschließend zu entwickelnden lasersubtraktiven Teilprozesses.

5.3 Lasersubtraktiver Teilprozess

Bisher konzentrieren sich die Entwicklungen zur lasergestützten Nachbearbeitung laseradditiv hergestellter Oberflächen auf die Verbesserung der Rauheit (vgl. Abschnitt 2.2.4), wobei wirtschaftliche Aspekte nicht betrachtet worden sind. Außerdem liegen bislang keine Untersuchungen zur Bearbeitung dreidimensional aufgebauter Strukturen vor. Daher wird in diesem Abschnitt das Potenzial der lasersubtraktiven Fertigung zur Nachbearbeitung von laseradditiv erzeugten Oberflächen aufgezeigt. Insbesondere besteht das Bestreben, in einem Bearbeitungsschritt sowohl die Oberflächengüte als auch die Maßhaltigkeit von dreidimensionalen laseradditiven Segmenten zu verbessern. Dabei wird auch die wirtschaftliche Abtragrate beachtet.

Im Hinblick auf die Entwicklung der Prozesskombination folgt zur technologischen Gestaltung des lasersubtraktiven Teilprozesses zunächst die Darstellung der grundlegenden Versuchsbedingungen und Messmethoden. Das anschließende experimentelle Vorgehen inklusive der Ergebnisdarstellung gliedert sich in zwei Teile. Zunächst bedarf es einer Untersuchung zur Bearbeitbarkeit des laseradditiv aufgebauten Werkzeugstahls mit seiner prozesstypischen Oberflächenstruktur. Diese wird an zweidimensionalen Flachproben unter üblicher orthogonaler Lasereinstrahlung durchgeführt. Dabei wird auch der Zielkonflikt zwischen der resultierenden Abtragqualität und der Produktivität des Abtragvorgangs betrachtet. Die gewonnenen Erkenntnisse werden in einem zweiten Schritt auf die bekannten dreidimensionalen laseradditiven Segmente übertragen. Mit der Zusammenfassung der Ergebnisse schließt die Entwicklung ab.

5.3.1 Versuchsbedingungen und Messmethoden

Zur Erarbeitung des lasersubtraktiven Teilprozesses kommt die in Abschnitt 5.1.3 beschriebene Anlagentechnik zum Einsatz. Die Datenvorbereitung, einschließlich der verwendeten Software, entspricht dem maschinenspezifischen Standard und wird nach diesem durchgeführt (vgl. Abschnitt 4.1.2).

Tabelle 5.8 zeigt die Prozessparameter, innerhalb deren Bandbreite die Entwicklung stattfindet. Der Einstrahlwinkel des Laserstrahls α_{EW}, gemessen an der Senkrechten zur Bearbeitungsoberfläche, variiert von 0° bis 85°. Die Pulsfrequenz f_P bewegt sich im Bereich von 91 bis 200 kHz, wobei der Pumpstrom I_{PS} von 10 bis 80 % und die Scangeschwindigkeit $v_{s,LS}$ von 2 bis 8 m/s betrachtet werden. Der Spurabstand SA beläuft sich auf Werte von 15 bis 45 µm. Zudem werden eine Zustellung s_z von bis zu 1,5 µm und drei unterschiedliche Schraffuren, zufällig, gekreuzt und parallel, eingestellt. Eine detaillierte Betrachtung sämtlicher Prozessparameter inklusive gewählter Stufen ist in den Abschnitten 5.3.2.1 und 5.3.3.1 aufgezeigt, in denen das Versuchsvorgehen zur jeweiligen Bearbeitung erläutert wird. Alle Untersuchungen werden mit einer Pulsdauer t_H von 120 ns durchge-

Tabelle 5.8: Bandbreite der Prozessparameter für den lasersubtraktiven Teilprozess zur Nachbearbeitung laseradditiv aufgebauter Strukturen

Parameter	Symbol	Einheit	Wertebereich
Einstrahlwinkel	α_{EW}	°	0–85
Pulsfrequenz	f_P	kHz	91–200
Pumpstrom	I_{PS}	%	10–80
Scangeschwindigkeit	$v_{s,LS}$	m/s	2–8
Spurabstand	SA	µm	15–45
Zustellung	s_z	µm	1–1,5
Schraffur	–	–	zufällig, gekreuzt, parallel

führt. Sofern nicht anders angegeben, erfolgt die Zustellung in Schritten s_z von 1 µm und die Strahlführung bidirektional mit zufälligem Rotationswinkel.

Vor dem experimentellen Teil wird der Laserstrahl der genutzten Laserstrahlquelle vermessen, um die nachfolgenden Untersuchungen und die Auswertung der Ergebnisse mit strahlquellenspezifischen Kenngrößen zu unterstützen. Die Leistungsmessung erfolgt mit dem Messgerät GENTEC UP55G [254], das eine spektrale Bandbreite λ von 0,19 bis 20,00 µm und eine Auflösung d_P von 0,015 W aufweist. Der Fokusradius, die Strahlkaustik sowie die Strahlqualität werden mit einem MicroSpotMonitor MSM der Firma PRIMES gemessen, der einen Spektralbereich λ von 248 bis 1100 nm und eine Auflösung d_{xy} von bis zu 0,5 µm pro CCD-Sensorpixel bietet [255]. Die Bestimmung des Fokusdurchmessers $d_{f,LS}$ erfolgt über die Momente zweiter Ordnung gemäß DIN EN ISO 11146-1 [256, 149].

Zur Durchführung der lasersubtraktiven Untersuchungen wird die Maschine mit den laseradditiv aufgebauten Probekörpern ausgerüstet (Abbildung 5.22.a). Es kommen zunächst quadratische Flachproben mit Abmessungen V_{LA} von 2 × 30 × 30 mm³ ($H \times B \times L$) zum Einsatz. Aufgrund der Nachbearbeitung ohne Schnittkräfte reicht es aus, diese Proben flexibel mit Magneten auf einer Vorrichtung aus Blech auf dem Arbeitstisch befestigen (Abbildung 5.22.b). Im zweiten Schritt der Prozessentwicklung werden die laseradditiven

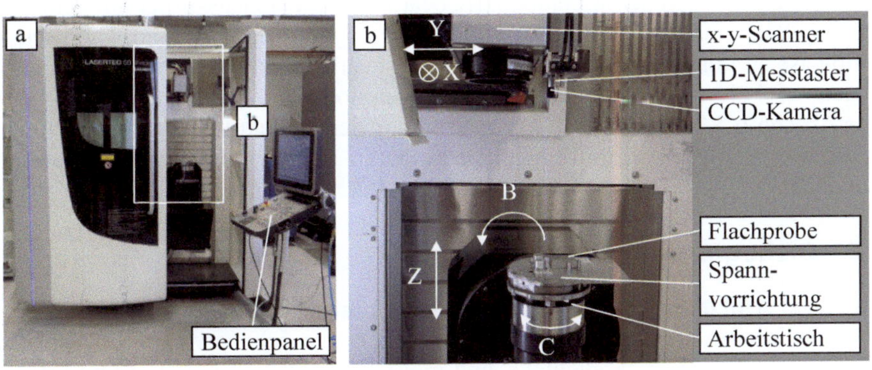

Abbildung 5.22: Versuchsaufbau der lasersubtraktiven Bearbeitung; (a) Gesamtansicht, (b) Arbeitsraum mit mechanischen Achsen sowie Spannvorrichtung für die Flachproben

Segmente vom Typ A und Typ C, die aus dem ersten Teilprozess stammen, nachbearbeitet. Die Fixierung der hybriden Versuchskörper erfolgt mit der entwickelten Spannvorrichtung (vgl. Abschnitt 5.1.4).

Damit die lasersubtraktive Bearbeitung fokussiert an der richtigen Position des jeweiligen Probekörpers durchgeführt wird, werden die integrierte CCD-Kamera und der 1D-Messtaster zur Probenausrichtung im Arbeitsraum eingesetzt. Diese beiden Maschinenkomponenten lassen sich gemeinsam mit der Scanneroptik entlang der X- und Y-Achse bewegen, während der Arbeitstisch sowohl eine translatorische Verschiebung entlang der Z-Achse als auch die Rotation der B- und C-Achse ausführen kann.

Die physische Ausrichtung erfolgt durch die Überlagerung des Maschinenkoordinatensystems mit dem Werkstückkoordinatensystem, basierend auf der im virtuellen Probenbearbeitungsprogramm festgelegten Lage aus der Datenvorbereitung. Dabei werden zunächst unter Zuhilfenahme der Kamera die X- und Y-Achse beider Koordinatensysteme durch Verdrehung der Rotationsachsen parallel zueinander ausgerichtet. Die anschließende Nullpunktverschiebung transformiert den Bearbeitungsursprung der Maschine in den Werkstücknullpunkt. Hierbei erfolgt die Festlegung des x-y-Nullpunkts, indem das Fadenkreuz der Kamera auf die entsprechende Position des Werkstücks verfahren wird und die Koordinaten dieser Position als x-y-Ursprung an die Maschinensteuerung übergeben werden. Der Koordinatenursprung der Z-Achse wird mit dem Messtaster bestimmt. Bei den hybriden Versuchskörpern liegt der z-Nullpunkt auf der Zielhöhe, die durch den Abtrag zu erreichen ist. Diese Koordinate ist vor der lasersubtraktiven Bearbeitung mit dem Messtaster nicht erreichbar, da sie sich innerhalb des laseradditiv aufgebauten Segments befindet. Zur Ursprungsbestimmung wird daher die Substratblechoberfläche als Nullpunkt mit dem Messtaster angefahren und die gemessene Koordinate durch manuelle Eingabe um die gewünschte Höhe verschoben. Im Anschluss werden die Probekörper lasersubtraktiv abgetragen und die Untersuchungen, insbesondere zur Gewährleistung reproduzierbarer Ergebnisse, mehrfach wiederholt (vgl. Abschnitt 2.2.1).

Zur Bewertung des Prozessergebnisses werden die Qualitätskriterien Rauheit und Maßhaltigkeit betrachtet, wobei diese in Bezug zum Ergebnis des ersten Teilprozesses gesetzt werden. Um eine Vergleichbarkeit sicherzustellen, erfolgt die Aufnahme aller Oberflächenrauheiten unter identischen Messbedingungen (vgl. Abschnitt 5.2.1) mit dem Laserkonfokalmikroskop VK-8170. Mit diesem Mikroskop findet auch die Analyse der im ersten Untersuchungsschritt nachbearbeiteten Flachproben statt. Die Maßhaltigkeit wird anhand von Querschliffen der lasersubtraktiv bearbeiteten Versuchskörper mit dem Digitalmikroskop VHX-5000 bestimmt. Aufgrund der Fähigkeit des Laserkonfokalmikroskops, schichtweise dreidimensionale Abbilder der nachbearbeiteten laseradditiven Segmente zu erzeugen, wird dieses Gerät als zusätzliche Messoption eingesetzt. Sämtliche Messgrößen sind in Abschnitt 5.2.1 aufgeführt. Zur Beurteilung der Produktivität des lasersubtraktiven Teilprozesses erfolgt die Ermittlung der erzielbaren Abtragraten unter Berücksichtigung der Qualitätskriterien (vgl. Gleichung 2.10).

5.3.2 Orthogonale Bearbeitung

In der Regel erfolgt die lasersubtraktive Fertigung mit einem Laserstrahl, der orthogonal zum Werkstück ausgerichtet ist, das heißt mit einer Abweichung von 0° zur Senkrechten der Abtragschicht. Diese Werkstücke sind meist konventionell gefertigt und weisen abhängig vom Fertigungsverfahren charakteristische Oberflächen auf. Folgend soll die Prozessführung der orthogonalen Bearbeitung auf laseradditiv erzeugte Oberflächen übertragen werden. Dazu wird die Wechselwirkung zwischen dem Laserstrahl und dem laseradditiv aufgebauten Stahlwerkstoff (vgl. Abschnitt 2.1.1) untersucht. Die orthogonale Bearbeitung erfolgt unter Mikrobetrachtung der laseradditiv hergestellten Oberflächenstruktur und der durch die Lasersubtraktion entstehenden Oberflächengüte. Im Folgenden wird das Versuchsvorgehen erläutert, und die entsprechenden Untersuchungsergebnisse werden dargestellt.

5.3.2.1 Versuchsvorgehen

Mit den Untersuchungen soll ein Prozessfenster für den Standardprozess abgeleitet werden, innerhalb dessen Grenzen sich der verwendete Werkstoff mit seiner laseradditiven Oberfläche unter Berücksichtigung der Bewertungskriterien bearbeiten lässt. Zusätzlich wird der Einfluss der lasersubtraktiven Bearbeitung auf verschiedene Ausgangsoberflächen laseradditiv hergestellter Proben betrachtet. Die Entwicklung zur subtraktiven Nachbearbeitung an 2D-Bauteilen in Form von Flachproben ist methodisch in drei aufeinander folgende Schritte gegliedert.

Für einen erfolgreichen lasersubtraktiven Vorgang muss eine Mindestenergie (vgl. Abschnitt 2.2.2) in die abzutragende Werkstückoberfläche eingebracht werden, deren Wert zur Beurteilung der Wechselwirkung zwischen Laser und Werkstoff im ersten Schritt ermittelt werden soll. Diese Betrachtung erfolgt anhand von drei Versuchsreihen, die sich in der Form des Laserabtrags unterscheiden und hinsichtlich ihrer Eignung für den Einsatz auf laseradditiv erzeugten Oberflächen bewertet werden sollen. Dabei werden sowohl übliche Einzelpulse [257] zur Bestimmung der Abtragschwelle ϕ_{th} als auch Linien mit einer Abtragschicht sowie Kavitäten quadratischer Grundfläche $A_{S,LS}$ von 4×4 mm² mit 100 Abtragschichten n_{LS} untersucht. Jede Versuchsreihe wird unter Variation der Pulsenergie E_P durchgeführt, die neben dem Fokusdurchmesser $d_{f,LS}$ maßgeblich für die Fluenz F_P ist. Dazu wird der Pumpstrom $I_{PS} = \{10\ \%, 20\ \%, 30\ \%, 40\ \%, 50\ \%, 60\ \%, 70\ \%, 80\ \%\}$ in acht Stufen von 10 bis 80 % eingestellt. Die Untersuchung der Einzelpulse erfolgt mit einer Pulsfrequenz f_P von 100 kHz sowie einer Scangeschwindigkeit $v_{s,LS}$ von 8 m/s. Dies gewährleistet, dass keine Pulsüberdeckungen auftreten, um die abgetragenen Pulsdurchmesser $d_{P,LS}$ auswerten zu können. In der zweiten Versuchsreihe wird die Scangeschwindigkeit $v_{s,LS}$ auf 2 m/s reduziert, um die Pulsabstände zu verringern. Dadurch werden überlappende Pulse als Linien abgetragen, wobei die mittlere Linienbreite $B_{L,LS}$ als Auswertegröße dient. An den abgetragenen Kavitäten können neben der mittleren Schichtdicke D_{LS} zur Bestimmung der Abtragschwelle ϕ_{th} bereits erste Oberflächenrauheiten in Abhängigkeit des Pumpstroms I_{PS} aufgenommen werden. In allen drei Versuchsreihen wird das Abtragverhalten an laseradditiv hergestellten Flachproben mit zwei unterschiedlichen Oberflächentypen untersucht. Die erste Oberfläche weist den typischen unbehandelten Charakter mit einer Ausgangsrauheit von $S_a = 5{,}0 \pm 0{,}8$ µm auf. Zweitere Oberfläche wurde nach dem Aufbau geschliffen und verfügt über eine geringere Rauheit von $S_a = 1{,}2 \pm 0{,}1$ µm. Daher ermöglicht die Untersuchung sowohl eine Beurteilung der lasersubtraktiven Bearbeitbarkeit der laseradditiv aufgebauten Oberflächen als auch eine Einschätzung über den Effekt der Nachbearbeitung.

Als zweiten Schritt erfolgt die Ermittlung eines Bereichs optimaler Parametereinstellungen unter Betrachtung der Energieverteilung innerhalb einer Abtragschicht. Dabei wird der Zielkonflikt zwischen Abtragqualität und -produktivität berücksichtigt und als Kriterien für die Auswertung die Oberflächenrauheit S_a und die Abtragrate VR_{LS} herangezogen. Für diese Betrachtung werden die aus dem vorherigen Entwicklungsschritt bekannten

Kavitäten mit einer Gesamtschichtanzahl n_{LS} von 100 abgetragen. Dabei werden in zwei Versuchsreihen jene Parameter ausgewählt und miteinander kombiniert, die neben dem Pumpstrom I_{PS} den vermeintlich größten Einfluss auf das Abtragergebnis haben (vgl. Abschnitt 2.2.2). Als zu variierende Laserparameter werden der Spurabstand SA, die Scangeschwindigkeit $v_{s,LS}$, die Pulsfrequenz f_P sowie der aus den beiden letzten Größen resultierende Pulsabstand PA betrachtet. In der ersten Versuchsreihe wird der Einfluss des Spurabstands untersucht. Jener Abstand SA = {15 µm, 20 µm, 22 µm, 25 µm, 27 µm, 30 µm, …, 45 µm} wird im Bereich von 15 bis 45 µm in zwölf Stufen eingestellt, während die Pulsfrequenz f_P = {100 kHz, 114 kHz, 138 kHz, 160 kHz, 200 kHz} von 100 bis 200 kHz in fünf Stufen variiert wird. Insgesamt ergeben sich für diese Untersuchungsreihe 60 Kombinationen. Für die Versuchsreihe zur Ermittlung des optimalen Pulsabstands leiten sich 49 Parametereinstellungen ab, indem die Scangeschwindigkeit $v_{s,LS}$ = {2 m/s, 3 m/s, 4 m/s, 5 m/s, 6 m/s, 7 m/s, 8 m/s} in sieben Stufen von 2 bis 8 m/s und die Pulsfrequenz f_P = {91 kHz, 100 kHz, 111 kHz, 125 kHz, 143 kHz, 167 kHz, 200 kHz} von 91 bis 200 kHz in sieben Stufen miteinander kombiniert werden. Aus dieser Parameterkombination errechnet sich ein betrachteter Pulsabstand PA von 10 bis 88 µm. Da beim Laserstrahlabtragen zur Umsetzung nahezu ebener Oberflächen üblicherweise Spur- $SÜ$ und Pulsüberdeckungen $PÜ$ größer als 50 % verwendet werden (vgl. Abschnitt 2.2.2.) [114, 159], erfolgt die Wahl der Laserparameter in den angegebenen Intervallen. In den vorliegenden zwei Untersuchungen der Abstandsvariation resultieren bei einem tatsächlich abgetragenen Pulsdurchmesser $d_{P,LS}$ von 60 µm eine maximale Spurüberdeckung $SÜ$ von 75 % (vgl. Gleichung 2.9) und eine Pulsüberdeckung $PÜ$ von bis zu 83 % (vgl. Gleichung 2.8).

Im abschließenden dritten Schritt soll der Einfluss des Einstrahlwinkels α_{EW} auf die Maßhaltigkeit der Kavitäten aufgezeigt werden, da Freiformflächen laseradditiv gefertigter Bauteile sehr komplex aufgebaut sein können und daher eine orthogonale Zugänglichkeit des Laserstrahls nicht immer gewährleistet ist. Es erfolgt eine Analyse der Maßabweichungen ΔH_{LS} von abgetragenen Kavitäten bei Einstrahlwinkeln von α_{EW} = {0°, 5°, 10°, …, 85°} in 18 Stufen von 0° bis 85°. Die unter orthogonalem Lasereinstrahlwinkel (α_{EW} = 0°) abgetragene Tiefe der Kavität H_{LS} dient in diesem Schritt als Referenz.

5.3.2.2 Ergebnisse

Im Folgenden sind die Ergebnisse der orthogonalen Bearbeitung dargestellt. Zur Ermittlung der Abtragschwelle sind bei allen drei Versuchsreihen im untersuchten Pumpstrombereich Beeinflussungen der Probenoberflächen erkennbar. Abbildung 5.23 zeigt Auszüge der abgetragenen Einzelpulse und Linien auf beiden untersuchten Oberflächentypen. Die Analyse der abgetragenen Pulse in Abbildung 5.23.a zeigt, dass die beeinflusste Oberflächenregion unabhängig von der Ausgangsoberfläche mit steigendem Pumpstrom größer wird. Auf der unbehandelten Oberfläche nehmen die Pulskraterdurchmesser $d_{P,LS}$ von durchschnittlich 30 (I_{PS} = 10 %) über 64 (I_{PS} = 50 %) auf 67 µm (I_{PS} = 80 %) zu. Im selben Pumpstrombereich vergrößert sich der Durchmesser $d_{P,LS}$ auf der geschliffenen Oberfläche von 40 über 74 auf 92 µm. Auf der laseradditiv aufgebauten Flachprobe im unbehandelten Zustand sind die Pulskrater bei allen untersuchten Pumpströmen ungleichmäßig ausgeprägt. Im Gegensatz dazu ist der Abtrag auf der geschliffenen Oberfläche gleichmäßig. Die Pulskrater werden in gleichmäßigen Abständen kreisförmig mit einem typischen Schmelzrand abgetragen. Diese Beobachtung spiegelt sich auch in den abgetragenen Linien in Abbildung 5.23.b wider, deren Breite jeweils den Durchmessern der einzeln ab-

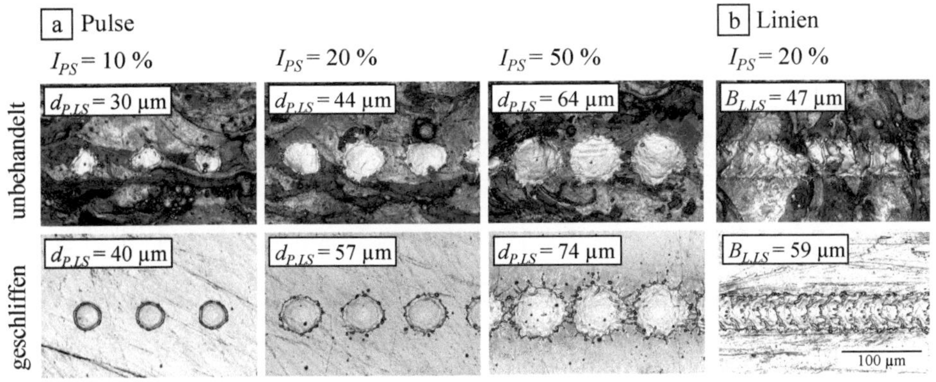

Laserparameter I_{PS} = 10 – 80 %, f_P = 100 kHz, $v_{s,LS}$ = {(a) 8 m/s, (b) 2 m/s}, α_{EW} = 0° | Belichtung n_{LS} = 1

Abbildung 5.23: Ermittlung der Abtragschwelle auf unbehandelten und geschliffenen laseradditiv gefertigten Flachproben; (a) Pulse, (b) Linien

getragenen Pulskrater entspricht. Während die Linienform auf der unbehandelten Oberfläche unregelmäßig mit Unterbrechungen erscheint, ist sie auf der geschliffenen Oberfläche gleichförmig.

Die Untersuchungen des Abtrags auf der unbehandelten und der geschliffenen Oberfläche zeigen, dass die Wechselwirkung zwischen Werkstück und Laserstrahl bei einmaliger Laserüberfahrt stark von der Oberflächenbeschaffenheit der Flachprobe abhängt. Auf der geschliffenen ebenen Oberfläche kann der Laserstrahl besser einkoppeln als auf der unbehandelten Oberfläche mit höherer Ausgangsrauheit. Deswegen fällt der Abtrag im ersten Fall gleichmäßiger aus. Durch prozesstypische Unebenheiten der laseradditiv erzeugten Oberfläche in z-Richtung kann es zu einer Defokussierung des Laserstrahls kommen. Darüber hinaus können Teilflächen der Gesamtoberfläche aufgrund von Schmelzspuren geneigt oder mit konkaven Partikelanhaftungen versehen sein, sodass ein senkrechter Laserstrahleinfall verhindert und die Absorption negativ beeinflusst wird. Dies führt zu Verzerrungen der Pulskrater und auch der Linien. Bei einmaliger Überfahrt über eine unbehandelte laseradditive Oberfläche mit dem resultierenden ungleichförmigen Abtrag ist es schwierig, eine klare Aussage über die Abtragschwelle des Werkstoffs zu treffen. Es empfiehlt sich, das Abtragverhalten an mehr als einer Schicht zu beurteilen und Kavitäten mit mehreren Schichten abzutragen. Auf diese Weise sollte es möglich sein, den direkten Einfluss der Lasersubtraktion auf den Werkstoff zu untersuchen und gleichzeitig sicherzustellen, dass die ursprüngliche Oberfläche keinen Einfluss mehr auf den resultierenden Abtrag ausübt.

Das Ergebnis der entsprechenden Untersuchung, die mit einem Spurabstand SA von 20 µm durchgeführt wurde, ist in Abbildung 5.24 gezeigt. Dargestellt ist die Abtragrate VR_{LS} (vgl. Gleichung 2.10) in Abhängigkeit des Pumpstroms I_{PS} und der Oberflächenart. Im untersuchten Pumpstrombereich zeigt die Abtragrate VR_{LS} bei beiden Oberflächentypen einen linearen Anstieg bei annähernd identischer Lage. Sie beträgt etwa 0,1 mm³/min bei einem Pumpstrom I_{PS} von 10 % und steigt auf 7 mm³/min bei einem Pumpstrom I_{PS} von 80 % an. Durch Extrapolation der Messwerte kann die Abtragschwelle ermittelt werden, die für die unbehandelte Oberfläche bei einem Pumpstrom I_{PS} von 8 % und für die geschliffene Oberfläche bei einem Pumpstrom I_{PS} von 5 % liegt. Dies entspricht, bei einem in diesem Pumpstrombereich durch Strahlvermessung ermittelten Fokusradius $r_{f,LS}$ von 16,5 µm, ei-

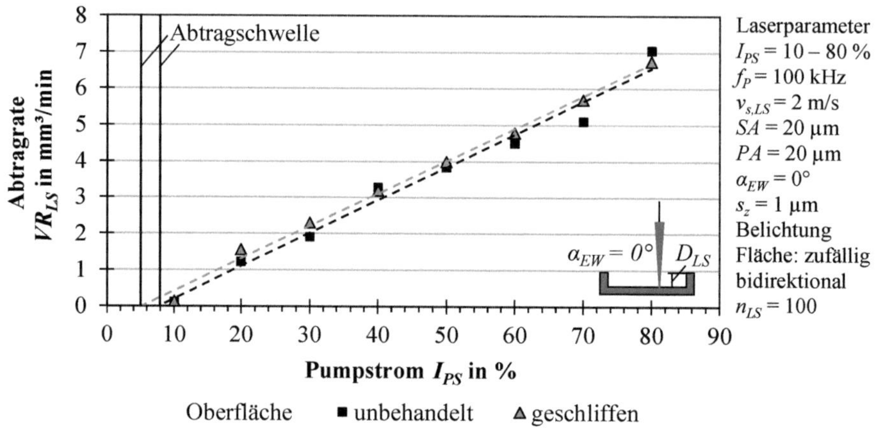

Abbildung 5.24: Abtragrate von laseradditiv gefertigten Proben in Abhängigkeit des Pumpstroms zur Ermittlung der Abtragschwelle und des Abtragverhaltens

ner Energiedichte F_P (vgl. Gleichung 2.6) von 4,8 bzw. 7,1 J/cm². Diese Werte stimmen mit Literaturangaben überein (vgl. Abschnitt 2.2.2).

Die Abweichungen der Abtragraten beider Oberflächen sind kleiner als die Standardabweichungen der mittleren Abtragtiefen der unbehandelten Oberfläche, wobei in die Berechnung der Abtragraten nur die gemittelten Abtragtiefen anhand der durchschnittlichen Schichttiefen einfließen. Bei einer Anzahl von hundert abgetragenen Schichten kann daher von einem gleichartigen Abtragverhalten auf beiden Oberflächen ausgegangen werden, sodass die Ausgangsoberfläche vernachlässigbar ist. Das bei einmaliger Laserüberfahrt auf den unterschiedlichen Ausgangsoberflächen abweichende Abtragverhalten relativiert sich. Daher kann auch anhand der Flachproben mit den anfänglich unbehandelten Oberflächen die reine Laser-Material-Wechselwirkung ohne Beeinflussung durch die prozesstypische Ausgangsrauheit beobachtet werden.

Abbildung 5.25 macht deutlich, dass das identische Abtragverhalten mit einer Angleichung der Oberflächenbeschaffenheit während der Lasersubtraktion einhergeht. Hierbei werden Aufnahmen der Ausgangsoberflächen mit denen der Kavitäten verglichen, die mit $I_{PS} = \{10\ \%, 30\ \%, 50\ \%, 80\ \%\}$ abgetragen worden sind. Sowohl auf der unbehandelten als auch auf der geschliffenen Oberfläche sind im untersuchten Pumpstrombereich Einflüsse durch den Laserstrahlabtrag erkennbar. Bei einem Pumpstrom I_{PS} von 10 % prägen die Ausgangsoberflächen maßgeblich das optische Erscheinungsbild. Spätestens jedoch bei einem Pumpstrom I_{PS} von 30 % erfolgt eine Angleichung durch eine Homogenisierung der Oberflächenstruktur, die bis zum maximal untersuchten Pumpstrom I_{PS} von 80 % bestehen bleibt.

Um diesen Ausgleich sowohl in der Abtragtiefe als auch visuell zu erreichen, müssen die ersten Oberflächenschichten der unbehandelten Flachproben einem erhöhten Abtrag ausgesetzt sein. Dieser Mechanismus wird von Curran et al. mit einer vergrößerten Einwirkungsfläche bei gleichzeitig erhöhtem Reflexionsverhalten der Laserstrahlung begründet [258]. Nach dem Abtrag der ersten Schichten erfährt die Oberfläche in allen nachfolgenden Schichten einen deutlich gleichmäßigeren Abtrag. Im vorliegenden Fall genügen hundert Laserüberfahrten, um den stark variierenden Laserabtrag in den Anfangsschichten der unbehandelten Oberfläche zu kompensieren. Dadurch ergibt sich unabhängig von der Ausgangsoberfläche ein identisches Abtragverhalten.

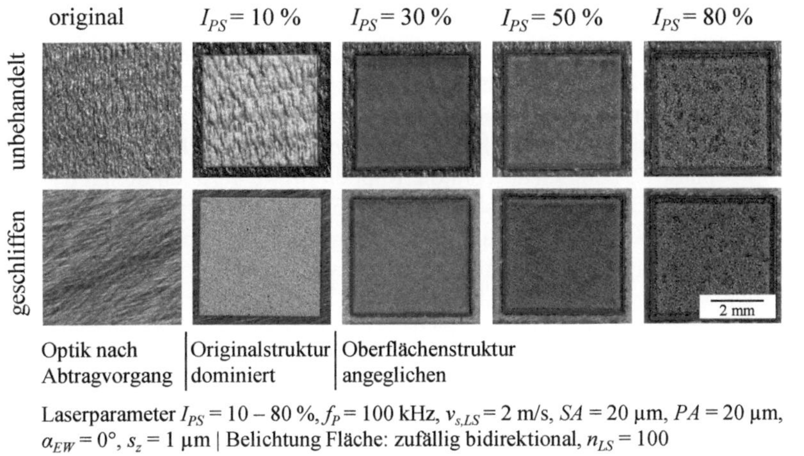

Abbildung 5.25: orthogonal abgetragene Kavitäten auf unbehandelten und geschliffenen laseradditiv gefertigten Flachproben

Der visuelle Eindruck wird durch die Messung der Oberflächenrauheit unterstrichen. Abbildung 5.26 zeigt hierzu den Einfluss des Pumpstroms I_{PS} auf die mittlere arithmetische Höhe S_a der beiden untersuchten Ausgangsoberflächen. Im untersuchten Pumpstrombereich liegt die Oberflächengüte S_a zwischen 2,3 und 13,4 µm. Bei Verwendung des geringsten Pumpstroms weisen die unbehandelte und die geschliffene Ausgangsfläche Werte von S_a = 5,3 ± 0,8 µm bzw. S_a = 3,1 ± 0,3 µm auf. Mit steigendem Pumpstrom nähern sich die Oberflächenrauheiten aufgrund des zuvor beschriebenen Mechanismus an und erreichen bei einem Pumpstrom I_{PS} von 30 % ihre Minimalwerte von jeweils S_a = 2,3 ± 0,2 µm. Die Rauheitswerte steigen mit zunehmender Pulsenergie, und bei einem Pumpstrom I_{PS} von 80 % belaufen sie sich schließlich auf Werte von S_a = 13,4 ± 2,1 µm bzw. S_a = 12,3 ± 3,3 µm. Da die Mittelwerte beider Oberflächen innerhalb der Standardabweichungen der jeweils anderen Oberfläche bleiben, sind selbst an der oberen Pumpstromgrenze keine eindeutigen Unterschiede in den abgetragenen Rauheiten zu erkennen.

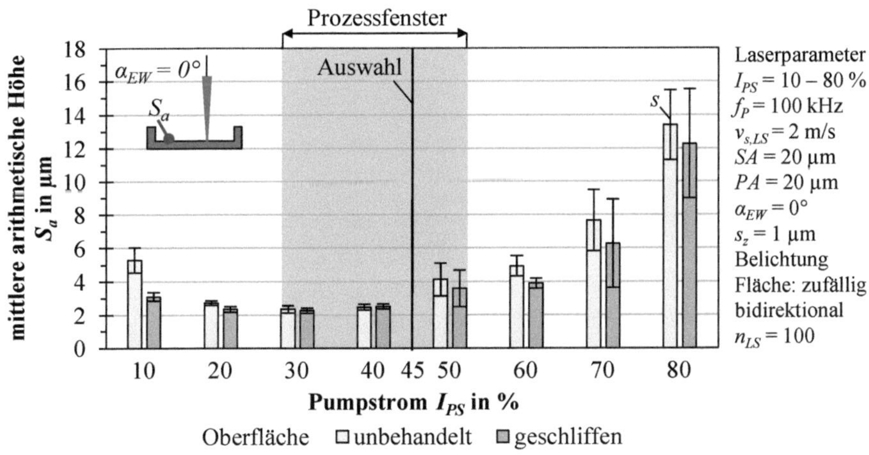

Abbildung 5.26: mittlere arithmetische Höhe unter orthogonaler Lasereinstrahlung in Abhängigkeit vom Pumpstrom

Die Rauheitswerte bei einem Pumpstrom I_{PS} von 10 % unterscheiden sich nur geringfügig von den Ausgangsrauheiten (vgl. Abschnitt 5.3.2.1). In diesem Bereich findet hauptsächlich ein Umschmelzen der Oberfläche statt, jedoch kein relevanter Abtrag. Bei einem Pumpstrom I_{PS} zwischen 20 und 50 % verbessert sich die Oberflächengüte, begleitet von einer ansteigenden Abtragrate VR_{LS} bis zu 4 mm³/min (vgl. Abbildung 5.24). Bis zum Pumpstrom I_{PS} von 80 % nehmen sowohl die Rauheitswerte als auch die Abtragrate zu. In diesem Spannungsfeld zwischen Qualität und Produktivität muss ein Kompromiss zwischen möglichst hoher Oberflächengüte und Abtragrate gefunden werden. Für die orthogonale Bearbeitung empfiehlt sich als Prozessfenster ein Pumpstrom I_{PS} zwischen 30 und 50 %. Hier bewirkt der Laserstrahlabtrag eine Verbesserung der Rauheit gegenüber dem Ausgangszustand, und gleichzeitig kann der Pumpstrom für eine wirtschaftlich relevante Abtragrate möglichst hoch gewählt werden. Basierend auf den bisherigen Erkenntnissen wird daher für die weitere orthogonale Bearbeitung ein Pumpstrom I_{PS} von 45 % festgelegt.

Um eine innerhalb der Abtragschicht variierende Energieverteilung und deren Einfluss auf das Abtragergebnis zu beurteilen, sind in Abbildung 5.27 die Abtragrate VR_{LS} und die mittlere arithmetische Höhe S_a in Abhängigkeit vom Spurabstand SA dargestellt. Diese Untersuchung wird durch Variation der Pulsfrequenz f_P mit Pulsabständen PA von 20 bis 40 µm und konstanter Scangeschwindigkeit $v_{s,LS}$ von 4 m/s durchgeführt. Im betrachteten Spurabstandsbereich steigt die Abtragrate mit zunehmendem Spurabstand an. Sie reicht von VR_{LS} = 3,6 mm³/min beim kleinsten Spurabstand bis maximal VR_{LS} = 11,4 mm³/min. Zudem verdeutlicht die Abbildung, dass die Abtragrate mit sinkendem Pulsabstand zunimmt. Die Rauheitswerte S_a liegen im Bereich von 2,2 bis 8,1 µm und nehmen tendenziell mit steigendem Spurabstand zu. Bei kleinen Spurabständen SA bis 20 µm streut die

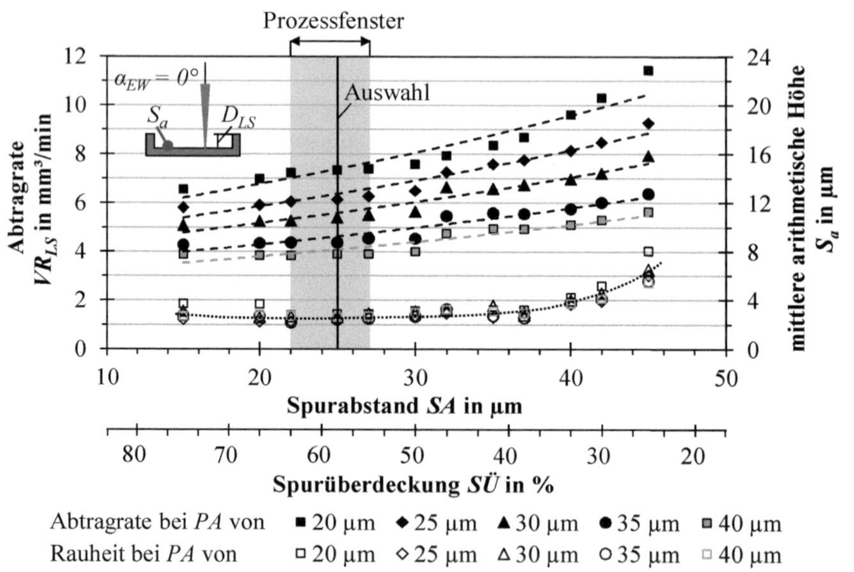

Laserparameter I_{PS} = 45 %, f_P = 100 – 200 kHz, $v_{s,LS}$ = 4 m/s, SA = 15 – 45 µm, PA = 20 – 40 µm, α_{EW} = 0°, s_z = 1 µm | Belichtung Fläche: zufällig bidirektional, n_{LS} = 100

Abbildung 5.27: Abtragrate und mittlere arithmetische Höhe in Abhängigkeit vom Spurabstand

Rauheit S_a zwischen 2,2 und 2,9 µm. Konstant unter 2,5 µm liegt die Rauheit S_a bei Spurabständen SA zwischen 22 und 27 µm und steigt an, bis sie bei einem Spurabstand SA von 40 µm Werte S_a über 4 µm erreicht.

Unter Berücksichtigung von Qualität und wirtschaftlicher Effizienz des Abtragergebnisses empfiehlt sich für die orthogonale Laserbearbeitung eine Energieverteilung in der Fläche, bei der der Spurabstand SA zwischen 22 und 27 µm beträgt. Innerhalb dieser Spanne, in der die Spurüberdeckung bei einem abgetragenen Pulsdurchmesser $d_{P,LS}$ von 60 µm Werte $SÜ$ von 55 bis 64 % aufweist, ist die Oberflächengüte bei gleichzeitig geringster Streuung am höchsten. Die Abtragraten VR_{LS} sind in diesem kleinen Bereich unabhängig vom Spurabstand und nehmen je nach Pulsabstand nahezu konstante Werte zwischen 3,9 und 7,4 mm³/min an. Für die weiteren Untersuchungsschritte wird daher aus diesem Bereich ein Spurabstand SA von 25 µm gewählt, der rechnerisch eine Überdeckung $SÜ$ von 58 % besitzt.

Die Untersuchung zur zweiten Dimension der flächenhaften Energieverteilung ist in Abbildung 5.28 dargestellt. Sie zeigt die Abtragrate VR_{LS} sowie die mittlere arithmetische Höhe S_a in Abhängigkeit vom Pulsabstand PA. Die Einstellung des Pulsabstands erfolgt durch die Variation der Scangeschwindigkeit $v_{s,LS}$ von 2 bis 8 m/s bei Pulsfrequenzen f_P zwischen 91 und 200 kHz. Dabei ergeben sich Abtragraten VR_{LS} im Bereich von 2,6 bis 7,8 mm³/min, die bei konstanter Scangeschwindigkeit mit abnehmendem Pulsabstand ansteigen. Im selben Parameterbereich bewegt sich die Rauheit S_a zwischen 2,3 und 10,7 µm. Bei einem Pulsabstand PA von 15 bis 45 µm bildet sich ein Boden aus, bei dem die Rauheiten S_a unter 4 µm liegen. Größere und kleinere Pulsabstände führen zu deutlich zunehmenden Rauheitswerten.

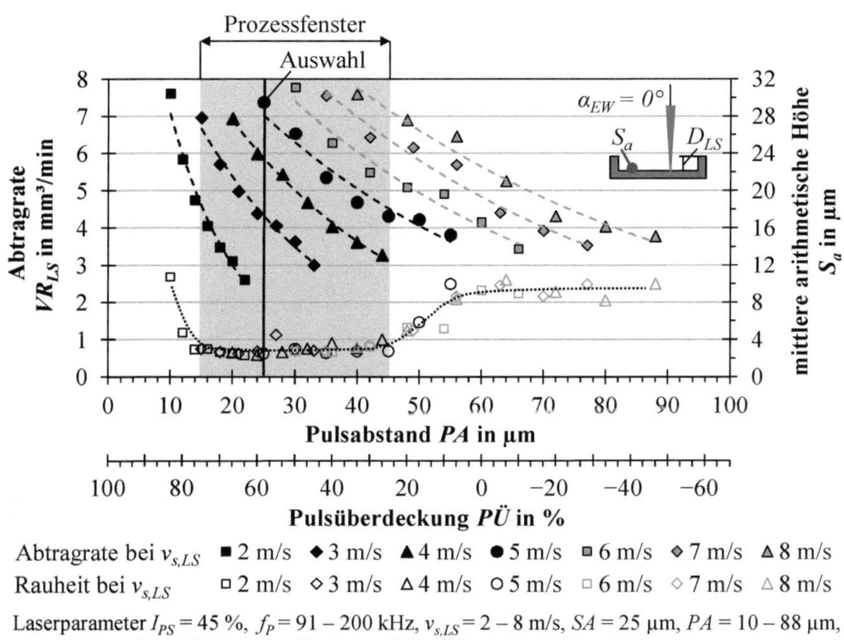

Abbildung 5.28: Abtragrate und mittlere arithmetische Höhe in Abhängigkeit vom Pulsabstand

Die Untersuchung hebt die Grenzen hervor, außerhalb derer sowohl eine zu hohe als auch eine zu niedrige Pulsdichte zu deutlich erhöhten Rauheitswerten führt. Innerhalb dieser Grenzen hingegen tritt eine Bodenbildung der Rauheit ein. In einem Bereich *PA* von 15 bis 45 µm können die Pulsabstände bei dem fixen Spurabstand *SA* von 25 µm eingestellt werden, ohne dass nennenswerte Rauheitssteigerungen auftreten. In diesem Kontext toleriert die Spurüberdeckung *SÜ* von 58 % eine vermeintlich ungleichmäßige Energieverteilung von errechneten Pulsüberdeckungen *PÜ* zwischen 25 und 75 %. Die Rauheitswerte ergeben sich in diesem Bereich bei unterschiedlich hohen Abtragraten, das heißt bei unterschiedlichen Scangeschwindigkeiten und Pulsfrequenzen. Insbesondere Scangeschwindigkeiten $v_{s,LS}$ von 3 und 4 m/s erzeugen Rauheiten S_a unter 4 µm über den gesamten Pulsfrequenzbereich. Um einen wirtschaftlichen Abtrag bei gleichzeitig hoher Oberflächengüte zu erreichen, wird eine Scangeschwindigkeit $v_{s,LS}$ von 4 m/s bei einer Pulsfrequenz f_P von 160 kHz gewählt. Unter diesen Parametern, bei denen neben dem Spurabstand folglich auch der Pulsabstand *PA* 25 µm beträgt (vgl. Gleichung 2.7), bildet sich bei einer abgetragenen Schichtdicke D_{LS} von 1 µm eine mittlere arithmetische Rauheit S_a von 2,3 µm aus. Die resultierende Abtragrate VR_{LS} beläuft sich in diesem Fall auf 6 mm³/min.

Da die Zugänglichkeit der laseradditiv hergestellten Oberfläche bei komplexen Realbauteilen nicht immer unter einem orthogonalen Einstrahlwinkel gegeben sein muss, wird die Toleranz des Einstrahlwinkels hinsichtlich Maßhaltigkeit und Oberflächenrauheit untersucht. Abbildung 5.29 verdeutlicht die resultierende relative Maßabweichung ΔH_{LS} und die mittlere arithmetische Höhe S_a in Abhängigkeit vom Einstrahlwinkel α_{EW}. Dabei sind die bekannten Kavitäten mit den ermittelten Einstellparametern abgetragen worden. Als Referenz für die Maßabweichungen dient die mit einem Einstrahlwinkel α_{EW} von 0° abgetragene Tiefe H_{LS}.

Der Abbildung ist zu entnehmen, dass die Schwankungen ΔH_{LS} um den Referenzwert bis zu einem Einstrahlwinkel α_{EW} von 40° zwischen +1 und −8 % liegen, bei einer maximalen Standardabweichung *s* von 1 %. Mit zunehmendem Einstrahlwinkel steigt die Abweichung ΔH_{LS} bis auf −63 % bei einem Einstrahlwinkel α_{EW} von 80° an, bis bei α_{EW} von 85°

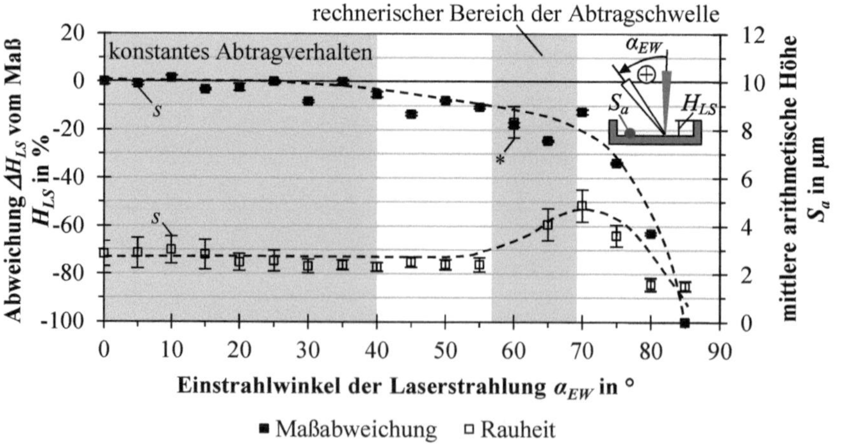

Laserparameter I_{PS} = 45 %, f_P = 160 kHz, $v_{s,LS}$ = 4 m/s, *SA* = 25 µm, *PA* = 25 µm, α_{EW} = 0° – 85°, s_z = 1 µm | Belichtung Fläche: zufällig bidirektional, n_{LS} = 100 | *wellenförmiges Umschmelzen S_a ↑

Abbildung 5.29: Maßabweichung und Oberflächenrauheit in Abhängigkeit vom Einstrahlwinkel

kein weiterer Abtrag mehr stattfindet. Die mittlere arithmetische Höhe S_a liegt bei Einstrahlwinkeln α_{EW} bis 55° zwischen 2,3 und 3,0 µm, mit Standardabweichungen s von 0,2 bis 0,6 µm. Bei Winkeln α_{EW} über 55° steigt die Oberflächenrauheit sprunghaft auf einen Wert S_a von 8,3 µm, begleitet von ansteigenden Standardabweichungen.

Die ab einem Einstrahlwinkel α_{EW} von 45° zunehmend sinkende Abtragtiefe bei gleichzeitiger Zunahme der Maßabweichung resultiert aus einer Verringerung der Energiedichte des abtragenden Laserspots aufgrund der Vergrößerung der Fokusfläche. In diesem Zusammenhang steigt ab einem Einstrahlwinkel α_{EW} von 60° auch die mittlere arithmetische Rauheit an, da die Oberfläche ab diesem Winkel von wellenartigen Formationen überzogen ist. Das heißt, dass die eingebrachte Energie nicht mehr ausreicht, um den Werkstoff vollständig in den gasförmigen Zustand zu versetzen. Es erfolgt zunehmend ein reines Aufschmelzen des Werkstoffs, begleitet von einer Wellenbildung durch das Treiben der Schmelze durch den Laserstrahl und die Erstarrung der Schmelze. Die abnehmende Tiefe sowie die steigende Rauheit deuten darauf hin, dass sich der Prozess der Abtragschwelle nähert. Werden die aus Abbildung 5.24 ermittelten Werte für die Energieschwelle hinzugezogen, so wird diese bei Einstrahlwinkeln α_{EW} zwischen 57° und 69° erreicht. Dies wird durch das beobachtete Abtragverhalten bestätigt. Ab einem Einstrahlwinkel α_{EW} von 80° findet schließlich keine messbare Beeinflussung der Oberflächenrauheit mehr statt. Diese Untersuchung verdeutlicht, dass das Abtragverhalten unter Berücksichtigung von Maßabweichung und Oberflächenrauheit bis zu einem Einstrahlwinkel α_{EW} von maximal 40° als konstant betrachtet werden kann. Die Bearbeitung von laseradditiv hergestellten Oberflächen toleriert eine notwendige Laseranstellung α_{EW} bis maximal 40° bezogen auf die Orthogonale zur Abtragschicht.

Zusammenfassend lässt sich feststellen, dass das Abtragen von Kavitäten auf ebenen Proben eine objektive Bewertung der reinen Laser-Werkstoff-Wechselwirkung unabhängig von der Ausgangsoberfläche ermöglicht. Durch die orthogonale Laserbearbeitung kann eine Verbesserung der Oberflächenqualität S_a laseradditiv hergestellter Oberflächen auf bis zu 2,3 µm erreicht werden. Als Maß für die Produktivität ergibt sich eine Abtragrate VR_{LS} von 6 mm³/min. In der Übersicht zeigt die Tabelle 5.9 die zugrundeliegenden Prozessparameter für die Umsetzung dieser Kenngrößen. Darüber hinaus zeigt die Untersuchung, dass bei eingeschränkter Zugänglichkeit der Oberfläche der Einstrahlwinkel α_{EW} maximal 40° von der Orthogonalen abweichen kann, ohne dass dies wesentliche Änderungen im Ablationsverhalten zur Folge hat.

Tabelle 5.9: Prozessparametersatz zur orthogonalen Lasernachbearbeitung laseradditiv gefertigter Oberflächen

Parameter	Symbol	Einheit	Wert
Einstrahlwinkel	α_{EW}	°	0
Pulsfrequenz	f_P	kHz	160
Pumpstrom	I_{PS}	%	45
Scangeschwindigkeit	$v_{s,LS}$	m/s	4
Spurabstand	SA	µm	25
Zustellung	s_z	µm	1
Schraffur	–	–	zufällig

Reale laseradditiv hergestellte Bauteile zeichnen sich durch die Möglichkeit zur Erzeugung von Freiformflächen aus, was zu einer höheren geometrischen Komplexität als bei den untersuchten Flachproben führt. Die durchgeführten lasersubtraktiven Untersuchungen auf den ebenen Proben decken Betrachtungen zur Mikrostruktur laseradditiv aufgebauter Oberflächen ab. Damit sind sie für reale Bauteile auf mikroskopischer Ebene repräsentativ, jedoch nicht auf geometrischer Ebene. Die geometrische Sicht wird anhand des Kriteriums der Maßhaltigkeit abgebildet. Wenn dieses Kriterium nicht erfüllt ist, weist das laseradditiv hergestellte Bauteil positive oder negative Maßabweichungen auf, die fertigungsbedingt in den verschiedenen Raumrichtungen über das gesamte Bauteil hinweg variieren. Unter der Voraussetzung, dass nur positive Maßabweichungen auftreten, lassen sich diese mithilfe der lasersubtraktiven Fertigung korrigieren, um das Zielmaß zu erreichen. Dieser Sachverhalt ist in Abbildung 5.30 skizziert.

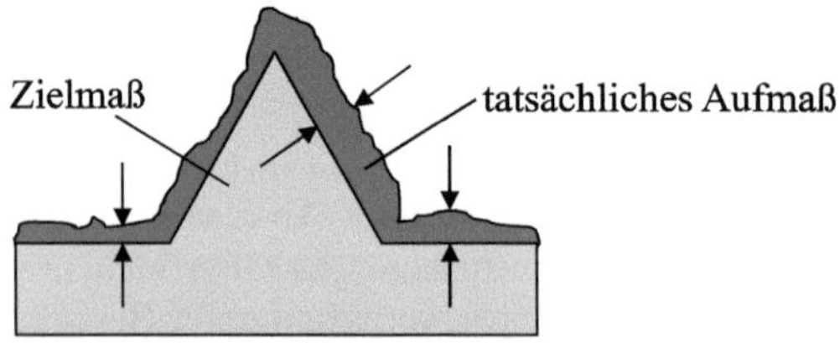

Abbildung 5.30: Änderung der Maßabweichung entlang des laseradditiv gefertigten Bauteils

Dazu muss für den orthogonalen Abtragprozess das gesamte tatsächlich abzutragende Volumen sowie die Lage des Nullpunkts auf der Oberfläche vor Bearbeitungsbeginn eindeutig bestimmt sein, um insbesondere die Anzahl der abzutragenden Schichten mit definierter Schichtdicke einstellen zu können. Bisherige Untersuchungen basieren auf dem Prinzip, dass die Abtragschichten stets parallel zur Oberfläche verlaufen und die Führung des Laserstrahls entlang dieser Schichten stattfindet (vgl. Abschnitt 2.2.4). Ist jedoch die exakte Bauteilgeometrie vor dem Abtragen nicht bekannt, da die Bauteiloberfläche nach der additiven Fertigung nicht vermessen wird, ist auch die exakte Definition des abzutragenden Volumens aus der Differenz von Ist- und Zielmaß sowie die Festlegung des Nullpunkts nicht möglich. Damit ist das orthogonale Bearbeitungsprinzip grundsätzlich wenig geeignet, um Maßabweichungen entlang einer dreidimensionalen Kontur gezielt zu reduzieren und die Maßhaltigkeit zu verbessern. Stattdessen ist eine Vorgehensweise erforderlich, die sich ausschließlich am Zielmaß des Bauteils orientiert.

5.3.3 Angestellte Bearbeitung

In diesem Abschnitt wird daher der Ansatz verfolgt, den abtragenden Laserstrahl nicht orthogonal zur Bauteiloberfläche, sondern entlang der Oberfläche einzusetzen (Abbildung 5.31). Der Schwerpunkt der Entwicklung liegt dabei auf der lasersubtraktiven Bearbeitung von laseradditiv gefertigten 3D-Bauteilen unter geometrischen Gesichtspunkten. Im Vergleich zur orthogonalen Bearbeitung (Abbildung 5.31.a) verlaufen die Abtragschichten nicht mehr parallel, sondern senkrecht zur Zieloberfläche (Abbildung 5.31.b). Es werden mehr Schichten als üblich abgetragen, die wiederum über eine wesentlich geringere Breite verfügen. Dies hat den Vorteil, dass die resultierende Bauteilgeometrie durch die Abtragbreite, das heißt durch den Umkehrpunkt des Scanners, und nicht wie üblich durch die Abtragtiefe bestimmt wird.

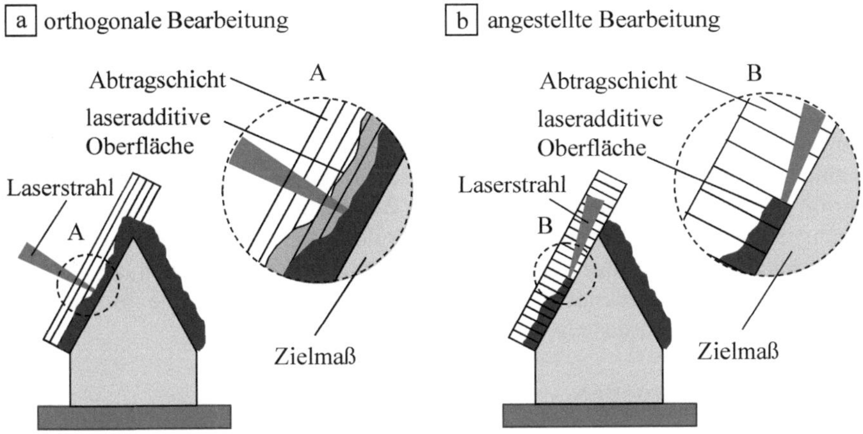

Abbildung 5.31: Vergleich unterschiedlicher subtraktiver Laserstrahlführung; (a) orthogonal, (b) angestellt

Abbildung 5.32.a zeigt, dass damit gegenüber der orthogonalen Bearbeitung die Abtragtiefe und -breite vertauscht sind und das abzutragende Volumen überdimensioniert ist. Dabei muss die Abtragbreite, die gleichzeitig der Schichtbreite entspricht, mindestens der größten Abweichung vom Zielmaß entsprechen. Die Anzahl der Schichten kann unter Berücksichtigung der Schichtdicke derart gewählt werden, dass mindestens das abzutragende Volumen entfernt wird. Bei geraden oder konvexen Konturen können einige Schichten mehr als nach CAD-Zielvorgabe erforderlich programmiert werden, um Fertigungsungenauigkeiten auszugleichen.

Bei dieser Bearbeitung ist in jeder Schicht ausschließlich die der Zielgeometrie zugewandte Seite der Schicht qualitätsbestimmend. Um gleichzeitig direkt entlang des Zielmaßes abtragen zu können und einen zusätzlichen Werkstoffabtrag durch Aufweitung und Abschattung des Laserstrahls zu vermeiden, ist für die sogenannte angestellte Bearbeitung ein Einstrahlwinkel α_{EW} von größer als 0° notwendig. Abbildung 5.32.b verdeutlicht diese Notwendigkeit im Vergleich zu einem orthogonal zur Oberfläche ausgerichteten Laserstrahl mit identischem Einstrahlwinkel. Während der Laserstrahl bei der angestellten Bearbeitung in einem sehr flachen Winkel auf die Oberfläche auftrifft und somit nur einen

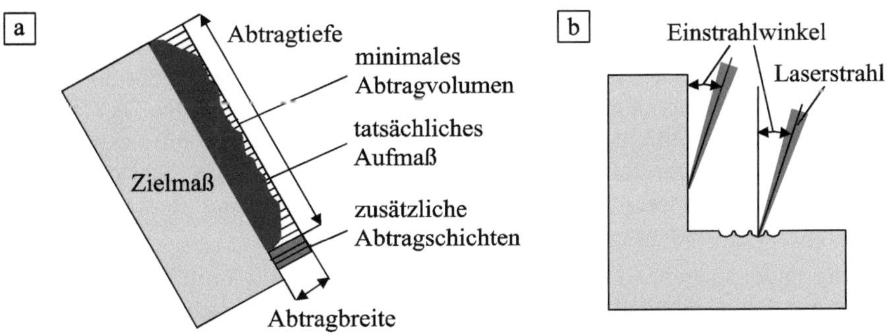

Abbildung 5.32: Abtragmethodik der angestellten Bearbeitung; (a) Abtragtiefe und -breite mit überdimensioniertem Abtragvolumen, (b) Effekt des Einstrahlwinkels auf die Bauteiloberfläche

geringen, jedoch glättenden Einfluss ausübt, ist die Oberflächenstruktur im zweiten Fall durch die für das Laserstrahlabtragen typischen Pulskrater gekennzeichnet.

Im Weiteren wird untersucht, inwieweit laseradditiv gefertigte 3D-Bauteile durch eine Bearbeitung angepasst an das Zielmaß prozessiert werden können. Das Ziel ist es, die Möglichkeiten einer Endbearbeitung für dreidimensionale, laseradditiv gefertigte Bauteile durch eine angestellte Laserstrahlung aufzuzeigen. Dabei wird eine gleichzeitige Verbesserung von Rauheit und Maßhaltigkeit in einem Bearbeitungsschritt angestrebt. In die Untersuchungen fließen die Erkenntnisse zur Wahl der Parameter und zur Begrenzung des Einstrahlwinkels aus der Prozessentwicklung der orthogonalen Bearbeitung ein (vgl. Abschnitt 5.3.2). Das entsprechende Versuchsvorgehen und die Ergebnisse sind in den beiden folgenden Abschnitten dargestellt.

5.3.3.1 Versuchsvorgehen

Im Rahmen der Untersuchungen wird ein Prozessfenster für die Endbearbeitung von laseradditiv gefertigten 3D-Bauteilen erarbeitet. Dabei erfolgt die Prozessentwicklung, indem der Einfluss ausgesuchter Parameter auf das Abtragergebnis in zwei Schritten untersucht wird. Die Ergebnisse werden separat nach den Qualitätskriterien Rauheit und Maßhaltigkeit sowie der Produktivität betrachtet. Für die Entwicklung werden 3D-Bauteile mit zwei bzw. drei aufeinandertreffenden Flächen herangezogen, die den laseradditiven Segmenten vom Typ A und C entsprechen (vgl. Abschnitt 5.1.2). Die Segmente verfügen an den abzutragenden Flächen über eine Bearbeitungszugabe BZ von 0,2 mm, deren Größe aus der Aufbaugenauigkeit des laseradditiven Teilprozesses abgeleitet worden ist (vgl. Abschnitt 5.2.3.3).

Im ersten Schritt werden zur Untersuchung der Rauheit und Maßhaltigkeit die Laserprozessparameter Einstrahlwinkel α_{EW} und Pumpstrom I_{PS} variiert. In einer ersten Versuchsreihe erfolgt diese Betrachtung anhand von Typ C mit zwei aufeinandertreffenden Flächen. Dabei wird mittels einer vollfaktoriellen Versuchsdurchführung der Einstrahlwinkel $\alpha_{EW} = \{0°, 5°, 7°, 10°, 12°, 15°, \ldots, 27°\}$ in zwölf Stufen von 0° bis 27° eingestellt. Analog zur orthogonalen Bearbeitung wird die untere Grenze auf $\alpha_{EW} = 0°$ gesetzt, während die obere Grenze für eine möglichst geringe Maßabweichung auf $\alpha_{EW} = 27°$ festgelegt wird, was unterhalb der maximal möglichen $\alpha_{EW} = 40°$ liegt (vgl. Abbildung 5.29). Der Pumpstrom $I_{PS} = \{30\,\%, 40\,\%, 50\,\%, 60\,\%, 70\,\%\}$ wird in fünf Stufen von 30 bis 70 % erhöht. Aufgrund der Erkenntnisse aus der orthogonalen Bearbeitung werden kleinere und größere Pumpströme nicht einbezogen, da der resultierende Abtrag entweder wirtschaftlich nicht relevant ist oder keinen Beitrag zur Verbesserung der Oberflächenrauheit leistet. Die Scangeschwindigkeit sowie die Pulsfrequenz und damit auch der Pulsabstand werden aus dem Prozessparametersatz für die Orthogonalbearbeitung übernommen (vgl. Tabelle 5.9). Gleiches gilt für den Spurabstand. Auch die Strahlführung innerhalb der Abtragschicht bleibt für diese Versuche unverändert bidirektional mit zufälliger Schraffur. Insgesamt ergeben sich 70 Parameterkombinationen aus Einstrahlwinkel und Pumpstrom, mit denen das abzutragende Volumen lasersubtraktiv entfernt wird.

Der Abtrag findet ausgehend von der Referenzebene statt. Das Vorgehen ist in Abbildung 5.33.a für den Typ C dargestellt, der von zwei Seiten mit einem beispielhaften Zielwinkel β_Z von 54° und einer Zielhöhe H_Z von 1 mm abgetragen wird. Sämtliche Ziel- und Messgrößen sind den Abschnitten 5.1.2 und 5.2.1 zu entnehmen. Das jeweilige Abtragvolumen verfügt über eine Abtraglänge L_{LS} von 4 mm, eine Abtragtiefe H_{LS} von 1 mm sowie eine Abtragbreite B_{LS} von 0,2 mm. Die Zustellung s_z beträgt, angepasst an die aus der orthogo-

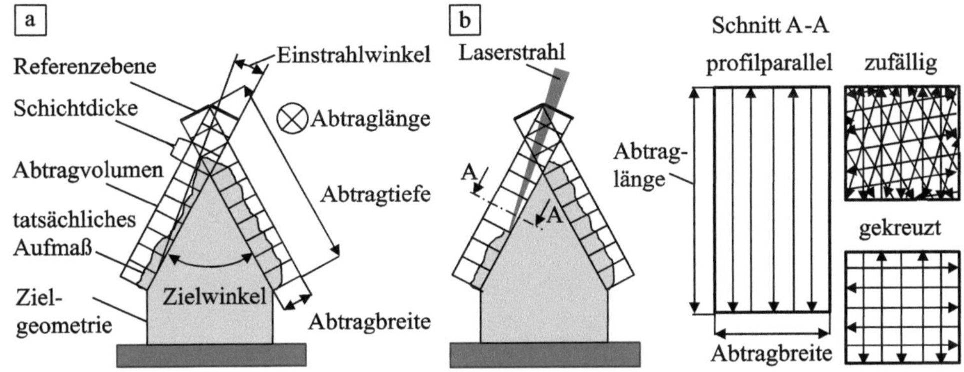

Abbildung 5.33: Vorgehen zur angestellten Bearbeitung; (a) Stellgrößen, (b) Belichtungsstrategien

nalen Laserbearbeitung bekannten Schichtdicke D_{LS}, in jeder Abtragschicht 1 µm. Damit liegt die abzutragende Schichtanzahl n_{LS} bei 1000.

Über den reinen Einfluss der variierten Laserparameter hinaus erfolgt innerhalb des ersten Untersuchungsschritts eine detaillierte Analyse weiterer Faktoren auf die Ausprägung der Oberflächenrauheit. Zum einen wird am Typ C der Einfluss der Strahlführung von Abtragschicht zu Abtragschicht anhand von drei unterschiedlichen Belichtungsstrategien untersucht (Abbildung 5.33.b), die beim orthogonalen Laserstahlabtragen von Kavitäten bereits Anwendung finden (vgl. Abschnitt 2.2.2) und auf eine angestellte Bearbeitung übertragen werden sollen. Für die Untersuchungen wird eine Schraffur verwendet, bei der die Laservektoren parallel zur Oberfläche der laseradditiven Segmente verlaufen, sowie eine zufällige Orientierung der Laservektoren und eine Kreuzschraffur mit abwechselnden Winkeln von 0° und 90°. Zum anderen erfolgt aufgrund der Besonderheit, dass laseradditiv hergestellte Oberflächen abhängig von der Flächenorientierung zur Bauplattform unterschiedliche Rauheiten ausbilden (vgl. Abschnitt 5.2.3.2), eine Untersuchung, in der der Einfluss der abtragenden Bearbeitung auf die Oberflächenrauheit bei unterschiedlicher Ausgangsrauheit analysiert wird. Dazu findet ein Abtrag dreier unterschiedlich orientiert aufgebauter Flächen von 0°, 63° und 90° unter konstanten Laserparametern statt.

Als abschließende Versuchsreihe im ersten Schritt sollen die gewonnenen Erkenntnisse hinsichtlich der Prozessführung zum Laserstrahlabtragen zweier aufeinandertreffender Flächen auf drei aufeinandertreffende Flächen übertragen werden. Die Übertragbarkeit wird am Segmenttyp C überprüft, indem der Einstrahlwinkel $\alpha_{EW} = \{0°, 8°, 15°\}$ in drei Stufen von 0° bis 15° eingestellt wird. Alle übrigen Parameter bleiben konstant. Das Segment verfügt über zwei Zielwinkel $\beta_{1,Z}$ und $\beta_{2,Z}$ von 90°, eine Zielhöhe H_Z von 2 mm sowie eine Zielbreite B_Z von 0,7 mm. Analog zum Typ A werden eine Abtraglänge L_{LS} von 4 mm und eine Abtragbreite B_{LS} von 0,2 mm abgetragen. Aufgrund der Segmentgeometrie mit drei zu bearbeitenden Flächen ergeben sich zwei Abtragvolumina mit den Abtragtiefen H_{LS} von 2 mm, die vertikal an dem Segment verlaufen, und ein Volumen mit einer Abtragtiefe H_{LS} von 0,7 mm, das horizontal am Segment ausgerichtet ist.

Ausgehend von der bereits ermittelten Abtragrate VR_{LS} von 6 mm³/min (vgl. Abschnitt 5.3.2.2) werden im zweiten Schritt Möglichkeiten der Produktivitätssteigerung bei der angestellten Bearbeitung von 3D-Bauteilen betrachtet. Um dem Zielkonflikt gerecht zu werden, werden die Bewertungsgrößen der Qualität mit einbezogen. Der Einfluss auf das Abtragergebnis wird durch eine Erhöhung der Zustellung untersucht. Um Schichtdicken D_{LS} größer als 1 µm abtragen zu können und weiterhin eine Laserbearbeitung im Fokus zu ermöglichen, wird der Pumpstrom angepasst. Die mit dem verwendeten Lasersystem erreichbaren Schichtdicken hängen von der maximalen Pulsenergie ab, die sich aus der Grenze der Laserparameter ergibt. Es soll die Frage beantwortet werden, inwieweit die Produktivität des Prozesses gesteigert werden kann und wie sich diese Steigerung auf die Qualitätsparameter auswirkt.

5.3.3.2 Ergebnisse

Nachfolgend sind die Ergebnisse der angestellten Bearbeitung für die Bewertungskriterien Rauheit und Maßhaltigkeit sowie für den Aspekt der Produktivität dargestellt. Zur Bewertung der erzielbaren Oberflächenrauheit wird eine laseradditive Oberfläche mit einem Referenzwert von $S_a = 14{,}9 \pm 2{,}4$ µm für die dreieckigen Segmenttypen zugrunde gelegt. Abbildung 5.34 verdeutlicht die Abhängigkeit der mittleren arithmetischen Höhe S_a vom Einstrahlwinkel α_{EW} und vom Pumpstrom I_{PS}. Es ist zu erkennen, dass die Oberflächenrauheit mit steigendem Einstrahlwinkel zunimmt. Bei allen betrachteten Pumpströmen streut die Rauheit insbesondere bei Einstrahlwinkeln α_{EW} von größer als 20° und erreicht einen Maximalwert von $S_a = 8{,}1 \pm 2{,}7$ µm. Unabhängig vom Pumpstrom werden bei Einstrahlwinkeln α_{EW} bis einschließlich 10° Rauheitswerte S_a von maximal 2 µm erreicht. Unterhalb α_{EW} von 7° weist die Rauheit S_a eine geringere Streuung und die niedrigsten Werte zwischen 0,9 und 1,4 µm auf, weswegen dieser Bereich hinsichtlich der Oberflächengüte als Prozessfenster deklariert wird.

Je größer der Einstrahlwinkel ist, desto ähnlicher wird der Abtragprozess der orthogonalen Bearbeitung, bei der die einzelnen Laserpulse nebeneinander auf der Oberfläche platziert werden. Dies führt zu hohen Rauheitswerten, wobei sich der Effekt bei höheren Pumpströmen verstärkt. Sobald der Einstrahlwinkel α_{EW} unter 7° sinkt, erfolgt die Strahlführung annähernd parallel zur Oberfläche. In diesem für die Rauheit optimalen Bereich trifft der Laser lateral auf das Bauteil auf, sodass diese an den Umkehrpunkten des Scanners geglättet wird.

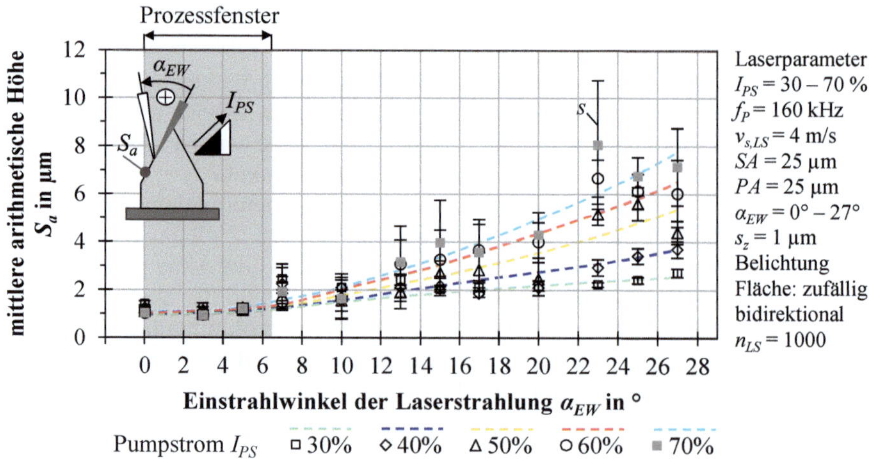

Abbildung 5.34: mittlere arithmetische Höhe in Abhängigkeit vom Einstrahlwinkel

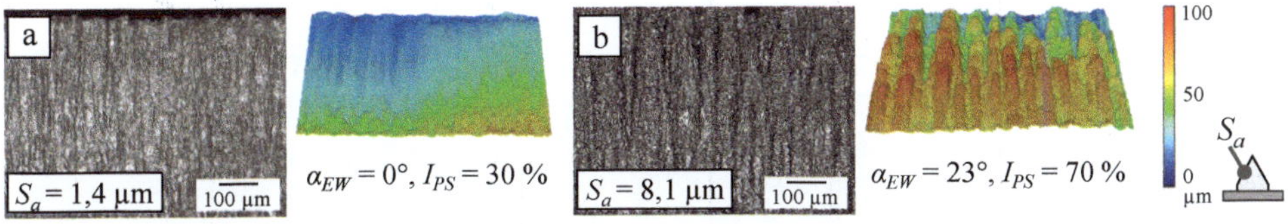

Laserparameter I_{PS} = 30 – 70 %, f_P = 160 kHz, $v_{s,LS}$ = 4 m/s, SA = 25 µm, PA = 25 µm, α_{EW} = 0° – 27°, s_z = 1 µm | Belichtung Fläche: zufällig bidirektional, n_{LS} = 1000

Abbildung 5.35: Beschaffenheit der lasersubtraktiv bearbeiteten Oberflächen bei (a) niedrigem und (b) hohem Rauheitswert

Abbildung 5.35 unterstreicht die Ergebnisse der Rauheitsuntersuchung. Optisch ist der deutliche Einfluss der Laserparameter auf die Rauheit erkennbar. Die Oberflächenrauheit ist für Einstrahlwinkel α_{EW} von weniger als 7° und den kleinsten betrachteten Pumpstrom minimal. Durch den lateralen Einfall des Laserstrahls beträgt S_a = 1,4 ± 0,1 µm bei einem Einstrahlwinkel α_{EW} von 0° und einem Pumpstrom I_{PS} von 30 % (Abbildung 5.35.a). Eine Vergrößerung des Winkels und des Pumpstroms führt hingegen zu ausgeprägten vertikalen Rillen auf der Oberfläche, die die Rauheitswerte negativ beeinflussen. Die maximale Rauheit wird bei einem Einstrahlwinkel α_{EW} von 23° und dem höchsten Pumpstrom I_{PS} von 70 % gemessen (Abbildung 5.35.b).

Der Einfluss der Belichtungsstrategie auf die mittlere arithmetische Höhe S_a ist in Abbildung 5.36 dargestellt. Um Abschattungen zu vermeiden, sind die Flächen mit einem Einstrahlwinkel α_{EW} von 8° bei einem Pumpstrom I_{PS} von 50 % bearbeitet worden. Unabhängig von der Lage der Vektoren führt der Abtrag zu einer Verbesserung der Oberflächenqualität bei einer gleichzeitigen Verringerung der Streuung. Bei einer zufälligen Anordnung der Laservektoren in der Abtragschicht wird die höchste Oberflächengüte mit einem Wert von S_a = 1,7 ± 0,3 µm erreicht, gefolgt von S_a = 2,0 ± 0,4 µm als Resultat der profilparallelen Belichtung. Die gekreuzte Anordnung der Vektoren erzeugt eine Oberflächenrauheit in Höhe von S_a = 7,7 ± 1,5 µm.

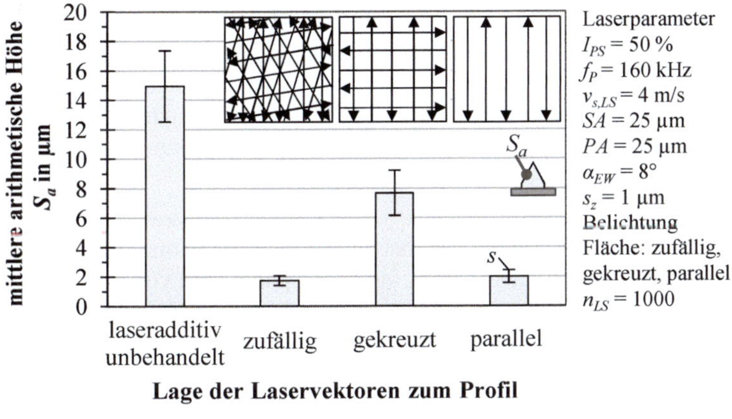

Abbildung 5.36: Einfluss der lasersubtraktiven Belichtungsstrategie auf die Oberflächenrauheit

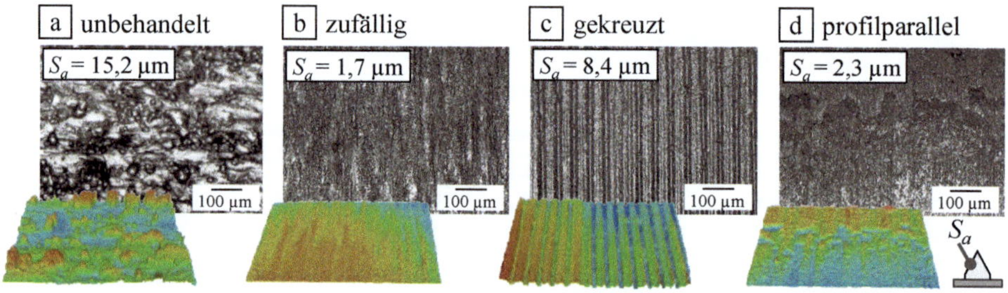

Abbildung 5.37: Oberflächengestalt und Höhenbild vor und nach der lasersubtraktiven Bearbeitung; (a) unbehandelt, (b) zufällig, (c) gekreuzt und (d) profilparallel belichtet

Eine Homogenisierung der unbehandelten Ausgangsoberfläche (Abbildung 5.37.a) lässt sich besonders dann erreichen, wenn die Laservektoren innerhalb einer Schicht zufällig verteilt sind und beim Auftreffen auf das Bauteil kleinste Werkstoffmengen unter beliebig wechselnden Winkeln abtragen (Abbildung 5.37.b). Nach dem Stand der Technik weist der Abtrag mit orthogonaler Prozessführung auch bei zufälliger Belichtung die beste Oberflächenqualität auf (vgl. Abschnitt 2.2.2). Somit lassen sich die bisherigen Erkenntnisse auf die laterale Bearbeitung übertragen. Eine ähnliche Oberflächengüte ergibt sich, wenn die Laservektoren dem Verlauf des Bauteilprofils folgen (Abbildung 5.37.d). Diese Strahlführung ist vergleichbar mit den bekannten Randschnitten (vgl. Abschnitt 2.2.3), die beim Flächenabtrag eingesetzt werden. Bei der profilparallelen Bearbeitung werden die Vorteile der Randschnitte genutzt, indem Umkehrbewegungen des Lasers direkt an der Werkstückoberfläche ausgeschlossen sind. Im Gegensatz zu den ersten beiden Strategien bildet sich bei der gekreuzten Belichtung eine Oberfläche mit einem mindestens vierfach höheren Rauheitswert aus. Diese Rauheit resultiert aus einem Oberflächenprofil mit charakteristischen Rillen, deren Ausprägung durch die identische Lage der Laservektoren in jeder einzelnen Abtragschicht systematisch verstärkt wird (Abbildung 5.37.c).

Abbildung 5.38 verdeutlicht den Einfluss der lasersubtraktiven Nachbearbeitung auf die Rauheit unterschiedlich orientierter Oberflächen bei zufälliger Belichtung. Die Ausgangsrauheiten S_a liegen im Bereich von 9,4 bis 14,9 µm bei Standardabweichungen s zwischen 1,9 und 2,8 µm. Durch die lasersubtraktive Bearbeitung verringert sich die Rauheit S_a für alle Oberflächen auf Werte zwischen 1,7 und 2,4 µm mit Standardabweichungen s von 0,2 bis 0,3 µm.

Der Laserabtrag führt sowohl hinsichtlich des Rauheitsniveaus als auch der Streuung zu einer deutlichen Verbesserung der Oberflächengüte. Er homogenisiert die anfänglich um 5,5 µm variierenden Rauheitswerte S_a auf eine Spannweite von nur noch 0,7 µm. Die Bewegung der translatorischen und rotatorischen Maschinenachsen ermöglicht die exakte Positionierung der Versuchskörper im Scanfeld, sodass die Zugänglichkeit des Laserstrahls sowie seine fokussierte Führung relativ zum Profil des laseradditiven Segments gegeben sind. Somit wirkt der Laserstrahl während des Abtragprozesses identisch auf die unterschiedlich rauen Oberflächen ein und entfernt die typischen Oberflächenmerkmale der laseradditiven Fertigung. Daraus lässt sich ableiten, dass die durch die lasersubtraktive Nachbearbeitung erzielten Oberflächenrauheiten unabhängig von der Ausgangsrauheit erreicht werden.

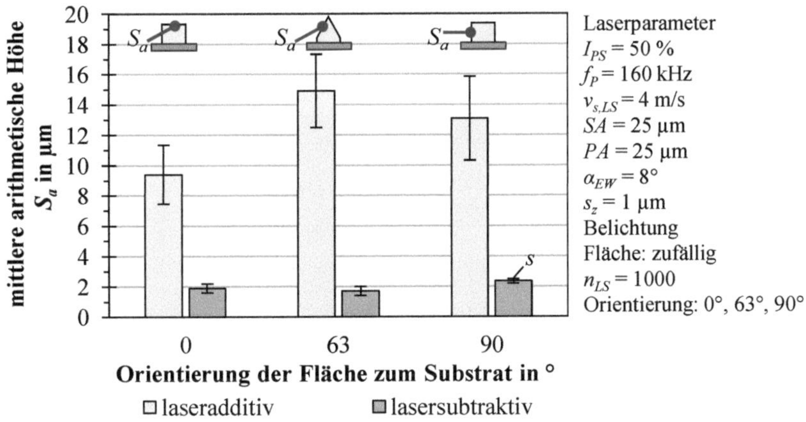

Abbildung 5.38: Einfluss der angestellten Bearbeitung auf Flächen verschiedener Ausgangsrauheit

Zusammenfassend lässt sich festhalten, dass sowohl die untersuchten laserbezogenen Parameter Einstrahlwinkel und Pumpstrom als auch die Lage der Laservektoren die Rauheit der laseradditiv gefertigten Oberflächen beeinflussen. Durch die angestellte Bearbeitung kann insbesondere bei Einstrahlwinkeln α_{EW} bis 10° und einer zufälligen Belichtungsstrategie eine Oberflächenglättung bis zu einem Rauheitswert von S_a = 1,7 ± 0,3 µm erreicht werden. Dabei ist die durch die lasersubtraktive Nacharbeit erzielte Oberflächengüte unabhängig von der Orientierung der Fläche zum Substrat und damit auch unabhängig von der Ausgangsrauheit. Die Rauheitswerte, die durch die angestellte Laserbearbeitung erreicht werden, entsprechen mindestens denen der orthogonalen Bearbeitung (vgl. Abschnitt 5.3.2.2). Daher gilt die erstgenannte Abtragmethode als vorteilhaft für die Nachbearbeitung laseradditiv gefertigter Oberflächen und sollte vorzugweise angewendet werden. Für die weiteren Untersuchungen wird die Zufallsbelichtung als Standard festgelegt.

Die Untersuchungsergebnisse zur Maßhaltigkeit für alle Segmenttypen sind in den folgenden Abbildungen dargestellt, wobei zwischen der Bearbeitung von zwei aufeinandertreffenden Flächen beim dreieckigen Typ und drei aufeinandertreffenden Flächen beim viereckigen Typ unterschieden wird. Der Einfluss des Einstrahlwinkels α_{EW} und des Pumpstroms I_{PS} auf den Bauteilwinkel β zwischen zwei benachbarten Flächen ist in Abbildung 5.39 dargestellt. Es ist ersichtlich, dass höhere Pumpströme bei gleichem Einstrahlwinkel zu einem kleineren Bauteilwinkel führen. Unabhängig vom Pumpstrom wird der Zielwinkel β_Z bei Einstrahlwinkeln α_{EW} zwischen 7° und 17° erreicht. In diesem Prozessfenster, in dem Abweichungen $\Delta\beta_Z$ von 0° möglich sind, liegen die Abweichungen $\Delta\beta_Z$ maximal bei −9° und +14°. Bei Einstrahlwinkeln α_{EW} kleiner als 7° ergibt sich immer ein zu großer Bauteilwinkel, bei Einstrahlwinkeln α_{EW} ab 20° immer ein zu kleiner Bauteilwinkel.

Eine detaillierte Betrachtung des Prozessfensters zeigt Abbildung 5.40. Diese veranschaulicht für Einstrahlwinkel α_{EW} im Bereich von 7° bis 17° die Abhängigkeit des Bauteilwinkels β vom Pumpstrom I_{PS} anhand der erzielten Spannweiten R_β des Laserstrahlabtrags. Für den Pumpstrom I_{PS} von 30 % zeigen sich unabhängig vom Einstrahlwinkel α_{EW} die größten Spannweiten R_β in Höhe von 7 bis 11 %, die grundsätzlich im positiven Abweichungsbereich liegen und damit einen zu großen Bauteilwinkel kennzeichnen. Bei höhe-

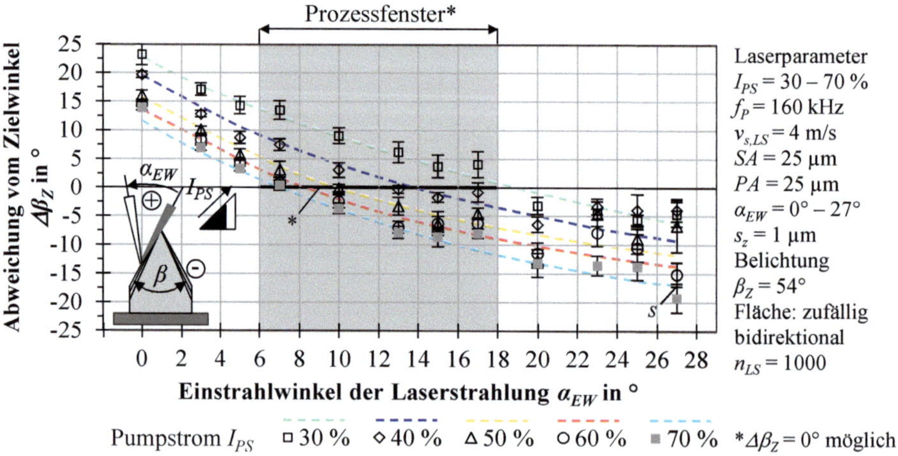

Abbildung 5.39: Einfluss des Einstrahlwinkels auf den Winkel zwischen zwei benachbarten Flächen

ren Pumpströmen I_{PS} von 60 und 70 % sind die Spannweiten R_β geringer und liegen alle im Bereich von 5 %. In diesem Pumpstrombereich ergibt sich entweder ein Winkelübermaß bei einem Einstrahlwinkel α_{EW} von 7° oder ein Winkeluntermaß, wenn der Laserstrahl mit einem Winkel α_{EW} von mindestens 10° auf die Oberfläche trifft. Ein Abtrag mit mittlerem Pumpstrom I_{PS} von 40 bis 50 % führt zu den geringsten Abweichungen sowohl im Betrag der Spannweite als auch in deren Lage zum Zielmaß. Insbesondere bei Einstrahlwinkeln α_{EW} von 10° bei einem Pumpstrom I_{PS} von 50 % bzw. von 13° bei einem Pumpstrom I_{PS} von 40 % ergeben sich Spannweiten R_β von nur noch 3 %. Diese schneiden zudem die Nulllage, sodass das Zielmaß innerhalb der Spannweite liegt.

Bei konstantem Einstrahlwinkel sinkt der resultierende Bauteilwinkel mit steigendem Pumpstrom, da die Pulsenergie und damit der Abtrag pro Puls zunimmt. Gleichzeitig führt eine Vergrößerung des Einstrahlwinkels bei konstantem Pumpstrom zu einer kleineren Wirkfläche des Laserspots auf der Bauteiloberfläche. Damit nimmt die Energiedichte zu, was einen höheren Materialabtrag pro Puls und einen kleineren Bauteilwinkel zur Folge

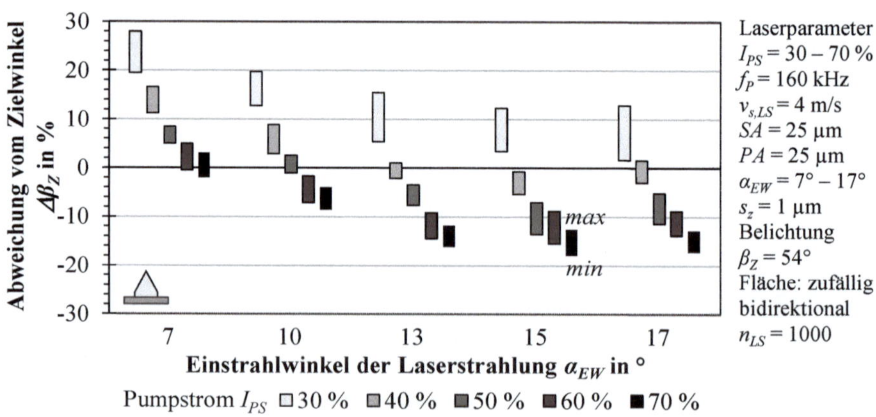

Abbildung 5.40: Einfluss des Einstrahlwinkels auf den Bauteilwinkel innerhalb des Prozessfensters

hat. Das Grundprinzip zur Ausbildung des Bauteilwinkels an der dreidimensionalen Struktur gleicht der Erzeugung senkrechter Wände beim Abtragen zweidimensionaler Kavitäten (vgl. Abschnitt 2.2.3). Bei der Übertragung des lasersubtraktiven Prozesses auf dreidimensionale Bauteile entspricht die Seitenfläche der abgetragenen Dreiecke der Seitenwand der im Stand der Technik beschriebenen Kavität. Analog zur Prozessführung an der Kavität muss auch für das Dreieck der Einstrahlwinkel derart gewählt werden, dass Abschattungseffekte ausgeschlossen sind, damit der resultierende Bauteilwinkel der Vorgabe aus dem CAD-Modell entsprechen kann.

Den Einfluss des Einstrahlwinkels der Laserstrahlung α_{EW} und des Pumpstroms I_{PS} auf die Höhe H des Segmenttyps C stellt Abbildung 5.41 dar. Es wird deutlich, dass die gewünschte Höhe H_Z von 1 mm unabhängig vom Pumpstrom I_{PS} mit Einstrahlwinkeln α_{EW} von 7° bis 17° erreicht werden kann. In diesem Bereich, der mit möglichen Abweichungen ΔH_Z von 0 µm als Prozessfenster bezeichnet wird, liegen die maximalen Abweichungen vom Zielmaß ΔH_Z zwischen −59 und +47 µm. Kleinere Winkel α_{EW} zwischen 0° und 5° führen unabhängig vom Pumpstrom zu einem zu hohen Bauteil mit Abweichungen ΔH_Z von +54 bis +102 µm. Ab einem Einstrahlwinkel α_{EW} von 20° ist ein maßhaltiges Bauteil ohne negative Abweichung vom Zielmaß ΔH_Z nur noch für den kleinsten untersuchten Pumpstrom I_{PS} von 30 % möglich. Gegenüber flacheren Einstrahlwinkeln nimmt in diesem Winkelbereich die Streuung der mit unterschiedlichen Pumpströmen erzielbaren Höhen deutlich zu.

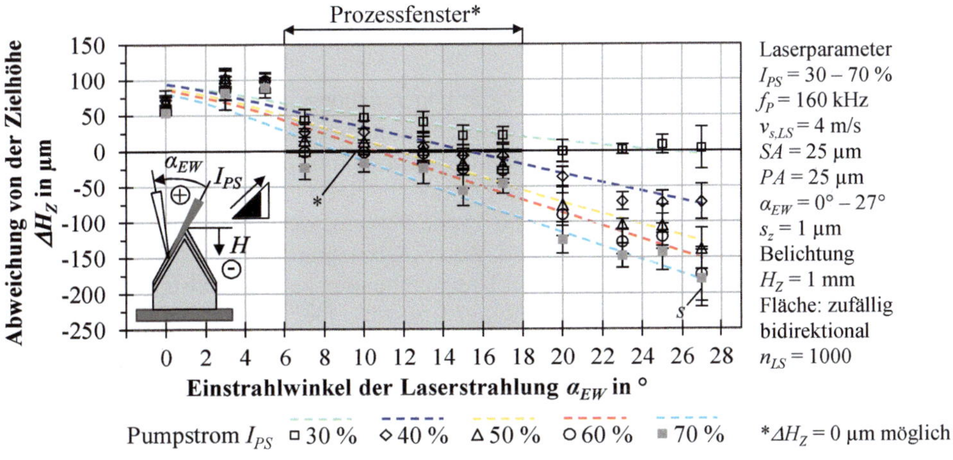

Abbildung 5.41: Einfluss des Einstrahlwinkels auf die Höhe bei zwei benachbarten Flächen

Abbildung 5.42 zeigt eine genaue Betrachtung des Prozessfensters, in dem die Messergebnisse den Höhenvorgaben entsprechen. Im gesamten Einstrahlwinkelbereich liegen alle Spannweiten R_H zwischen 3 und 6 % der Höhe H_Z. Unabhängig vom Einstrahlwinkel führen Pumpströme I_{PS} von 30 bzw. 70 % ausschließlich zu positiven bzw. negativen Höhenabweichungen. Bei Pumpströmen I_{PS} von 40 und 60 % ergeben sich abhängig vom Einstrahlwinkel sowohl Höhenspannweiten, die die Nulllage einschließen, als auch solche, die ausschließlich im Bereich eines Über- oder Untermaßes liegen. Die mit einem Pumpstrom I_{PS} von 50 % abgetragenen laseradditiven Segmente weisen über den gesamten Winkelbereich Spannweiten auf, die das Zielmaß einschließen. In diesem Fall beträgt die Spannweite R_H durchgehend 5 % der Höhenvorgabe H_Z.

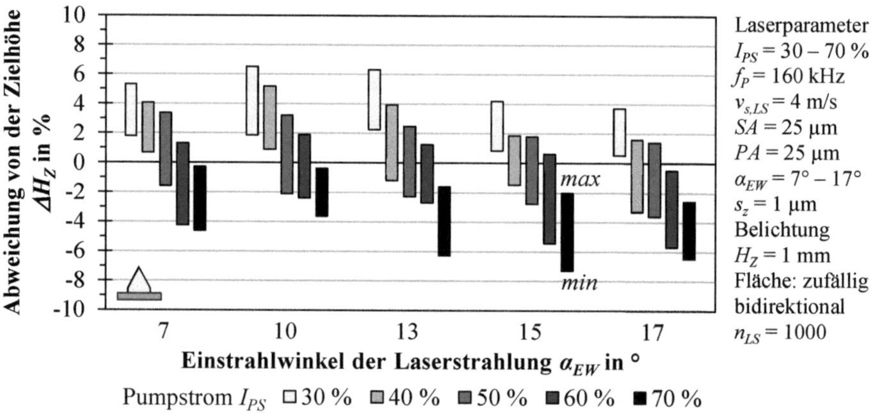

Abbildung 5.42: Einfluss des Einstrahlwinkels auf die Bauteilhöhe innerhalb des Prozessfensters

Die beiden vorangegangenen Abbildungen verdeutlichen, dass die Höhe mit steigenden Pumpströmen und Einstrahlwinkeln abnimmt. Dies ist auf einen Wärmestau und damit vereinfachten Abtrag im Bereich der Dreiecksspitze zurückzuführen, der durch einen erhöhten Energieeintrag bei steigender Pulsenergie und eine gleichzeitig abnehmende Einwirkfläche des Laserstrahls entsteht. Daher ist bei der Wahl der Parameter und der Prozessführung darauf zu achten, mit möglichst niedrigem Energieeintrag oberhalb der Abtragschwelle abzutragen.

Der Segmenttyp C dient als Referenz für die Untersuchung des Abtragverhaltens zweier benachbarter Flächen. Da die senkrecht zum Substrat stehenden Seiten dieses Typs nicht abgetragen worden sind, wird der Einfluss der lasersubtraktiven Fertigung auf die Maßhaltigkeit der Breite an Typ A untersucht. Die notwendige Führung des Laserstrahls während des Breitenabtrags stimmt bei beiden Typen überein, weswegen von einer Übertragbarkeit der Ergebnisse ausgegangen wird. Zur Eingrenzung der Versuchsanzahl werden die Ergebnisse aus den vorangegangenen Untersuchungen zur Maßhaltigkeit berücksichtigt und die bewährten Parametereinstellungen genutzt. Der Abtrag des Vierecktyps erfolgt bei Einstrahlwinkeln α_{EW} von 8° und 15° in Relation zu einer Einstrahlung α_{EW} von 0°. Weiterhin wird der Pumpstrom I_{PS} auf 50 % eingestellt, da dieser Wert nachweislich Abtragspannweiten für den Bauteilwinkel und die Bauteilhöhe ermöglicht, die das jeweilige Zielmaß einschließen.

Abbildung 5.43 zeigt die Abweichungen von den Zielmaßen der Höhe ΔH_Z, der Breite ΔB_Z und des Bauteilwinkels $\Delta\beta_Z$. Die Nachbearbeitung mit einem Einstrahlwinkel α_{EW} von 0° führt zu den größten Abweichungen bei allen Messgrößen. Bei diesem Einstrahlwinkel weicht die Höhe H um ΔH_Z von −3 bis +4 % und die Breite B um ΔB_Z von −5 bis +54 % vom Zielmaß ab. Der Winkel β weist Maßabweichungen $\Delta\beta_Z$ von −3 bis +14 % auf. Im Gegensatz dazu sind sämtliche Abweichungen bei Einstrahlwinkeln α_{EW} von 8° und 15° wesentlich geringer und unterscheiden sich untereinander kaum. Sowohl bezüglich der Lage zum Zielmaß ΔH_Z und $\Delta\beta_Z$ als auch vom Betrag R_H und β_B belaufen sich die Abweichungen auf maximal 2 %. Die Spannweite der Breite R_B beträgt 4 % bei einem Einstrahlwinkel α_{EW} von 8° und 3 % bei einem Einstrahlwinkel α_{EW} von 15°.

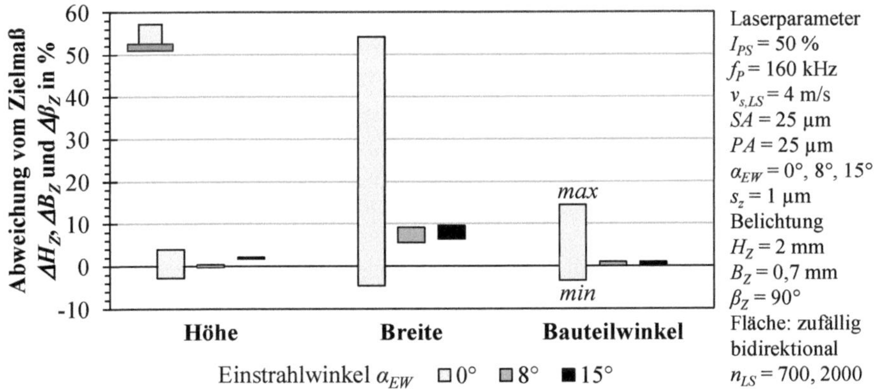

Abbildung 5.43: Einfluss des Einstrahlwinkels auf die Maßhaltigkeit dreier benachbarter Flächen

Die dargestellten Messergebnisse veranschaulicht Abbildung 5.44 anhand exemplarischer Querschliffe für die untersuchten Einstrahlwinkel α_{EW}. Es ist ersichtlich, dass die erheblichen Abweichungen bei einem Einstrahlwinkel α_{EW} von 0° auf gleichmäßig ausgeprägte Wandwinkel γ an jeder der drei bearbeiteten Flächen zurückzuführen sind (Abbildung 5.44.a). Aufgrund der gleichzeitig größeren Bearbeitungslänge der Seitenfläche im Vergleich zur Deckfläche entsteht bei linearer Abhängigkeit von Maßabweichung und Bearbeitungslänge eine besonders große Spannweite der Breite. Diese Ausprägung wird durch die zweiseitige Bearbeitung und die damit verbundene Addition der Abweichungen jeder Bearbeitungsseite verstärkt, wodurch die gewünschte Rechteckform nicht erreicht wird. Bei Einstrahlwinkeln α_{EW} von 8° (Abbildung 5.44.b) und 15° (Abbildung 5.44.c) bilden sich an den abgetragenen Flächen keine Wandwinkel γ aus, wodurch die Einhaltung der Rechteckgeometrie als Voraussetzung für ein maßhaltiges Bauteil gegeben ist. Da die resultierende Form nahe an der Zielgeometrie liegt, sind die Spannweiten der untersuchten Messgrößen verhältnismäßig klein. Unter Berücksichtigung der Ergebnisse der dreieckigen Segmenttypen ist zu erwarten, dass auch bei Einstrahlwinkeln α_{EW} zwischen 8° und 15° eine solche formtreue Viereckgeometrie erzeugt werden kann.

Aus den Untersuchungen zur Maßhaltigkeit lässt sich ableiten, dass die Ergebnisse zum Laserstrahlabtragen von zwei aufeinandertreffenden Flächen auf die Bearbeitung von drei angrenzenden Flächen übertragbar sind. Diese Erkenntnis legt nahe, dass das Abtragvor-

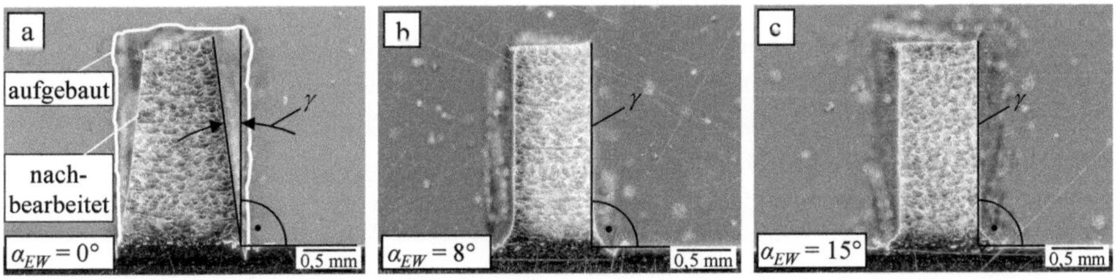

Laserparameter I_{PS} = 50 %, f_P = 160 kHz, $v_{s,LS}$ = 4 m/s, SA = 25 µm, PA = 25 µm, α_{EW} = {(a) 0°, (b) 8°, (c) 15°}, s_z = 1 µm | Belichtung H_Z = 2 mm, B_Z = 0,7 mm, β_Z = 90°, Fläche: zufällig bidirektional, n_{LS} = 700, 2000

Abbildung 5.44: Querschliffe zur Maßhaltigkeit dreier benachbarter Flächen bei unterschiedlichen Einstrahlwinkeln; (a) 0°, (b) 8°, (c) 15°

gehen auch auf mehr als drei Flächen anwendbar ist. In beiden untersuchten Fällen lassen sich durch einen angestellten Laserstrahl gewünschte Bauteilwinkel einstellen. Daher ist anzunehmen, dass sich durch das CAD-Modell mit definiertem Winkel und der entsprechenden angestellten Bearbeitung weitere beliebige Bauteilwinkel an laseradditiven Strukturen erzeugen lassen.

Für sämtliche laseradditive Segmente, die innerhalb des Prozessfensters mit einem Pumpstrom I_{PS} von 50 % nachbearbeitet wurden, konnte eine Abtragspannweite R_H für das Zielmaß H_Z von 1 mm beim Typ C von maximal 5 %, d. h. 0,05 mm, erzielt werden. Diese schließt die Nulllage ein, sodass sich unter Annahme einer symmetrischen Abweichungsverteilung und Auslesung als zweiseitige Toleranzvorgabe eine Genauigkeit Δz von ± 0,025 mm ergibt. Für den Typ A beläuft sich die Spannweite R_H auf 2 % der Zielhöhe H_Z von 2 mm, was zu einer ähnlichen Genauigkeit Δz von ± 0,020 mm wie bei Typ C führt. In beiden Fällen bedeutet dies im relevanten Größenbereich die Einordnung in die Toleranzklasse fein (vgl. Tabelle 2.1). Die zugehörige Breite B weist eine Spannweite R_B von maximal 4 % auf, was 0,028 mm bei dem Zielmaß B_Z von 0,7 mm entspricht. Da in diesem Fall die Spannweite die Nulllage nicht einschließt, liegt ein systematischer Positionierfehler vor, der eine Anpassung der Laserstrahlführung notwendig macht. Eine Verschiebung der Spannweite um 0,06 mm in Richtung Zielmaß vorausgesetzt, resultiert in einer Genauigkeit Δxy von ± 0,014 mm, die ebenfalls in die Toleranzklasse fein fällt. Die Bauteilwinkel β sind mit einer Spannweite R_β und gleichzeitig einer maximalen Abweichung vom Zielmaß $\Delta\beta_Z$ von bis zu 3 % bei Typ C und 2 % bei Typ A abgetragen worden. Damit beträgt die Genauigkeit $\Delta\beta$ ± 0,8° für den Winkel β_Z von 54° und ± 0,9° für den Winkel β_Z von 90°. In beiden Fällen fallen auch diese Toleranzen in die Klasse fein (vgl. Tabelle 2.2).

Die ermittelten Qualitätskenngrößen stehen in Beziehung zur erreichbaren Produktivität des lasersubtraktiven Teilprozesses, die sich aus dem abzutragenden Volumen und der für den Abtrag benötigten Prozesszeit ergibt. Dabei sind die Länge L_{LS} und die Abtragtiefe H_{LS} des Volumens bauteilseitig vorgegeben. Die Abtragbreite B_{LS} entspricht der Bearbeitungszugabe BZ von 0,2 mm, welche sich aus der Aufbaugenauigkeit des ersten Teilprozesses ableitet. Somit sind die Abmessungen des abzutragenden Volumens festgelegt, wodurch eine angepasste Prozessführung erforderlich ist, um die Produktivität durch Verkürzung der Abtragzeit zu verbessern. Hierzu bietet sich eine Vergrößerung der abgetragenen Schichtdicke an, indem die eingebrachte Energie durch Erhöhung des Pumpstroms gesteigert wird. Durch die Anpassung der Schichtdicke werden für dieselbe Abtragtiefe weniger Schichten benötigt. Es ist jedoch zu prüfen, welche Auswirkung diese Produktivitätssteigerung auf die bekannten Qualitätskriterien besitzt.

Die Ergebnisse der zugehörigen Untersuchung zeigt Abbildung 5.45. Als Ausgangswert dienen die Kenngrößen, die mit einer Zustellung s_z und einer Schichtdicke D_{LS} von 1 µm bei einem Einstrahlwinkel α_{EW} von 8° und einem Pumpstrom I_{PS} von 50 % erzielt worden sind. Diese werden mit den Ergebnissen verglichen, die sich mit einer um 50 % erhöhten Zustellung s_z von 1,5 µm erreichen lassen. Der erforderliche Pumpstrom I_{PS} von 77 % wird durch die Funktion der Technologiefindung der vorhandenen Anlagentechnik ermittelt.

Als Referenzmaß für die Produktivität dient die Abtragrate VR_{LS} von 6 mm³/min. Dem steht bei der erhöhten Schichtdicke eine Volumenrate VR_{LS} von 9 mm³/min gegenüber, was einer Steigerung um 50 % entspricht. Die mittlere arithmetische Höhe S_a der Seitenfläche beträgt bei der größeren Schichtdicke 3,5 µm, während eine Rauheit S_a von 2,4 µm für die geringere Abtragrate vorliegt. In beiden Fällen weist die Deckfläche einen

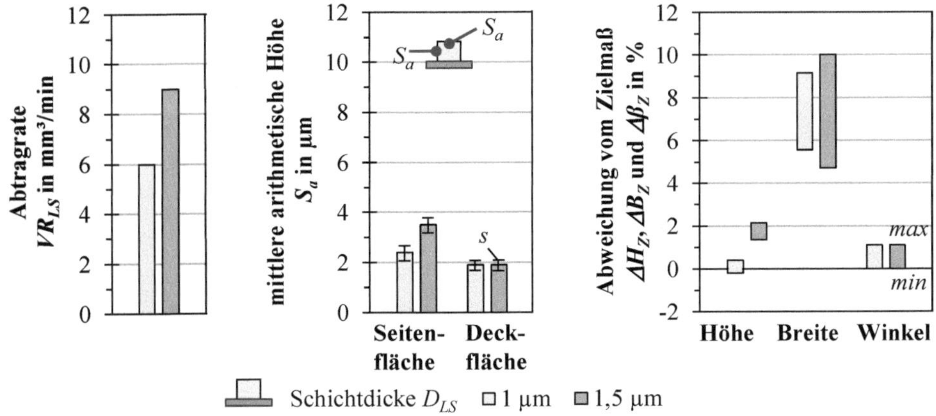

Laserparameter I_{PS} = 50 % mit {s_z = 1 µm, n_{LS} = 700, 2000}, I_{PS} = 77 % mit {s_z = 1,5 µm, n_{LS} = 466, 1333}, f_P = 160 kHz, $v_{s,LS}$ = 4 m/s, SA = 25 µm, PA = 25 µm, α_{EW} = 8° | Belichtung H_Z = 2 mm, B_Z = 0,7 mm, β_Z = 90°, Fläche: zufällig bidirektional

Abbildung 5.45: Kenngrößen des lasersubtraktiven Teilprozesses bei gesteigerter Produktivität

Rauheitswert S_a von 1,9 µm auf. Für beide Schichtdicken beläuft sich die Abtragspannweite der Höhe R_H auf unter 1 %. Bei der 1 µm dicken Schicht schließt sie die Nulllage ein, während sie für die größere Schichtdicke im Durchschnitt um ΔH_Z von +1,5 % abweicht. Die Abtragspannweiten der Breite R_B betragen 3,5 % für die kleinere Schichtdicke und 5,5 % für die Schichtdicke von 1,5 µm. Beide Mitten sind um einen Wert ΔB_Z von +7 % verschoben, sodass sich eine maximale Abweichung ΔB_Z von +10 % ergibt. Der Bauteil-winkel β zeigt für beide Schichtdicken eine identische Bandbreite R_β und gleichzeitig eine Abweichung $\Delta\beta_Z$ von 1 %.

Die Untersuchungsergebnisse verdeutlichen, dass eine Steigerung der Produktivität um 50 % bei nahezu unveränderten Qualitätskenngrößen erreicht wird. In diesem Zusammenhang bleibt die mittlere arithmetische Höhe S_a für beide Abtragraten für die Deckfläche bei einem Wert von 1,9 µm konstant. Für die Seitenfläche nimmt sie geringfügig von 2,4 auf 3,5 µm zu. Damit bestätigen die Rauheitswerte die bereits in Abbildung 5.34 gezeigten Ergebnisse. Weiterhin liegt die Maßhaltigkeit der Proben, die mit den Laserparametern erhöhter Produktivität abgetragen worden sind, für die Qualitätskennwerte Höhe H, Breite B und Bauteilwinkel β jeweils in derselben Toleranzklasse wie die Kennwerte der Referenz.

Bei einer weiteren Vergrößerung der Zustellung s_z auf 2 µm bleiben die Rauheitswerte unverändert, jedoch verschlechtert sich die Maßhaltigkeit. Die maximale Höhenabweichung ΔH_Z am abgetragenen laseradditiven Segment beträgt 0,095 mm, sodass bezogen auf den relevanten Größenbereich statt der Toleranzklasse fein nur noch die Bedingung für die Toleranzklasse mittel erfüllt ist. Abweichungen $\Delta\beta_Z$ von etwas mehr als 2° zeigt die Winkelmessung, wodurch nur noch die Toleranzklasse sehr grob erreicht wird. Darüber hinaus führt eine Zustellung s_z von 4 µm zu einer Verschlechterung der Oberflächengüte auf einen Wert S_a von 3,9 µm.

Unter Berücksichtigung der Bewertungskategorien Qualität und Produktivität erweisen sich die in Tabelle 5.10 zusammenfassend dargestellten Parameter als empfehlenswert für den lasersubtraktiven Teilprozess mit angestelltem Laserstrahl. Dabei bilden die aus dem

Tabelle 5.10: Prozessparametersatz zur angestellten Lasernachbearbeitung laseradditiv gefertigter Strukturen

Parameter	Symbol	Einheit	Wert
Einstrahlwinkel	α_{EW}	°	8
Pulsfrequenz	f_P	kHz	160
Pumpstrom	I_{PS}	%	77
Scangeschwindigkeit	$v_{s,LS}$	m/s	4
Spurabstand	SA	µm	25
Zustellung	s_z	µm	1,5
Schraffur	–	–	bidirektional zufällig

ersten Teil der Prozessentwicklung (vgl. Abschnitt 5.3.2.2) ermittelten Parameter mit einem Spurabstand SA von 25 µm, einer Pulsfrequenz f_P von 160 kHz sowie einer Scangeschwindigkeit $v_{s,LS}$ von 4 m/s und einem resultierenden Pulsabstand PA von 25 µm die Basis für die Nachbearbeitung dreidimensionaler Strukturen. Hinsichtlich der sich ergebenden Oberflächenrauheit ist die Anwendung einer zufälligen Schraffur vorteilhaft und ein Einstrahlwinkel der Laserstrahlung α_{EW} von bis zu 10° zu bevorzugen. Maßhaltige Bauteile sind unter Berücksichtigung von Höhe, Breite und Bauteilwinkel bei Einstrahlwinkeln α_{EW} von 7° bis 17° erreichbar. In Verbindung mit dem Rauheitskriterium empfiehlt sich eine Einschränkung des Einstrahlwinkels α_{EW} auf 7° bis 10°, sodass ein Winkel α_{EW} von 8° für den Prozessparametersatz ausgewählt wird. Unter Hinzunahme des Produktivitätsaspekts leitet sich bei konstanten Qualitätskenngrößen eine Zustellung s_z von 1,5 µm ab, die bei einem Pumpstrom I_{PS} von 77 % erreicht wird.

5.3.4 Bilanz der Prozesskombination

Die Ergebnisse der lasersubtraktiven Prozessentwicklung sind in der nachfolgenden Tabelle 5.11 zusammengefasst. Als Ausgangsgrößen des zweiten Teilprozesses stellen diese zeitgleich die Kenngrößen der Prozesskombination dar.

Tabelle 5.11: Kenngrößen des kombinierten Prozesses und Ausgangsgrößen des lasersubtraktiven Teilprozesses

Kategorie	Kriterium	Teilprozess	
		laseradditiv	lasersubtraktiv
Qualität	Dichte	$\rho \geq 99{,}8$ %	–
	Anbindung	$0 < T_{A,min} < 100$ % $0 < T_{A,max} < 100$ % $B_A = 100$ %	–
	Rauheit	$S_a = 9{,}0 - 14{,}7$ µm	$S_a = 1{,}9 - 3{,}5$ µm
	Maßhaltigkeit	$\Delta xy = \pm 0{,}15$ mm (grob) $\Delta z = \pm 0{,}10$ mm (mittel)	$\Delta xy = \pm 0{,}014$ mm (fein) $\Delta z = \pm 0{,}025$ mm (fein) $\Delta\beta < \pm 1°$ (fein)
Produktivität	Volumenrate	$VR_{LA} = 8{,}7$ cm³/h	$VR_{LS} = 9$ mm³/min

Die mittlere arithmetische Höhe S_a liegt für die betrachteten Flächen bei 1,9 bis 3,5 µm, was im Vergleich zum Ergebnis des laseradditiven Teilprozesses eine deutliche Verbesserung der Oberflächenrauheit darstellt. Gleiches gilt für die Maßhaltigkeit, da die Maßabweichungen in z-Richtung und x-y-Ebene unter ihren Referenzwerten liegen und die Abtragresultate Toleranzklassen mit höheren Anforderungen zugeordnet werden können. Darüber hinaus ermöglicht die lasersubtraktive Nachbearbeitung die Einstellung eines Bauteilwinkels, dessen Abweichungen sich innerhalb der Grenzabmaße der Toleranzklasse fein befinden. Dabei wird eine Abtragrate VR_{LS} von 9 mm³/min realisiert.

6 Demonstration der Prozesskombination

Die in den Kapiteln 4 und 5 strukturell und technologisch entwickelte Prozesskombination wird im folgenden Kapitel 6 demonstriert. Dies beinhaltet die Herleitung einer exemplarischen Anwendung, die Nutzung der neuen Technologie zur technischen Umsetzung ausgewählter Demonstratoren und eine wirtschaftliche Betrachtung durch den Vergleich des kombinierten Prozesses mit konventionellen Herstellmethoden.

6.1 Anwendungsfall Stanzwerkzeuge

Zur Ableitung des Anwendungsfalls wird zunächst die Eignung des neuen Prozesses zur Herstellung von Stanzwerkzeugen herausgearbeitet. Anschließend werden die Anforderungen für einen erfolgreichen Einsatz dieser Werkzeuge aufgezeigt. Die Demonstration erfolgt exemplarisch anhand von Stanzwerkzeugen, die sowohl Flachbettstanzformen zum Trennen von Karton im Flachbettverfahren als auch Stanzbleche für die rotative Haftmaterialverarbeitung ersetzen. Folgend wird die Flachbettstanzform zur Vereinfachung als Stanzform bezeichnet.

6.1.1 Motivation zum Einsatz der Prozesskombination

Bei der Fertigung konventioneller Stanzwerkzeuge bestehen werkzeugabhängige Nachteile (vgl. Abschnitt 2.3.2). Die Herstellung von Stanzformen (Abbildung 6.1.a) ist durch einen hohen Anteil manueller Arbeit, eine eingeschränkte Formgebung und vor allem durch eine unflexible Linienhöhe gekennzeichnet. Bei der Produktion von Stanzblechen (Abbildung 6.1.b) werden umwelt- und gesundheitsbelastende Ätzmedien sowie verschleißanfällige Gravierstichel eingesetzt, die wiederum in ihrer Form limitiert sind. Die Kombination von Ätz- und Zerspanungsvorgang führt in der Stanzblechfertigung zu einem Werkstoffverlust von circa 90 % um die Stanzlinien herum. Rohblechdicken $D_{SB,ROH}$ von über 1,5 mm, die mit höheren Stanzlinien einhergehen würden, werden aus Kostengründen nicht verwendet. Stanzformen und Stanzbleche erfüllen im Wesentlichen die gleiche Stanzaufgabe, da sie Materialien auf Papier- oder Kunststoffbasis verarbeiten. Der abstrahierte Aufbau beider Werkzeugarten ist charakterisiert durch Stanzlinien, die sich

Abbildung 6.1: schematischer Aufbau der Stanzwerkzeuge; (a) konventionelle Stanzform, (b) konventionelles Stanzblech, (c) Stanzwerkzeug in Hybridbauweise

S. Hallmann, *Prozesskombination aus laseradditiver und lasersubtraktiver Fertigung*, Light Engineering für die Praxis,
https://doi.org/10.1007/978-3-662-72196-4_6

auf einem Träger befinden. Die geometrische Ausprägung der Stanzlinien ist sowohl in der Höhe als auch in der Querschnittsform nicht variabel und wird durch die formgebenden Werkzeuge vordefiniert.

Eine Alternative zur konventionellen Herstellung besteht im gezielten Einsatz der laseradditiven Fertigung. Dabei empfiehlt es sich, die Stanzwerkzeuge, wie in Abschnitt 2.1.2 für den allgemeinen Fall beschrieben, in Hybridbauweise zu erzeugen. Dabei wird nur das geometrisch komplexe und geringvolumige obere Segment additiv aufgebaut, während ein einfacher und weiterhin konventionell gefertigter Grundkörper das Substrat bildet (Abbildung 6.1.c). Zur Erzeugung der Stanzwerkzeuge soll die entwickelte Prozesskombination aus laseradditiver und -subtraktiver Fertigung genutzt werden. Die erste Prozesskomponente, die laserbasierte Pulverbettfusion, verfügt über die Fähigkeit, einen geeigneten Werkstoff zu verarbeiten und das erforderliche Volumen auch unter wirtschaftlichen Gesichtspunkten zu generieren. Um die notwendige Oberflächenqualität und Maßgenauigkeit erreichen zu können, wird im zweiten Prozessschritt die lasersubtraktive Nachbearbeitung eingesetzt.

Der kombinierte Prozess kann die Nachteile der konventionellen Stanzwerkzeugfertigung kompensieren. Insbesondere bei der bisherigen Herstellmethode von Stanzblechen muss ein großes Werkstoffvolumen von dem Halbzeug entfernt werden. Anstatt große, nicht wiederverwendbare Werkstoffvolumina chemisch oder spanabhebend zu entfernen, erfolgt bei dem neuen Ansatz ein bedarfsgerechter Werkstoffaufbau mit anschließendem Abtrag eines möglichst geringen Volumens. Der Einsatz der Prozesskombination spart Montageaufwand bei der Stanzformfertigung, da durch die laseradditive Fertigung die Montagegruppe aus Trägerplatte und Bandstahllinien in einem Bauteil integriert wird. Durch die Reduzierung der Bauteilanzahl sind weniger Fertigungsschritte notwendig. Insbesondere entfällt das manuelle Einbringen der Bandstahllinien in die Trägerplatte sowie das manuelle Erzeugen der Haltepunkte.

Die Flexibilität des Prozesses ermöglicht die Herstellung von Werkzeugen, die an den jeweiligen Stanzfall angepasst sind. Somit können sowohl papier- als auch kunststoffbasierte Materialien verarbeitet werden, für die auf herkömmliche Weise entweder Stanz-

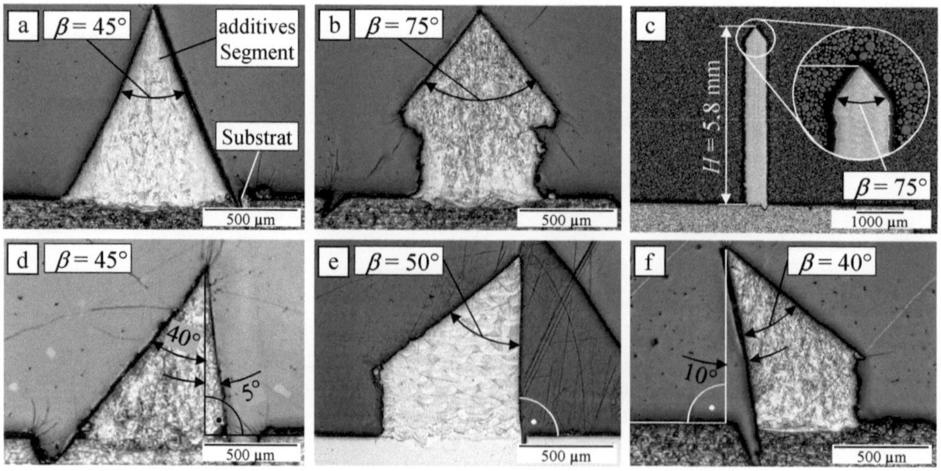

Abbildung 6.2: exemplarische Stanzlinien aus dem kombinierten Prozess; (a) (b) unterschiedliche Winkel und (c) Höhen, (d) (e) asymmetrische Profile, (f) Hinterschnitt

formen oder Stanzbleche benötigt werden. Die flexible Einsetzbarkeit beruht zum einen auf der Möglichkeit, angepasste, sehr dünne Substratdicken zu verwenden, und zum anderen darauf, dass der Laser als Werkzeug gegenüber konventionellen Zerspanungswerkzeugen keinen Formbeschränkungen unterliegt. Dadurch können mit der Prozesskombination beliebig geformte Stanzlinien laseradditiv hergestellt und abgetragen werden (Abbildung 6.2). Die geometrische Gestaltungsfreiheit bezieht sich insbesondere auf die Höhe, die Breite und den Schneidwinkel (Abbildung 6.2.a, Abbildung 6.2.b) der Stanzlinien. Dabei kann die Stanzlinienhöhe (Abbildung 6.2.c) bedarfsgerecht an die Stanzgutdicke angepasst werden, was im konventionellen Stanzformbau aufgrund der definierten Bandstahllinienhöhe nicht möglich ist. Mit dem kombinierten Prozess lassen sich Stanzlinien realisieren, die durch zwei unterschiedliche Flankenwinkel (Abbildung 6.2.d, Abbildung 6.2.e) einen unsymmetrischen Querschnitt aufweisen, sodass das Verdrängungsverhalten des Stanzguts auf beiden Seiten der Schneide eingestellt werden kann. Linien mit Hinterschnitt (Abbildung 6.2.f), die durch Kombination von laseradditiver und -subtraktiver Bearbeitung herstellbar sind, können vor allem durch ein senkrechtes Auftreffen auf das Stanzgut Schneidfehler bei der Rotationsbearbeitung verringern.

6.1.2 Anforderungen an die Prozesskombination zur Herstellung von Stanzwerkzeugen

Die Anforderungen an die Prozesskombination zur Herstellung von Stanzwerkzeugen ergeben sich zum einen aus der konventionellen Stanzwerkzeugherstellung (vgl. Abschnitt 2.3.2) und zum anderen aus dem hybriden Aufbau von Bauteilen (vgl. Abschnitt 2.1.2). Aus technischer Sicht sind die Werkstoffeigenschaften und die Gestalt der Stanzlinien relevant, aus wirtschaftlicher Sicht die Kosten und die Fertigungszeit.

Konventionell hergestellte Stanzbleche und Bandstahllinien für Stanzformen bestehen in der Regel aus unlegierten Carbonstählen. Häufig wird der Federstahl C60 mit der Werkstoffnummer 1.0601 und einem Kohlenstoffgehalt C von 0,57 bis 0,65 % eingesetzt [218]. Dieser eignet sich besonders für Bauteile, deren Beanspruchungsprofil eine Kombination aus hoher Festigkeit, Zähigkeit und Verschleißfestigkeit erfordert. Im vergüteten Zustand beträgt seine Zugfestigkeit R_m 850 bis 1000 MPa, und die Bruchdehnung A liegt bei mindestens 11 % [259]. Der Werkstoff kann gehärtet werden, um dem Schneidenverschleiß entgegenzuwirken. Nach ESU-Norm muss der Grundkörper der aufgebauten Stanzlinie, abhängig von der Art des Stanzguts, die Forderung gemäß Härtegrad H2, H3 oder H4 von mindestens 34 bis maximal 53 HRC erfüllen [213]. Bei Bedarf kann durch eine zusätzliche Randschichthärtung der Schneidenspitze ein Wert von 56 HRC erreicht werden (vgl. Abschnitt 2.3.2). Für die Bearbeitung von nicht abrasiven Materialien wie Vollpappe kann jedoch auf eine Härtung verzichtet werden, sofern eine Grundkörperhärte von mindestens 39 HRC gewährleistet ist [260]. Die genannten mechanischen Kennwerte stellen die Anforderungen an den Pulver- und den Substratwerkstoff dar, die im kombinierten Prozess einzusetzen sind.

Weitere materialbezogene Restriktionen ergeben sich aus dem laseradditiven Aufbau der Stanzlinien in Verbindung mit der Hybridbauweise. Sowohl das Substratblech als auch der Pulverwerkstoff müssen gut laserschweißbar sein und dürfen daher nur einen geringen Kohlenstoffgehalt aufweisen. Dies führt zu einem Zielkonflikt mit den genannten Härteanforderungen, für deren Erfüllung ein tendenziell höherer Kohlenstoffanteil notwendig ist. Bei hybrid aufgebauten Stanzwerkzeugen, die das konventionelle Stanzblech für den rotativen Einsatz ersetzen sollen, muss der Substratwerkstoff magnetisierbar sein, um das Blech auf dem Magnetzylinder fixieren zu können. Außerdem muss das Substratblech biegefähig sein, damit es einschließlich der darauf aufgebauten Stanzlinien um den Magnetzylinder gewickelt werden kann. Das dabei zu berücksichtigende Biegewiderstandsmoment hängt von der Substratdicke sowie der Höhe und Anordnung der Stanzlinien ab. Die erforderliche Biegefähigkeit des Substratblechs ist außerdem vom Durchmesser des Magnetzylinders abhängig.

Aus dem laseradditiven Teilprozess resultiert die Anforderung, eine Struktur mit der üblichen Dichte ρ von mindestens 99,8 % aufzubauen. Zudem erfordert die hybride Bauweise einen Vollanschluss zwischen dem laseradditiven Segment und dem konventionellen Substratblech.

Die Gestaltanforderungen betreffen die geometrischen Abmessungen und die Oberflächengüte der Stanzlinien (vgl. Abschnitt 2.1.4). Sie sind in Tabelle 6.1 für zwei Anwendungsfälle kombiniert hergestellter Werkzeuge aufgeführt, wobei die angegebenen Werte entweder direkt aus den in Abschnitt 2.3.2 aufgeführten Normen und der Literatur entnommen sind oder eigene Berechnungs- bzw. Messgrößen darstellen.

Tabelle 6.1: Gestaltanforderungen an den kombinierten Prozess für unterschiedliche Anwendungsfälle

Kriterium		Gestaltanforderungen an kombinierten Prozess	
		Anwendung Stanzform	Anwendung Stanzblech
Maßhaltigkeit	Höhe in mm (z-Richtung)	$H \leq 5{,}8$* ±0,02	$H \leq 0{,}34$** ±0,005
	Breite in mm (x-y-Ebene)	$0{,}4 \leq B \leq 2{,}0$* ±0,015	$B \leq 1{,}18$**
	Schneidwinkel in °	$\beta = 42$ oder 54* +0/−2	$30 \leq \beta \leq 120$* +0/−2
	Radius der Schneidenspitze in µm	$r \leq 20$*	siehe Anwendung Stanzform
Rauheit	mittlere arithmetische Höhe in µm	$0{,}3 \leq S_a \leq 3{,}5$**	siehe Anwendung Stanzform

*Norm- bzw. Literaturwert **Berechnungs- bzw. Messgröße

Für ein Werkzeug, das einer Stanzform nachempfunden ist, ergibt sich aus der Differenz der Standardlinienhöhe H von 23,8 mm und der üblichen Trägerplattenstärke D_{TP} von 18 mm eine Linienhöhe H von maximal 5,8 mm. Die Breitenvorgabe B zwischen 0,4 und 2,0 mm ergibt sich aus der Dicke D_{SL} handelsüblicher Bandstahllinien. Für einen erfolgreichen Stanzprozess muss die Schneide der Stanzlinie das Stanzgut einmal exakt durchtrennen. Das bedeutet, dass der Trennvorgang nur durch die Höhe der Linie und den Schneidwinkel, und damit durch die Schneidenlänge, bestimmt wird. Eine enge Toleranzvorgabe für die Breite der Stanzlinie ist daher nicht erforderlich und für die Prozesskombination in den genannten Grenzen frei wählbar. Vorrangig ist deshalb das Abtragen der Stanzlinie in geforderter Höhe mit dem richtigen Schneidwinkel. Das Abtragen der Seitenwände ist folglich von untergeordneter Bedeutung und wird im Rahmen der Demonstration nicht betrachtet.

Die maximale Höhe H von 0,34 mm für die Stanzlinien eines Stanzblechs ergibt sich aus einer Werkzeuggesamthöhe H_{WZ} von 0,44 mm für das Anstanzen von Haftmaterialien abzüglich einer Substratblechdicke D_{SUB} von 0,1 mm. Aus dem maximalen Schneidwinkel β von 120° und der Höhe H von 0,34 mm errechnet sich die maximal mögliche Stanzlinienbreite B von 1,18 mm. Auch in diesem Fall wird auf eine subtraktive Bearbeitung der Stanzlinienbreite verzichtet. Da bezüglich des Schneidwinkels keine Toleranzvorgaben existieren, werden diese von der Stanzformanwendung übernommen. Die Angaben für den Radius der Schneidenspitze r variieren von maximal 4 [218] über 11 µm bei eigenen Querschliffmessungen an konventionellen Bandstahllinien bis hin zu 20 µm [261].

Obwohl auch die Rauheit der Schneide das Stanzergebnis beeinflusst, existiert auch hier keine Normvorgabe. Konventionell ergibt sich die Oberflächengüte der Schneide aus den bei ihrer Herstellung eingesetzten Bearbeitungsverfahren wie Walzen, Fräsen und Schaben bis hin zum Feinschleifen und Polieren für höhere Anforderungen. Im kombinierten Prozess entstehen durch den laseradditiven Aufbau charakteristisch raue Oberflächen. Daher ist eine Anforderungsdefinition an die durch die lasersubtraktive Nachbearbeitung zu erreichende Oberflächengüte erforderlich. Hierzu werden eigens durchgeführte Rauheitsmessungen an konventionellen Bandstahllinien und an Stanzlinien von Stanzblechen herangezogen, deren Ergebnisse im Bereich von 0,3 bis 3,5 µm für die mittlere arithmetische Höhe S_a liegen.

Aus wirtschaftlicher Sicht dienen die Herstellkosten (vgl. Abschnitt 2.4) und die Durchlaufzeit als Bewertungskriterien für die Fertigung von Stanzwerkzeugen. Die Durchlaufzeit setzt sich dabei aus den Einzelzeiten der Prozessschritte zusammen. Für die Prozesskombination wird die Anforderung formuliert, die Stanzwerkzeuge mindestens zu gleichen Kosten wie bei der konventionellen Fertigung herzustellen und nach Möglichkeit einen Zeitvorteil zu erzielen.

6.2 Technische Umsetzung

Zur technischen Demonstration werden zunächst beispielhafte Stanzwerkzeuganwendungen ausgewählt. Es folgt die Auslegung und Herstellung von Demonstratoren, die hinsichtlich einer anforderungsgerechten Umsetzung bewertet und einem Stanzversuch zur Funktionserprobung unterzogen werden.

6.2.1 Auswahl von Demonstratoren

Durch die Möglichkeit des laseradditiven Aufbaus auf unterschiedlich dicken Substratblechen kann die entwickelte Prozesskombination flexibel zur Herstellung von Werkzeugen für das Stanzen verschiedener Materialstärken eingesetzt werden. Für die Demonstration werden daher zwei Prototypen ausgewählt, von denen einer eine Flachbettstanzanwendung und der andere eine Rotationsstanzanwendung abdeckt.

Als Substratwerkstoff zum Flachbettstanzen wird der austenitische Edelstahl 1.4301 mit einer Blechdicke D_{SUB} von 2 mm ausgewählt. Dieser weist eine Zugfestigkeit R_m zwischen 500 und 700 MPa auf. Aufgrund seines geringen Kohlenstoffgehalts C von maximal 0,07 % ist er sehr gut laserschweißbar, sodass er sich als Bauuntergrund für einen laseradditiven Aufbau eignet. Zum Rotationsstanzen ist hingegen ein besonders dünner und vor allem magnetisierbarer Substratwerkstoff erforderlich, wodurch die Wahl auf den unlegierten Baustahl DC01 mit der Werkstoffnummer 1.0330 fällt. Seine Zugfestigkeit R_m beträgt 290 bis 430 MPa bei einem Kohlenstoffgehalt C von 0,12 %. Die Restblechdicke bei der konventionellen Fertigung von Stanzblechen, bei der die Biegefähigkeit um den Standardmagnetzylinder noch gewährleistet ist, beträgt $D_{SB,REST}$ maximal 0,12 mm. Unter Berücksichtigung der Marktverfügbarkeit wird daher ein Substratblech mit einer Dicke D_{SUB} von 0,1 mm gewählt.

Für die laseradditiven Segmente wird der in Pulverform erhältliche Werkzeugstahl 1.2709 genutzt. Im aufgebauten Zustand erreicht er eine Zugfestigkeit R_m von 1000 bis 1200 MPa, die mit denen des Stahls für die konventionelle Stanzwerkzeugherstellung übereinstimmt oder sogar höher ist. Die Bruchdehnung A ist mit 11 % identisch [69]. Nach Herstellerangaben sind die direkt aus dem Fertigungsprozess resultierenden Bauteilhärten von 35 bis 40 HRC mit denen konventioneller Schneiden vergleichbar und können durch eine thermische Nachbehandlung auf bis zu 54 HRC gesteigert werden [262]. Die Härte ist bei Stanzwerkzeugen von besonderer Bedeutung, da diese fast ausschließlich Druckbelastungen ausgesetzt sind, während Zugkräfte nicht auftreten. Eine mögliche Scherbelastung ist beim Stanzen von papierbasierten Materialien vernachlässigbar.

Der erste Demonstrator orientiert sich an einer Stanzform für das Flachbettstanzen (vgl. Abschnitt 2.3.2), die für das Stanzen von 0,2 mm dickem Karton mit einer Grammatur ρ_A von 200 g/m² ausgelegt ist. Es handelt sich um die Rückwand einer Verpackung, die als Träger für einen transparenten Kunststoffdeckel dient und über eine Aufreißlasche verfügt. Das konventionell gefertigte Substratblech hat fertigungsbedingt die maximal mögliche Grundfläche A_{SUB} von 250 × 250 mm². Das laseradditive Segment besteht aus einer umlaufenden, durchgehenden Außenstanzkontur mit Kantenlängen L_{KA} von 50 und 70 mm (Abbildung 6.3.a). Damit die Verpackung in ihrer späteren Verwendung aufgehängt werden kann, verfügt der Demonstrator zusätzlich über eine Stanzlinie für ein Euroloch. Um das Öffnen der Verpackung zu erleichtern, sind zwei unterbrochene Stanzlinien mit einer Länge L von 40 mm für die Perforation einer Aufreißlasche integriert. Die Breite der Linien B ist in Anlehnung an das Maß herkömmlicher Bandstahllinien auf 0,7 mm festgelegt (Abbildung 6.3.b). Der Stanzlinienquerschnitt verfügt über den üblichen Schneidwinkel β von 54° und eine Bearbeitungszugabe BZ an der Schneide von 0,2 mm. Entgegen der historisch bedingten Standardlinienhöhe aus der Zeit des Buchdrucks orientiert sich die Linienhöhe an der Dicke des Stanzguts, sodass für den ausgewählten Karton eine Höhe H von 1 mm ausreicht.

Für den zweiten Anwendungsfall ist der Demonstrator zum Rotationsstanzen konzipiert und einem flexiblen Stanzblech nachempfunden, mit dem Haftmaterial für die Versiegelung von Gläsern mit Schraubverschluss gestanzt werden soll. Bei der Auslegung des Demonstrators ist die Kenntnis über den vierschichtigen Aufbau und den Trennvorgang von

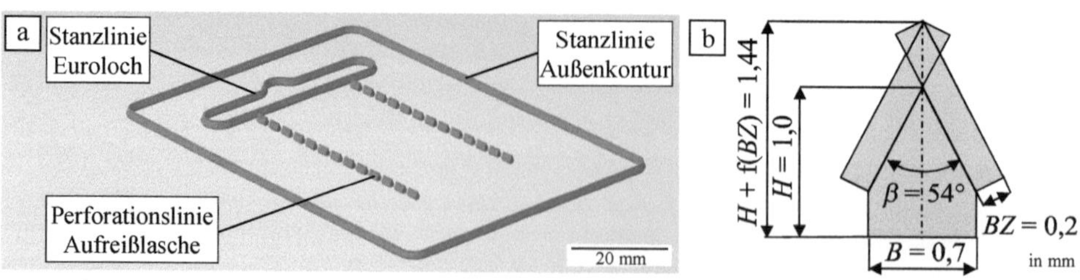

Abbildung 6.3: Demonstrator zum Stanzen von Karton; (a) Draufsicht CAD-Modell, (b) Stanzlinienquerschnitt

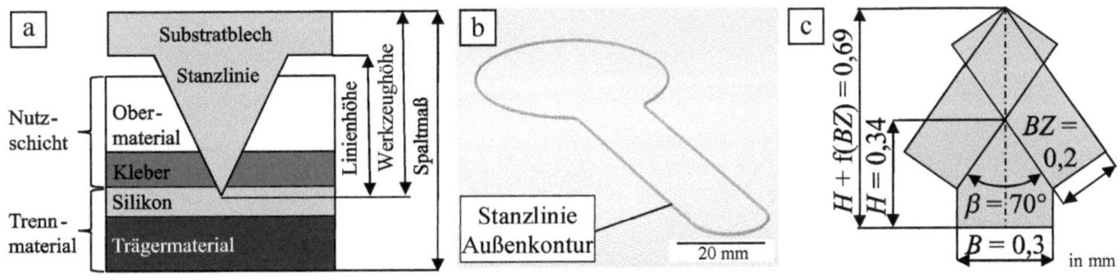

Abbildung 6.4: Demonstrator zum Stanzen von Haftmaterial; (a) Aufbau eines selbstklebenden Etikettenmaterials, (b) Draufsicht CAD-Modell, (c) Stanzlinienquerschnitt

selbstklebendem Etikettenmaterial nötig (Abbildung 6.4.a) [206, 221]. Die erste Schicht, das Obermaterial, besteht entweder aus Papier oder Folie, die nach der Verarbeitung für den gewünschten Zweck verwendet werden kann. Als zweite Schicht befindet sich der Klebstoff auf der Unterseite des Obermaterials, der permanent haftend, ablösbar oder abwaschbar sein kann. Zusammen bilden das Obermaterial und die Klebstoffschicht die Nutzschicht. Die dritte Schicht ist das Silikon, das auf die vierte Schicht, das Trägermaterial, aufgetragen wird und dazu beiträgt, dass sich die Nutzschicht leicht vom Träger ablösen lässt. Gemeinsam bilden die Schichten drei und vier das Trennmaterial, das nach dem Abziehen der Nutzschicht als Abfall anfällt. Während des Stanzvorgangs wird das Obermaterial mit der Klebschicht bis zum Reißen komprimiert. Das Trägermaterial und die Silikonschicht dürfen dabei nicht beschädigt werden [221]. Damit sich die Nutzschicht noch uneingeschränkt vom Trennmaterial lösen lässt, wird nach Expertenmeinung eine maximale Eintauchtiefe der Stanzlinie in die Silikonschicht T_E von 0,01 mm akzeptiert.

Die Fläche des Substratblechs A_{SUB} beträgt 150 × 250 mm² und ist damit an die entwickelte Spannvorrichtung angepasst. Für das additive Segment wird eine durchgehend geschlossene Stanzlinienkontur gewählt, deren Außenabmessungen eine Länge L_{SKO} von 100 mm und eine maximale Breite B_{SKO} von 40 mm aufweisen (Abbildung 6.4.b). Der Stanzlinienquerschnitt hat eine Linienbreite B von 0,3 mm und einen Schneidwinkel β von 70°, ebenfalls mit einer Bearbeitungszugabe BZ von 0,2 mm (Abbildung 6.4.c). Die zum Stanzen des Etikettenmaterials erforderliche Stanzlinienhöhe H errechnet sich aus dem Spaltmaß D_S abzüglich der Substratblechdicke D_{SUB} und der Trennmaterialdicke D_T zuzüglich der Eintauchtiefe T_E (Gleichung 6.1).

$$H = D_S - D_{SUB} - D_T + T_E \tag{6.1}$$

Das beispielhaft zu stanzende Haftmaterial mit einer Nutzschichtgrammatur ρ_A von 120 g/m² verfügt über eine Trennmaterialdicke D_T von 0,05 mm, sodass sich eine Stanzlinienhöhe H zum Anstanzen von 0,34 mm errechnet. Als Gesamthöhe des Werkzeugs H_{WZ} ergibt sich damit ein Wert von 0,44 mm.

6.2.2 Fertigung der Demonstratoren

Zur Fertigung des Flachbettdemonstrators werden die Daten gemäß der Spezifikation nach dem in Kapitel 4 dargestellten Datenfluss für beide Teilprozesse vorbereitet. Es folgt die Zuweisung des ermittelten Aufbauparametersatzes aus Abschnitt 5.2.3 und der Schichtinformationen über die CAM-Schnittstelle an die bekannte Maschineninfrastruktur für den laseradditiven Prozess. Das Substratblech wird auf die Größe der Gesamtfläche der Spann-

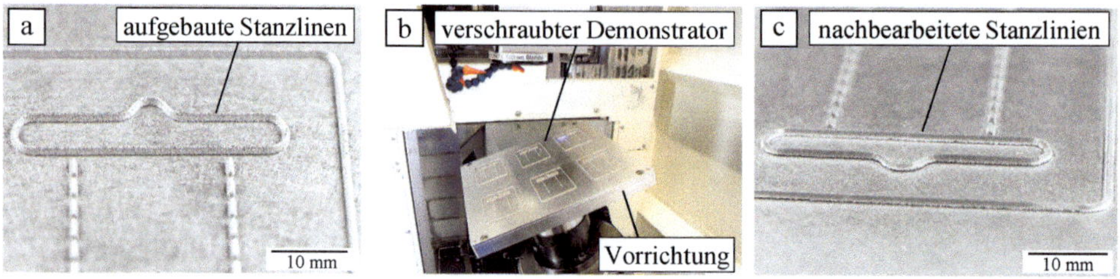

Abbildung 6.5: Fertigung des Demonstrators zum Stanzen von Karton; (a) laseradditiv hergestellter Demonstrator, (b) Versuchsaufbau zur lasersubtraktiven Bearbeitung, (c) lasersubtraktiv nachbearbeiteter Demonstrator

vorrichtung zugeschnitten, durch Anrauen der Oberfläche für eine bessere Haftung der ersten Pulverschicht aufbereitet und zum Spannen mit der Vorrichtung verschraubt. Anschließend wird die Maschine eingerichtet (vgl. Abschnitt 5.2.1), und die Stanzlinien werden laseradditiv auf das Substrat aufgebaut (Abbildung 6.5.a). Zur Vorbereitung des zweiten Teilprozesses werden die in Abschnitt 5.3.3.2 erarbeiteten Prozessparameter und Schichtinformationen der Laserabtragmaschine zugewiesen.

Nachdem die Spannvorrichtung von der laseradditiven Maschine auf die lasersubtraktive Maschine (Abbildung 6.5.b) übertragen worden ist, wird zweitere entsprechend der Vorgehensweise aus Abschnitt 5.3.1 eingerichtet. Es folgt die Nachbearbeitung der Stanzlinien unter einem Einstrahlwinkel α_{EW} von 8°. Nach Abschluss des Prozesses wird der Prototyp (Abbildung 6.5.c) aus der Maschine entnommen und auf die Erfüllung der Anforderungen überprüft.

Um einen effizienten Materialfluss über die betrachteten Systemgrenzen dieser Arbeit hinaus zu gewährleisten, kann die Spannvorrichtung aus dem kombinierten Prozess als Fundament für das anschließende Stanzen verwendet werden. Dazu muss die Vorrichtung eine Höhe H_{VOR} von 20,8 mm besitzen. Sie berechnet sich aus der Standardhöhe einer Flachbettstanzform und zugleich Standardhöhe einer Bandstahllinie H von 23,8 mm (vgl. Abschnitt 2.3.2) abzüglich der Substratdicke D_{SUB} von 2 mm und der Höhe der Stanzlinien H von 1 mm.

Die Herstellung des Demonstrators zum Rotationsstanzen erfolgt in derselben Reihenfolge wie beim Flachbettstanzdemonstrator. Abweichend davon ist jedoch die notwendige zweistufige additive Prozessführung (vgl. Abschnitt 5.2.3.1) mit horizontaler Teilung des CAD-Datensatzes der Stanzkontur, um die Anbindungs- und Aufbauparameter eindeutig dem unteren bzw. oberen Teil des laseradditiven Segments zuordnen zu können. Darüber

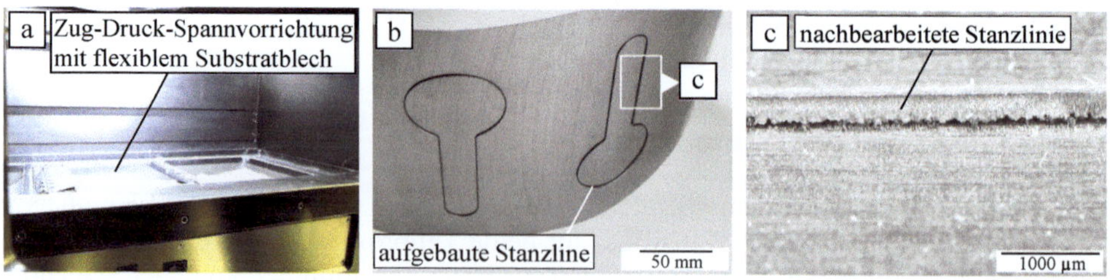

Abbildung 6.6: Fertigung des Demonstrators zum Stanzen von Haftmaterial; (a) Versuchsaufbau zur laseradditiven Fertigung, (b) laseradditiv hergestellter Demonstrator, (c) Nahaufnahme einer lasersubtraktiv nachbearbeiteten Stanzlinie

hinaus wird das zugeschnittene flexible Substratblech unter Zug-Druck-Kräften auf der entwickelten Spannvorrichtung fixiert (vgl. Abschnitt 5.1.4), bevor der Aufbau in die Maschine zur laseradditiven Fertigung integriert wird (Abbildung 6.6.a). Der laseradditiv aufgebaute Demonstrator ist in Abbildung 6.6.b dargestellt. Es folgt die lasersubtraktive Nachbearbeitung ebenfalls unter einem Einstrahlwinkel α_{EW} von 8°, deren Ergebnis als Detailaufnahme in Abbildung 6.6.c zu sehen ist.

6.2.3 Ergebnisse

Im vorliegenden Abschnitt werden die Ergebnisse der Demonstratorfertigung dargestellt und mit den Anforderungen verglichen. Zudem erfolgt die Durchführung eines Stanzversuchs. Der laseradditive Aufbau mit den entwickelten Parametersätzen (vgl. Tabelle 5.6) gewährleistet, dass die Demonstratoren die vorgegebenen Anforderungen an die Dichte und die Anbindung der aufgebauten Segmente mit dem Substratblech erfüllen. Die Fertigung mit einer Volumenenergie E_V im Bereich von 70 und 80 J/mm³, der den Energieeintrag des verwendeten Aufbauparametersatzes beinhaltet, führt zu Härtewerten von 380 bis 385 HV für die auf dünnen Substraten aufgebauten Segmente und von 385 bis 390 HV für den Aufbau auf den 2 mm dicken Substratblechen. Zusammengefasst ergeben sich umgerechnete Werte von 39 bis 40 HRC (Tabelle 6.2). Dies erfüllt die Voraussetzung, dass eine zusätzliche Härtung der Schneide nicht mehr zwingend erforderlich ist. Weitere Versuchskörper mit entsprechendem Stanzlinienquerschnitt belegen, dass durch eine geeignete thermische Nachbehandlung eine deutliche Steigerung der Härte erreicht werden kann. Die gemessenen Werte betragen für den Anwendungsfall der Stanzform im Durchschnitt 57 HRC und für das Stanzblech 55 HRC.

Für den Anwendungsfall der Stanzform (Tabelle 6.2, Abbildung 6.7.a) ergibt sich eine Stanzlinienhöhe H von 0,995 mm und ein Schneidwinkel β von 53,6°. Beide Werte liegen innerhalb der geforderten Toleranz. Auch beim Stanzblech (Abbildung 6.7.b) entspricht der Schneidwinkel β mit 69,2° den Anforderungen. Lediglich die Höhe der Stanzlinien H übersteigt mit 0,355 mm die geforderte Höhe. Der Radius der Schneidenspitze r aus dem

Tabelle 6.2: Ergebnisse aus dem kombinierten Prozess für die exemplarischen Anwendungsfälle

Kriterium		Ergebnisse aus dem kombinierten Prozess			
		Anwendungsfall Stanzform		Anwendungsfall Stanzblech	
		Sollwert Toleranz	Messwert (gemittelt)	Sollwert Toleranz	Messwert (gemittelt)
Härte	Härte in HRC	≥ 39	40	≥ 39	39
Maßhaltigkeit	Höhe H in mm	1 ±0,02	0,995	0,34 ±0,005	0,355
	Schneidwinkel β in °	54 +0/−2	53,6	70 +0/−2	69,2
	Radius der Schneidenspitze r in µm	≤ 20	17	siehe Anwendungsfall Stanzform	
Rauheit	mittlere arithmetische Höhe Sa in µm	0,3–3,5	2,7	siehe Anwendungsfall Stanzform	

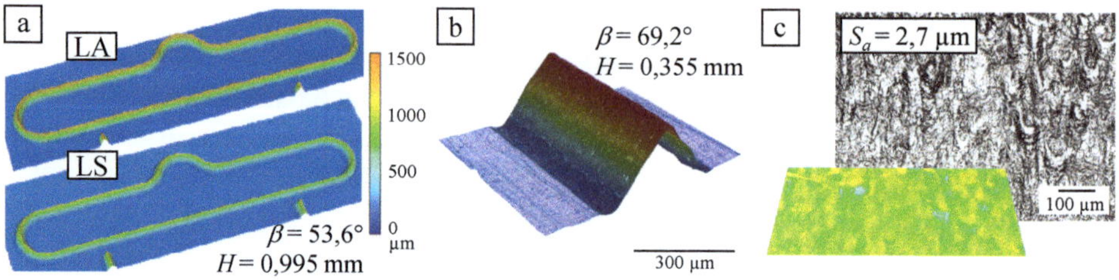

Abbildung 6.7: Mikroskopaufnahmen der Demonstratoren; (a) Lochaufhänger vor und nach der abtragenden Bearbeitung, (b) lasersubtraktiv bearbeitete Stanzlinie zum Etikettenstanzen, (c) Rauheit der nachbearbeiteten Stanzlinie

kombinierten Prozess beträgt 17 µm, was in der Größenordnung der Herstellerspezifikation liegt. Die Oberflächenrauheit der Stanzlinien S_a (Abbildung 6.7.c) beläuft sich auf 2,7 µm und befindet sich somit auch im Anforderungsbereich.

Die Demonstratoren belegen, dass die Toleranzklassen entsprechend den in Kapitel 5 an Versuchskörpern erzielten Fertigungsgenauigkeiten (vgl. Tabelle 5.11) der allgemeinen Prozessenzwicklung eingehalten werden. Dies bedeutet, dass die Höhenabweichungen ΔH_Z für beide Anwendungsfälle kleiner als 50 µm sind und die Schneidwinkel mit einer Abweichung $\Delta\beta_Z$ von weniger als 1° vom Sollwert gefertigt werden können. Die Rauheit der laseradditiv aufgebaut und lasersubtraktiv nachbearbeiteten Stanzlinien entspricht ebenfalls den Ergebnissen der technologischen Prozessgestaltung.

Auch die Anforderungen der Stanzwerkzeugfertigung werden mit dem kombinierten Prozess bis auf eine Ausnahme eingehalten (vgl. Tabelle 6.2). Beim Stanzblech ist die Stanzlinie um 10 µm zu hoch. Eine manuelle Kalibrierung an der Blechrückseite, wie sie bei der konventionellen Stanzblechfertigung üblich ist, kann dieses geringe Übermaß korrigieren, sodass die Höhe innerhalb der Toleranz bleibt (vgl. Abschnitt 2.3.2).

Um die Erfüllung der Stanzfunktion zu demonstrieren, werden die Werkzeuge im Labor einem Stanzversuch unterzogen. Als Ergebnis entstehen aus dem Kartonbogen der Nutzen und der komplementäre Abfallanteil (Abbildung 6.8.a). Für eine genaue Beurteilung der Schnittqualität erfolgt eine detaillierte Betrachtung der Schnittkanten des Nutzens im Vergleich zu einer konventionell getrennten Referenz. Die in Abbildung 6.8.b gezeigten Höhenprofile zeigen ähnliche Ergebnisse. Unter dem Mikroskop sind weder Schneidfehler wie Grate noch hervorstehende Fasern oder Ausrisse aus dem Faserverbund erkennbar. Lediglich zeigt die mittels Demonstrator hergestellte Kartonschnittkante eine größere Verrundung als die mit konventionellem Stanzwerkzeug hergestellte, die jedoch mit einer

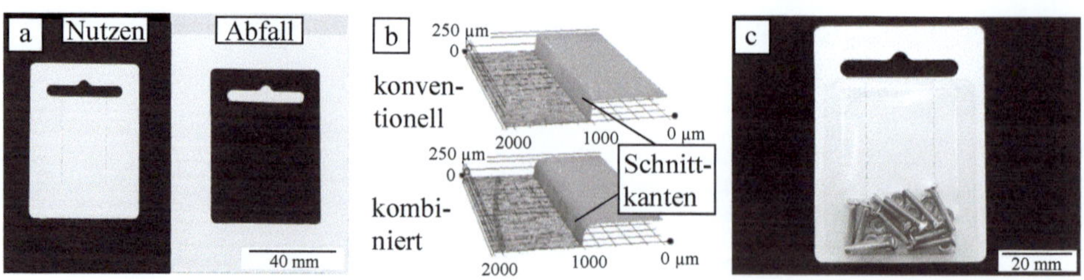

Abbildung 6.8: Einsatz des Demonstrators zum Stanzen von Karton; (a) Stanzergebnis, (b) Vergleich der Schnittkanten, (c) Verwendung als Verpackungsrückwand

Justierung des Stanzdrucks angepasst werden kann. Da sich mit dem Demonstrator vielmehr gleichförmige und glatte Kanten erzeugen lassen, kann der Nutzen wie vorgesehen als Verpackungsrückwand eingesetzt werden (Abbildung 6.8.c).

Für die zweite Stanzdemonstration zeigt Abbildung 6.9.a den Versuchsstand zum Anstanzen des Haftmaterials. Durch die Magnetkraft lässt sich der Demonstrator anliegend am Zylinderumfang fixieren. Dadurch wird bestätigt, dass die Anforderung an die Biegefähigkeit des Stanzblechdemonstrators erfüllt ist. Der Einsatz des Werkzeugs führt zu einem angestanzten Etikett (Abbildung 6.9.b), dessen Schnittkanten eine vergleichbare Qualität wie die des zuvor gestanzten Kartons aufweisen. Somit kann das Etikett als Siegel auf einer Glasverpackung verwendet werden (Abbildung 6.9.c). Die erfolgreich durchgeführten Stanzversuche belegen, dass die Funktion der Werkzeuge in beiden Demonstrationsfällen gewährleistet ist.

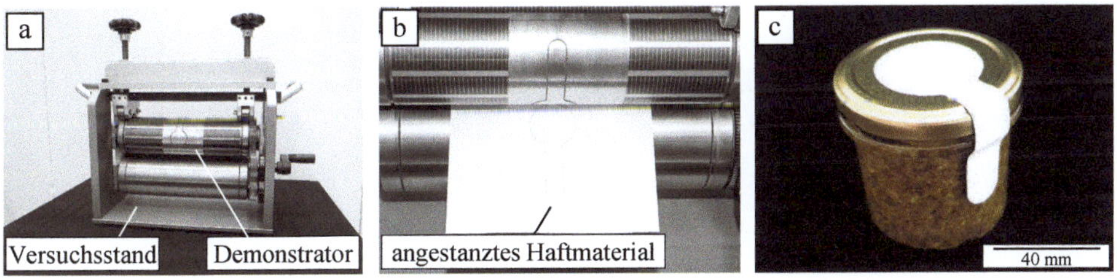

Abbildung 6.9: Einsatz des Demonstrators zum Anstanzen von Haftmaterial; (a) Versuchsaufbau, (b) Stanzergebnis, (c) appliziertes Etikett

6.3 Wirtschaftliche Betrachtung

Nach erfolgreicher Stanzdemonstration wird im Folgenden eine Kostenvergleichsrechnung durchgeführt, bei der die Kosten der neu entwickelten Prozesskombination denen der konventionellen Stanzform- bzw. Stanzblechfertigung gegenübergestellt werden. Um diesen Vergleich zu ermöglichen, werden auf Basis der Prozesse der einzelnen Fertigungsverfahren Kostenberechnungsmodelle abgeleitet.

Das dazu notwendige Schema des kombinierten Prozesses wird aus Abschnitt 4.2 herangezogen. Analog zu diesem werden im nächsten Schritt ebenfalls die Abläufe der konventionellen Herstellverfahren in das eigens definierte Prozessschema aus Abbildung 4.1 eingeordnet. Für die anschließende Ableitung der drei Kostenmodelle wird der Ansatz des Time-driven Activity-based Costing gewählt, bei dem die Kosten den Aktivitäten zugeordnet werden und die Tätigkeitsdauer maßgeblich für alle zeitabhängigen Kostenkomponenten wirkt [263]. Abschließend erfolgt die Ergebnisdarstellung des Verfahrensvergleichs.

6.3.1 Prozesse konventioneller Stanzwerkzeugfertigung

Basierend auf Abschnitt 2.3.2 ergeben sich die Prozessabläufe für die Herstellung konventioneller Stanzwerkzeuge. In beiden Fällen werden diejenigen Prozessschritte der Bearbeitung zugeordnet, die direkt mit der physischen Erzeugung der Stanzlinien verbunden sind. Alle anderen Vorgänge werden den vor- und nachgelagerten Prozessschritten zugewiesen.

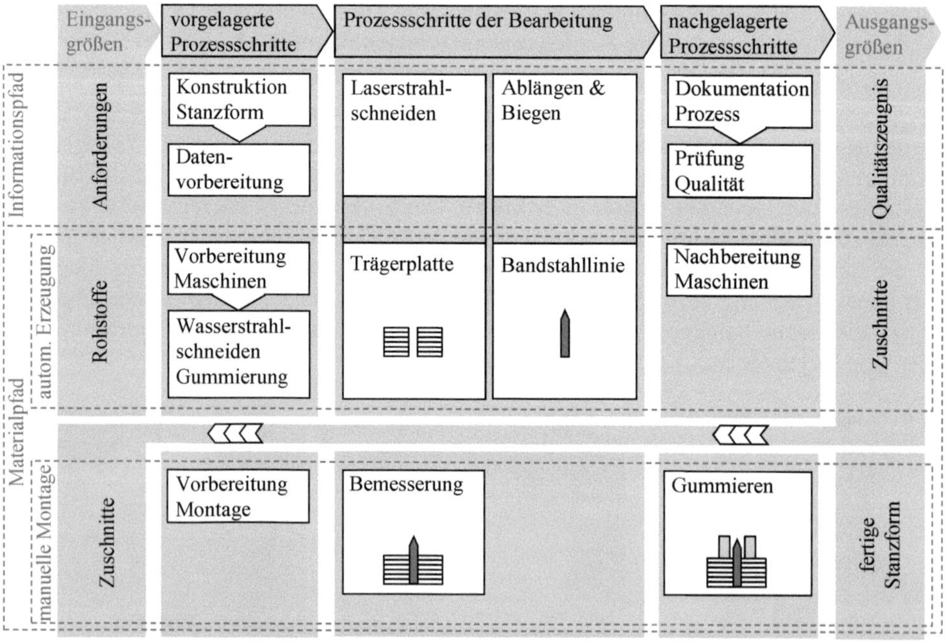

Abbildung 6.10: Prozess zur Herstellung konventioneller Stanzformen

In Abbildung 6.10 ist der Prozess zur Herstellung konventioneller Stanzformen dargestellt. Der Informationspfad umfasst in den vorgelagerten Prozessschritten die Konstruktion der Stanzform auf Basis der Anforderungen und die Ableitung der notwendigen Daten für das Laserstrahlschneiden sowie für das Ablängen und Biegen aus der Konstruktionsdatei. Die erstellten Dateien werden im Anschluss zur Durchführung der Bearbeitung an die beiden Maschinen übertragen. Nachgelagert erfolgt die Dokumentation der Bearbeitung sowie die Prüfung der Stanzformqualität, die im Rahmen der Freigabe in einem Qualitätszeugnis festgehalten wird.

Der Materialpfad ist zweigeteilt, da zunächst die Rohstoffe automatisiert zugeschnitten werden und anschließend die Stanzform manuell montiert wird. Als Eingangsgrößen für die Herstellung der Zuschnitte dienen die Platten der Auswerfergummis und Multiplexträger sowie das Coil der Bandstahllinien. Es erfolgt die Vorbereitung der Wasserstrahlschneidmaschine, der Laserstrahlschneidmaschine, der Abläng- und Biegemaschine sowie das Zuschneiden der Gummierung. In der Bearbeitung werden die Trägerplatte zugeschnitten und die Bandstahllinien vorbereitet. Im Anschluss an die Nachbereitung der Maschinen liegen sämtliche Zuschnitte als Ausgangsgrößen vor und werden der manuellen Montage zugeführt. Nach der Vorbereitung der Montageplätze erfolgt die Bemesserung der Trägerplatten mit den Bandstahllinien. Im nachgelagerten Schritt wird die Gummierung auf die Trägerplatte aufgebracht, wodurch letztlich die fertige Stanzform entsteht.

Den zweiten Prozess zur Herstellung von konventionellen Stanzwerkzeugen zeigt Abbildung 6.11. Bei der Stanzblechfertigung beginnt der Informationspfad nach Erhalt der Anforderungen genau wie bei der Stanzformfertigung mit der Konstruktion des Stanzwerkzeugs sowie mit der Ableitung der Maschinendaten. Diese Daten umfassen die Informationen zum Plotten der Stanzlinienkontur und zum Gravieren der Stanzlinien. Sie werden an die entsprechenden Maschinen zur Bearbeitung übertragen. Nach der Bearbeitung wird

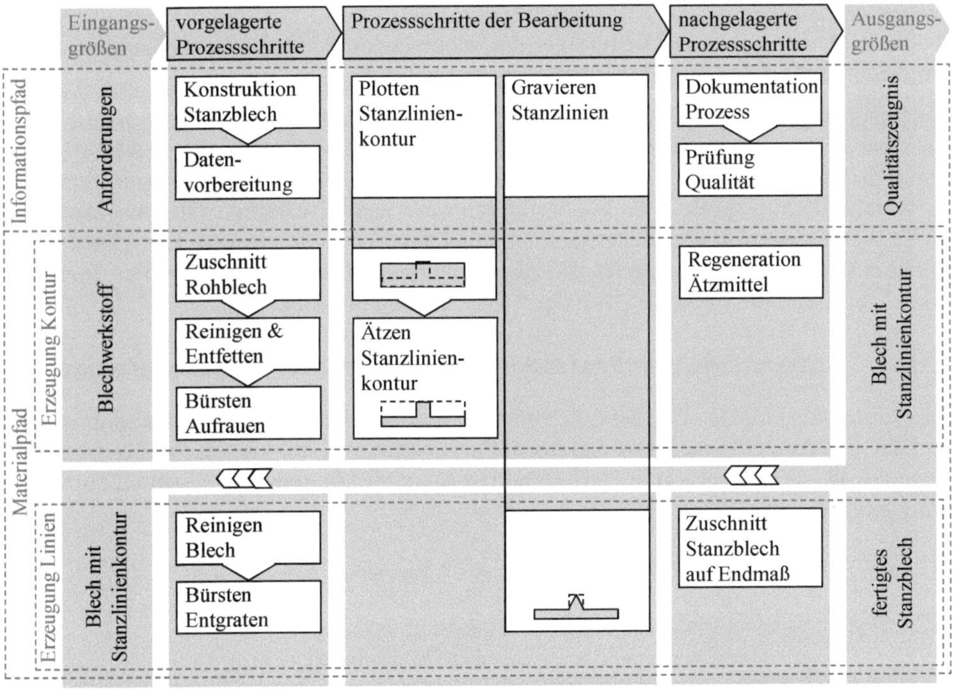

Abbildung 6.11: Prozess zur Herstellung konventioneller Stanzbleche

der Herstellprozess dokumentiert, die Qualität des Stanzblechs auf dem Prüfstand überprüft und das Werkzeug mit einem Qualitätszeugnis für den bestimmungsgemäßen Gebrauch freigegeben.

Der Materialpfad gliedert sich in zwei Teile, die Erzeugung der stumpfen Stanzlinienkontur und das Schärfen der Stanzlinien. Als Eingangsgröße für den ersten Teil dient der Blechwerkstoff, der mit der Plattenschere auf ein Rohformat zugeschnitten wird. Anschließend wird das Blech ebenfalls im Rahmen der vorbereitenden Prozessschritte im Vorbereitungsbecken gereinigt und entfettet sowie in der Bürstenmaschine aufgeraut. Während der Bearbeitung erfolgt das Plotten der Linienkontur auf die Blechoberfläche und die Erzeugung der stumpfen Stanzlinien durch den Ätzvorgang, bei dem parallel die Regeneration des Ätzmediums abläuft. Als Ergebnis liegt das Blech mit den Stanzlinien in ungeschärfter Form vor. Zur Herstellung der finalen Linien durchläuft dieses im Nachbehandlungsbecken eine Reinigung, und die Stanzlinienkontur wird in der zweiten Bürstenmaschine entgratet. Danach werden die Stanzlinien mit dem Gravierstichel geschärft und das Blech auf Endmaß geschnitten. Am Ende des Prozesses steht das fertige Stanzblech als Ausgangsgröße.

6.3.2 Kostenmodelle der Fertigungsverfahren

In diesem Abschnitt werden die Berechnungsmodelle für die Herstellkosten der Fertigungsverfahren aufgestellt. Ihre Struktur zieht als Grundlage die Prozessschemas aus Abbildung 4.4 sowie aus dem vorherigen Abschnitt hinzu und orientiert sich an der in Abschnitt 2.4 dargestellten Kostengliederung, die sämtliche Materialkosten und fertigungsbezogenen Kosten umfasst. Allgemeine Verwaltungs- und Vertriebskosten bleiben unberücksichtigt, da diese in der Regel über unternehmensindividuelle Zuschlagssätze auf die hergestellten Produkte umgelegt werden.

Das Vorgehen beginnt mit der Aufstellung verfahrensspezifischer, zeitabhängiger Kostenfunktionen, die die relevanten Kostenkomponenten des gesamten Prozesses abbilden. Durch die Normierung dieser Kostenfunktion auf die Länge der produzierten Stanzlinie als variable Bezugsgröße wird ein Vergleich der Herstellverfahren möglich. Auf diese Weise werden die von der Stanzlinienlänge abhängigen Zeiten in eine Längenabhängigkeit überführt. Gleichzeitig stellen die längenabhängigen Kosten den variablen Kostenanteil dar, während die Fixkosten von der Länge unabhängig sind.

6.3.2.1 Kostenmodell der Prozesskombination zur Stanzwerkzeugfertigung

Die Herstellkosten eines Prozesses setzen sich grundsätzlich aus den Kostenkomponenten der Gleichungen 2.13 und 2.14 zusammen. Für die Prozesskombination ergeben sich somit die in Gleichung 6.2 gezeigten Herstellkosten $K_{HK,KP}$ [€], deren Komponenten einzeln erläutert werden.

$$K_{HK,KP} = K_{MAT,KP} + K_{GK,KP} + K_{MK,KP} + K_{PK,KP} \tag{6.2}$$

mit $K_{MAT,KP}$ Materialkosten der Prozesskombination [€]
$K_{GK,KP}$ Gemeinkosten der Prozesskombination [€]
$K_{MK,KP}$ Maschinenkosten der Prozesskombination [€]
$K_{PK,KP}$ Personalkosten der Prozesskombination [€]

Dem Hybridbauteil können die Kosten für die benötigten Rohstoffe des laseradditiven Segments sowie des konventionell hergestellten Substratblechs verursachungsgerecht als Materialeinzelkosten $K_{MAT,KP}$ zugeordnet werden (Gleichung 6.3). Indirekte Materialkosten werden im Bereich der Gemeinkosten als unechte Gemeinkosten berücksichtigt.

$$K_{MAT,KP} = 1{,}1 \times k_{PU} \times \rho_{LA} \times V_{LA} + k_{SUB} \times \rho_{SUB} \times V_{SUB} \tag{6.3}$$

Die Kosten für den Pulverwerkstoff errechnen sich aus dem Metallpulverpreis k_{PU}, der Dichte des Pulverwerkstoffs sowie dem Pulvervolumen. Aufgrund des Massenerhaltungssatzes kann die Masse des Pulvers durch die Dichte ρ_{LA} und das Volumen des aufgebauten Werkstoffs V_{LA} ersetzt werden. Darüber hinaus werden mit dem Faktor 1,1 Pulververluste von 10 % berücksichtigt, die bei nachgelagerten Tätigkeiten wie dem Aussaugen der Prozesskammer entstehen. Das Modell beruht auf einer vorherigen Validierung des Pulvers, weshalb keine zusätzlichen Kosten für die Qualitätskontrolle des Materials veranschlagt werden. Für das Substratblech erfolgt die Berechnung der Materialkosten ebenfalls unter Berücksichtigung des Kilogrammpreises des Werkstoffs k_{SUB}, der Dichte ρ_{SUB} und des Volumens V_{SUB}.

Die Gemeinkosten der Prozesskombination $K_{GK,KP}$ setzen sich aus den Kosten der vorgelagerten Prozessschritte $K_{GK,VPS,KP}$, den Kosten der integralen Bearbeitung $K_{GK,IBPS,KP}$ und den Kosten der nachgelagerten Prozessschritte $K_{GK,NPS,KP}$ zusammen (Gleichung 6.4).

$$K_{GK,KP} = K_{GK,VPS,KP} + K_{GK,IBPS,KP} + K_{GK,NPS,KP} \tag{6.4}$$

In die Gemeinkosten der vorgelagerten Prozessschritte $K_{GK,VPS,KP}$ [€] fließen die Kosten der Konstruktion und Datenvorbereitung ein (Gleichung 6.5). Sie ergeben sich aus den

Kosten für die Hardwarenutzung k_{HW} und den Kosten für die jeweils erforderliche Software k_{CAD}, $k_{CAM,LA}$ oder $k_{CAM,LS}$ multipliziert mit der Dauer der Bauteilkonstruktion $t_{KON,KP}$ bzw. der Zeit der Datenvorbereitung für die laseradditive und lasersubtraktive Maschine $t_{DV,LA}$ und $t_{DV,LS}$. Gemeinkosten zur Vorbereitung der Maschinen fallen nicht an.

$$K_{GK,VPS,KP} = (k_{HW} + k_{CAD}) \times t_{KON,KP} + (k_{HW} + k_{CAM,LA}) \times t_{DV,LA} + (k_{HW} + k_{CAM,LS}) \times t_{DV,LS} \quad (6.5)$$

Beim Maschinenbetrieb entstehen Gemeinkosten für die integrale Bearbeitung $K_{GK,IBPS,KP}$ [€] (Gleichung 6.6). Dabei setzt sich der Kostenanteil der laseradditiven Maschine aus den Kosten für das Fluten der Maschine K_{FLU} mit Argon als Schutzgas und weiteren Verbrauchskosten während der Dauer des Aufbauvorgangs t_{LA} zusammen. In die Verbrauchskosten fließen die Kosten für den Argonverbrauch k_{GAS}, die Kosten für den Verschleiß des Filters k_{FIL} und der Carbonbürste k_{CB} als Beschichter ein. Aus dem durchschnittlichen Gasverbrauch der Maschine pro Stunde und den Kosten für ein Bündel gefüllter Gasflaschen ergeben sich die Kosten für das Schutzgas. Die Filter- und Beschichterkosten errechnen sich aus dem Einkaufspreis bezogen auf die Lebensdauer der jeweiligen Komponente. Im vorliegenden Fall umfasst die Dauer t_{LA} die Belichtung des Metallpulvers mit dem Laserstrahl, das Aufziehen der Pulverschichten und die Stellbewegungen des Hubtisches. Für den Abtragvorgang werden keine zusätzlichen Gemeinkosten berücksichtigt, da die Kosten für das benötigte geringwertige Material bereits als Instandhaltungskosten im Maschinenstundensatz enthalten sind.

$$K_{GK,IBPS,KP} = K_{FLU} + (k_{GAS} + k_{CB} + k_{FIL}) \times t_{LA} \quad (6.6)$$

Zu den Gemeinkosten der nachgelagerten Prozessschritte $K_{GK,NPS,KP}$ [€] zählen die Kosten für die Gemeinkostenmaterialien zur Nachbereitung, der Prozessdokumentation und der Qualitätsprüfung (Gleichung 6.7). Die Prozessschritte der Nachbereitung verursachen unechte Gemeinkosten durch den Einsatz von Reinigungsmitteln und Reinigungstüchern. Diese Betriebsmittelkosten fallen sowohl bei der maschinellen Nachbereitung in beiden Teilprozessen als auch bei der Nachbereitung des additiv gefertigten Rohbauteils und des abgetragenen Bauteils an. Sie fließen in das Kostenmodell als fixe Kostenpauschalen K_{RL} und K_{TEX} ein. Zusätzlich fallen für die Reinigung der laseradditiven Maschine mit dem Staubsauger die Kosten K_{STA} an. Im Modell werden das Sieben und die Rückführung des Metallpulvers nicht berücksichtigt. Aufgrund der Herstellung von Hybridbauteilen ist weder eine Aufbereitung der Bauplattform mit entsprechenden Kosten notwendig, noch entstehen Abfälle in Form von Stützstrukturresten oder Spänen, deren Recycling kostenseitig ebenfalls berücksichtigt werden müsste. Zusätzlich fallen Kosten für die Prozessdokumentation bei einem Stundensatz k_{HW} mit der Dauer t_{DOK} und für die Qualitätsprüfung bei einem Stundensatz k_{QP} mit der Dauer t_{QP} an.

$$K_{GK,NPS,KP} = K_{RL} + K_{TEX} + K_{STA} + k_{HW} \times t_{DOK} + k_{QP} \times t_{QP} \quad (6.7)$$

Zur Ermittlung der Maschinenkosten $K_{MK,KP}$ werden die Nutzungszeiten der beiden Lasermaschinen im Rahmen eines Fertigungsauftrags mit den jeweiligen Maschinenstundensätzen $k_{MSS,LA}$ und $k_{MSS,LS}$ verrechnet (Gleichung 6.8).

$$K_{MK,KP} = k_{MSS,LA} \times (t_{VBM,LA} + t_{FLU} + t_{LA} + t_{NBM,LA}) + k_{MSS,LS} \times (t_{VBM,LS} + t_{LS} + t_{NBM,LS}) \quad (6.8)$$

Als Nutzungsdauer werden für die laseradditive Maschine die Zeiten der Vorbereitung $t_{VBM,LA}$, des Flutens t_{FLU}, des Aufbauvorgangs t_{LA} und der Nachbereitung $t_{NBM,LA}$ berücksichtigt. Das vorliegende Modell legt zugrunde, dass die Dauer der Aufheiz- und Abkühlphase des Baujobs der Zeit t_{FLU} zugeschlagen wird. Da die Hybridbauteile nur über ein kleines additiv aufzubauendes Volumen verfügen, wird auf eine Plattformheizung verzichtet. Die Zeiten für die Vor- und Nachbereitung sind fix, während die produktive Zeit t_{LA} von der entsprechenden Bezugsvariable abhängt. Der Maschinenkostenanteil für den lasersubtraktiven Teilprozess ergibt sich aus der Vorbereitungszeit $t_{VBM,LS}$, der Dauer des Abtragvorgangs t_{LS} und der Nachbereitungszeit der Maschine $t_{NBM,LS}$. Die für die Berechnung der Maschinenkosten benötigten Maschinenstundensätze $k_{MSS,LA}$ und $k_{MSS,LS}$ werden mit der Gleichung 2.16 kalkuliert.

Aus den Stundensätzen des eingesetzten Ingenieurs k_{ING} und Technikers k_{TEC} multipliziert mit der jeweiligen Tätigkeitsdauer ergeben sich die Personalkosten $K_{PK,KP}$ (Gleichung 6.9). Der Ingenieur ist während des gesamten kombinierten Prozesses ausschließlich für die Zeit der Konstruktion $t_{KON,KP}$ eingebunden. Alle übrigen personalaufwändigen Tätigkeiten werden vom Techniker durchgeführt. Sie reichen von der Datenvorbereitung über die Maschinenvorbereitung und Substratblechvorbereitung mit der Zeit t_{SUB} bis zur Maschinennachbereitung und Bauteilnachbereitung mit den Zeiten $t_{NBB,LA}$ und $t_{NBB,LS}$ sowie der Prozessdokumentation und Qualitätsprüfung. Während der integralen Bearbeitung fallen keine Personalkosten an, da diese automatisiert abläuft.

$$\begin{aligned} K_{PK,KP} = k_{ING} \times t_{KON,KP} + k_{TEC} \times \big(&t_{DV,LA} + t_{DV,LS} + t_{SUB} + t_{VBM,LA} + t_{NBM,LA} \\ &+ t_{NBB,LA} + t_{VBM,LS} + t_{NBM,LS} + t_{NBB,LS} + t_{DOK} + t_{QP}\big) \end{aligned} \tag{6.9}$$

Zusammenfassend ergibt sich aus den Gleichungen 6.3 bis 6.9 folgende Gleichung 6.10 als zeitabhängige Kostenfunktion für die Herstellkosten der Prozesskombination $K_{HK,KP}$. In der dargestellten Form werden die Kosten in variable, von der Zeit des aufgebauten bzw. abgetragenen Volumens abhängige Komponenten und in zeitunabhängige Fixkosten aufgeteilt.

$$\begin{aligned} K_{HK,KP}(t) = 1{,}1 \times k_{PU} \times \rho_{LA} \times V_{LA} &+ \left(k_{MSS,LA} + k_{CB} + k_{GAS} + k_{FIL}\right) \times t_{LA} \\ &+ k_{MSS,LS} \times t_{LS} + k_{SUB} \times \rho_{SUB} \times V_{SUB} + K_{GK,VPS,KP} + K_{FLU} \\ &+ K_{GK,NPS,KP} + k_{MSS,LA} \times \left(t_{VBM,LA} + t_{FLU} + t_{NBM,LA}\right) \\ &+ k_{MSS,LS} \times \left(t_{VBM,LS} + t_{NBM,LS}\right) + K_{PK,KP} \end{aligned} \tag{6.10}$$

Die Überführung der Zeitabhängigkeit in eine von der Länge der erzeugten Stanzlinie abhängige Kostenfunktion erfolgt durch die Substitution des Aufbauvolumens V_{LA}, des Abtragvolumens V_{LS}, der Dauer des Aufbauvorgangs t_{LA} und der Dauer des Abtragvorgangs t_{LS}. Das Aufbauvolumen V_{LA} [cm³] wird durch seine konstante Querschnittsfläche A_{LA} und seine variable Aufbaulänge L ersetzt (Gleichung 6.11).

$$V_{LA} = A_{LA} \times L \tag{6.11}$$

Die zeitliche Dauer des Aufbauvorgangs t_{LA} [min] wird im ersten Schritt durch den Quotienten aus dem Aufbauvolumen V_{LA} und der Aufbaurate VR_{LA} ersetzt. Zusammen mit der Gleichung 6.11 ergibt sich im zweiten Schritt die Längenabhängigkeit, die in der Gleichung 6.12 dargestellt ist.

$$t_{LA} = \frac{V_{LA}}{VR_{LA}} = \frac{A_{LA}}{VR_{LA}} \times L \tag{6.12}$$

Durch die gleiche Beziehung wird die Dauer des Abtragvorgangs t_{LS} [min] substituiert. Es ergibt sich die Gleichung 6.13, in der das Abtragvolumen V_{LS}, ausgedrückt als Produkt der Querschnittsfläche des Abtragvolumens A_{LS} und der variablen Abtraglänge L, durch die Abtragrate VR_{LS} dividiert wird. Aufgrund des beidseitigen Abtrags der Stanzlinien geht zusätzlich der Faktor 2 in die Berechnung ein.

$$t_{LS} = \frac{2 \times V_{LS}}{VR_{LS}} = \frac{2 \times A_{LS}}{VR_{LS}} \times L \tag{6.13}$$

Da bei der Herstellung der Stanzlinien alle laseradditiv aufgebauten Segmente einer laser-subtraktiven Nachbearbeitung unterzogen werden, entspricht die variable Aufbaulänge immer der variablen Abtraglänge. Somit können beide Längen in der Kostenfunktion mit demselben Formelzeichen L belegt werden. Im Ergebnis entsteht die folgende Funktion mit der Stanzlinienlänge L als variabler Bezugsgröße (Gleichung 6.14).

$$\begin{aligned} K_{HK,KP}(L) = {} & 1{,}1 \times A_{LA} \times k_{PU} \times \rho_{LA} \times L \\ & + \tfrac{A_{LA}}{VR_{LA}} \times \left(k_{MSS,LA} + k_{CB} + k_{GAS} + k_{FIL}\right) \times L \\ & + \tfrac{2 \times A_{LS}}{VR_{LS}} \times k_{MSS,LS} \times L + k_{SUB} \times \rho_{SUB} \times V_{SUB} + K_{GK,VPS,KP} \\ & + K_{FLU} + K_{GK,NPS,KP} + k_{MSS,LA} \times \left(t_{VBM,LA} + t_{FLU} + t_{NBM,LA}\right) \\ & + k_{MSS,LS} \times \left(t_{VBM,LS} + t_{NBM,LS}\right) + K_{PK,KP} \end{aligned} \tag{6.14}$$

Dabei errechnet sich die Querschnittsfläche des aufzubauenden Volumens A_{LA} [cm^2] nach Gleichung 6.15 und die des abzutragenden Volumens A_{LS} [cm^2] nach Gleichung 6.16.

$$A_{LA} = B \times \left(H - \frac{B}{4 \times \tan\frac{\beta}{2}} + \frac{B_{LS}}{\sin\frac{\beta}{2}} \right) \tag{6.15}$$

$$A_{LS} = B_{LS} \times \frac{B}{2 \times \sin\frac{\beta}{2}} \tag{6.16}$$

Da für die Querschnittsflächen die Stanzlinienbreite B, die Stanzlinienhöhe H und der Bauteilwinkel β frei gewählt werden können, erlaubt das Modell die Betrachtung der Kosten unterschiedlich geformter Stanzlinienprofile, abhängig von der Stanzlinienlänge L. Die Herleitung der dargestellten geometrischen Zusammenhänge ist in Anhang A1 skizziert.

6.3.2.2 Kostenmodell der konventionellen Stanzformfertigung

Nachfolgend wird das aus dem Prozessschema der Stanzformfertigung (vgl. Abbildung 6.10) abgeleitete Kostenberechnungsmodell vorgestellt. Analog zum bereits beschriebenen Modell für den kombinierten Prozess setzen sich die Herstellkosten für konventionelle Stanzformen $K_{HK,SF}$ [€] aus den Materialkosten $K_{MAT,SF}$, den Gemeinkosten $K_{GK,SF}$, den Maschinenkosten $K_{MK,SF}$ sowie den Personalkosten $K_{PK,SF}$ zusammen (Gleichung 6.17).

$$K_{HK,SF} = K_{MAT,SF} + K_{GK,SF} + K_{MK,SF} + K_{PK,SF} \tag{6.17}$$

Als Materialkosten $K_{MAT,SF}$ [€] können einer Stanzform die Rohstoffe für die Trägerplatte, die Bandstahlmesser und die Gummierung als direkte Materialkosten verursachungsgerecht zugeordnet werden (Gleichung 6.18).

$$K_{MAT,SF} = k_{TP} \times A_{TP} + k_{BS} \times L + 2 \times k_{GUM} \times L \quad (6.18)$$

Aus den Rohstoffkosten k_{TP} und der Stanzformgrundfläche A_{TP} werden die Kosten für die Trägerplatte berechnet. Die Materialkosten für die Bandstahllinien und die Auswerfergummis gehen in Abhängigkeit von der eingesetzten Bandstahllänge L in das Berechnungsmodell ein. Analog zum Modell des kombinierten Prozesses ist die Länge L die variable Bezugsgröße. Für den Bandstahl ergeben sich die Materialkosten aus den Rohstoffkosten pro Längeneinheit k_{BS} multipliziert mit der einfachen Länge L. Im Kostensatz ist bereits berücksichtigt, dass die Bandstahllinien unabhängig vom Schneidwinkel immer eine konstante Querschnittsfläche mit einer Breite B von 2 pt und einer Höhe H von 23,8 mm aufweisen. Somit kann bei der Kostenberechnung direkt eine Abhängigkeit von L ohne Angabe der Querschnittsfläche hergestellt werden. Für die Materialkosten der Auswerfergummis k_{GUM} leitet sich die doppelte Länge L aus der beidseitigen Gummierung um die eingesetzten Bandstahllinien ab.

Die Gemeinkosten der Stanzformfertigung $K_{GK,SF}$ [€] setzen sich aus den Kosten der vorgelagerten Prozessschritte $K_{GK,VPS,SF}$, den Kosten der Bearbeitung $K_{GK,BPS,SF}$ sowie den Kosten der nachgelagerten Prozessschritte $K_{GK,NPS,SF}$ zusammen (Gleichung 6.19).

$$K_{GK,SF} = K_{GK,VPS,SF} + K_{GK,BPS,SF} + K_{GK,NPS,SF} \quad (6.19)$$

In die Gemeinkosten der vorgelagerten Prozessschritte $K_{GK,VPS,SF}$ [€] gehen die Kosten für die Konstruktion und Datenvorbereitung sowie die Kosten für das Gemeinkostenmaterial des Wasserstrahlschneidens ein (Gleichung 6.20). Für die Bauteilkonstruktion und Datenvorbereitung errechnen sich die Kosten aus den anteiligen Kosten für die Hardware k_{HW} und den Softwareeinsatz $k_{CAD/CAM}$ sowie dem Zeitaufwand für die Erstellung der CAD-Datei $t_{KON,SF}$ und der Maschinenprogramme für die drei eingesetzten Maschinen zum Laserstrahlschneiden $t_{DV,LSS}$, Ablängen und Biegen $t_{DV,AB}$ sowie Wasserstrahlschneiden $t_{DV,WSS}$. Für die Dauer des Wasserstrahlschneidens der Gummierung t_{WSS} fallen Kosten für den Wassereinsatz k_{WAS} an.

$$\begin{aligned} K_{GK,VPS,SF} = {} & (k_{HW} + k_{CAD/CAM}) \times (t_{KON,SF} + t_{DV,LSS} + t_{DV,AB} + t_{DV,WSS}) \\ & + k_{WAS} \times t_{WSS} \end{aligned} \quad (6.20)$$

Zu den Gemeinkosten der Bearbeitung $K_{GK,BPS,SF}$ [€] zählen die Kosten, die während des Betriebs der Abläng- und Biegemaschine sowie der manuellen Montage anfallen (Gleichung 6.21). Über die Dauer t_{AB} werden die Kosten für den Schmierstoffverbrauch bei der Herstellung der Bandstahllinien in definierter Länge und Form k_{SS} berücksichtigt. Während der Bemesserungsdauer t_{MES} fallen Kosten für die Nutzung des Montagearbeitsplatzes k_{MON} und für den Werkzeugverschleiß $k_{WZ,MES}$ an. Für das Laserstrahlschneiden werden keine Gemeinkosten in die Berechnung einbezogen, da die Kosten für das geringwertige Material dieses Vorgangs in den Instandhaltungskosten der Maschine berücksichtigt sind.

$$K_{GK,BPS,SF} = k_{SS} \times t_{AB} + (k_{MON} + k_{WZ,MES}) \times t_{MES} \quad (6.21)$$

Den nachgelagerten Prozessschritten werden Gemeinkosten $K_{GK,NPS,SF}$ [€] für die Reinigung der Wasserstrahlschneidmaschine, das Gummieren, die Prozessdokumentation und die Prüfung der Qualität zugeordnet (Gleichung 6.22). Die Reinigungskosten bestehen aus den Fixkosten für die Reinigungslösung zum Spülen der Wasserstrahldüse K_{RL} und für die

Tücher zum Reinigen des Schneidtisches K_{TEX}. Das Verkleben der Gummierung verursacht Kosten für die Nutzung des Arbeitsplatzes k_{MON} mit der Dauer t_{GUM}. Aus den Kostensätzen für Hardware k_{HW} und der Dauer der Dokumentation t_{DOK} ergeben sich die Kosten für die Prozessdokumentation. Analog werden die Kosten für die Qualitätsprüfung über den Kostensatz k_{QP} und die Dauer der Prüfung t_{QP} berechnet.

$$K_{GK,NPS,SF} = K_{RL} + K_{TEX} + k_{MON} \times t_{GUM} + k_{HW} \times t_{DOK} + k_{QP} \times t_{QP} \tag{6.22}$$

Für die Stanzformfertigung werden die Maschinenkosten $K_{MK,SF}$ [€] aus den Nutzungszeiten der Maschinen und den zugehörigen Maschinenstundensätzen $k_{MSS,LSS}$, $k_{MSS,AB}$ und $k_{MSS,WSS}$ ermittelt (Gleichung 6.23). Die Nutzungszeiten aller Maschinen setzen sich jeweils aus der Vorbereitungszeit, der Dauer der Bearbeitung und der Nachbereitungszeit zusammen. Für die Vor- und Nachbereitungszeit werden feste Zeiten angenommen. Von der Länge der eingesetzten Bandstahllinien abhängig und daher variabel sind die Zeiten für das Laserstrahlschneiden t_{LSS}, das Ablängen und Biegen t_{AB} sowie das Wasserstrahlschneiden t_{WSS}.

$$\begin{aligned} K_{MK,SF} = {} & k_{MSS,LSS} \times \left(t_{VBM,LSS} + t_{LSS} + t_{NBM,LSS}\right) \\ & + k_{MSS,AB} \times \left(t_{VBM,AB} + t_{AB} + t_{NBM,AB}\right) \\ & + k_{MSS,WSS} \times \left(t_{VBM,WSS} + t_{WSS} + t_{NBM,WSS}\right) \end{aligned} \tag{6.23}$$

Ein Teil der Personalkosten $K_{PK,SF}$ [€] ergibt sich aus dem Einsatz des Ingenieurs mit dem Kostensatz k_{ING} für die Dauer $t_{KON,SF}$ der Bauteilkonstruktion (Gleichung 6.24). Der andere Teil ergibt sich aus der Beschäftigung des Technikers, der die übrigen Tätigkeiten zu einem branchenüblichen Stundensatz k_{TEC} durchführt. Diese reichen von der Datenvorbereitung, über die Maschinenvor- und -nachbereitung und das Einsetzen der Bandstahlmesser bis hin zur Kontrolle der Vollständigkeit im Rahmen der Qualitätsprüfung.

$$\begin{aligned} K_{PK,SF} = {} & k_{ING} \times t_{KON,SF} + k_{TEC} \times \left(t_{DV,LSS} + t_{DV,AB} + t_{DV,WSS} + t_{VBM,LSS} \right. \\ & + t_{NBM,LSS} + t_{VBM,AB} + t_{NBM,AB} + t_{VBM,WSS} + t_{NBM,WSS} \\ & \left. + t_{MES} + t_{GUM} + t_{DOK} + t_{QP}\right) \end{aligned} \tag{6.24}$$

Für die Herstellkosten der Stanzformfertigung $K_{HK,SF}$ ergibt sich die Gleichung 6.25 als zeitabhängige Kostenfunktion. Auch in diesem Berechnungsmodell werden die Kosten in variable und fixe Anteile unterteilt.

$$\begin{aligned} K_{HK,SF}(t) = {} & (2 \times k_{GUM} + k_{BS}) \times L + k_{MSS,LSS} \times t_{LSS} + \left(k_{SS} + k_{MSS,AB}\right) \times t_{AB} \\ & + \left(k_{WAS} + k_{MSS,WSS}\right) \times t_{WSS} + \left(k_{MON} + k_{WZ,MES}\right) \times t_{MES} \\ & + k_{MON} \times t_{GUM} + k_{TEC} \times (t_{MES} + t_{GUM}) + k_{TP} \times A_{TP} \\ & + \left(k_{HW} + k_{CAD/CAM}\right) \times \left(t_{KON,SF} + t_{DV,LSS} + t_{DV,AB} + t_{DV,WSS}\right) \\ & + K_{RL} + K_{TEX} + k_{HW} \times t_{DOK} + k_{QP} \times t_{QP} \\ & + k_{MSS,LSS} \times \left(t_{VBM,LSS} + t_{NBM,LSS}\right) \\ & + k_{MSS,AB} \times \left(t_{VBM,AB} + t_{NBM,AB}\right) \\ & + k_{MSS,WSS} \times \left(t_{VBM,WSS} + k_{NBM,WSS}\right) + k_{ING} \times t_{KON,SF} \\ & + k_{TEC} \times \left(t_{DV,LSS} + t_{DV,AB} + t_{DV,WSS} + t_{VBM,LSS} + t_{NBM,LSS} \right. \\ & \left. + t_{VBM,AB} + t_{NBM,AB} + t_{VBM,WSS} + t_{NBM,WSS} + t_{DOK} + t_{QP}\right) \end{aligned} \tag{6.25}$$

Die Zeitdauer der einzelnen Vorgänge kann wiederum abhängig von der variablen Bezugsgröße L und von einer dem jeweiligen Vorgang zugeordneten Längenrate LR [cm/h] ausgedrückt werden. Bei der Herstellung der Zuschnitte werden t_{LSS}, t_{AB} und t_{WSS} substituiert. Das Laserstrahlschneiden der Trägerplatte t_{LSS} [min] wird durch einen konstanten zeitlichen Anteil, bei dem die Grundfläche der Platte zugeschnitten wird, und einen von der Länge der Bandstahllinie abhängigen Anteil ersetzt (Gleichung 6.26).

$$t_{LSS} = \frac{U_{TP}}{1{,}55 \times LR_{LSS}} + \frac{L}{LR_{LSS}} \tag{6.26}$$

Die Konstante errechnet sich aus dem Umfang der Trägerplatte U_{TP} dividiert durch die Längenrate des Laserstrahlschneidens LR_{LSS}, die angibt, welche Strecke pro Zeiteinheit geschnitten wird. Der variable Anteil wird durch den Quotienten aus variabler Länge L und LR_{LSS} dargestellt. Er gibt an, welche Schlitzlänge für die Bandstahlmesser pro Zeiteinheit erzeugt werden kann. Da der Umfang der Platte mit einer um 55 % schnelleren Längenrate geschnitten wird als die Schlitze für die Bandstahlmesser, wird die Konstante mit dem Faktor 1,55 belegt.

Die Dauer des Ablängens und Biegens t_{AB} [min] kann durch die Beziehung zwischen L und der Abläng- und Biegerate LR_{AB}, welche die abgelängte und gebogene Bandstahllänge pro Zeiteinheit angibt, ersetzt werden (Gleichung 6.27).

$$t_{AB} = \frac{L}{LR_{AB}} \tag{6.27}$$

Analog kann die Wasserstrahlschneidzeit t_{WSS} [min] substituiert werden, indem die variable Länge der Gummierung L auf die Längenrate des Schneidvorgangs LR_{WSS} bezogen wird (Gleichung 6.28). Da zum Schneiden eines Auswerfergummis dessen Länge L zweimal abgefahren werden muss und die Gummierung beidseitig der Bandstahllinien angebracht wird, ist die Länge mit dem Faktor 4 zu berücksichtigen.

$$t_{WSS} = \frac{4 \times L}{LR_{WSS}} \tag{6.28}$$

Bei der manuellen Montage der Stanzform sind die Zeiten für die Bemesserung t_{MES} und für das Gummieren t_{GUM} von der Länge L abhängig. Die Zeit t_{MES} [min] kann ausgedrückt werden als die Länge der eingebrachten Bandstahlmesser L geteilt durch die Längenrate der Bemesserung LR_{MES} (Gleichung 6.29).

$$t_{MES} = \frac{L}{LR_{MES}} \tag{6.29}$$

Mit identischem Zusammenhang lässt sich die Dauer des Gummierens t_{GUM} [min] durch die Länge L und die Gummierrate LR_{GUM} ersetzen (Gleichung 6.30). Aufgrund der zweiseitigen Verklebung der Auswerfergummis geht die Länge L mit dem Faktor 2 in die Berechnung ein.

$$t_{GUM} = \frac{2 \times L}{LR_{GUM}} \tag{6.30}$$

Nach Substitution der Vorgangszeiten ergibt sich schließlich die in Gleichung 6.31 dargestellte Kostenfunktion mit der Länge L als variabler Bezugsgröße.

$$\begin{aligned}K_{HK,SF}(L) = (2 \times k_{GUM} + k_{BS}) \times L &+ \frac{1}{LR_{LSS}} \times k_{MSS,LSS} \times L \\ &+ \frac{4}{LR_{WSS}} \times \left(k_{WAS} + k_{MSS,WSS}\right) \times L \\ &+ \frac{1}{LR_{AB}} \times \left(k_{SS} + k_{MSS,AB}\right) \times L \\ &+ \frac{1}{LR_{MES}} \times \left(k_{MON} + k_{WZ,MES} + k_{TEC}\right) \times L \\ &+ \frac{2}{LR_{GUM}} \times (k_{MON} + k_{TEC}) \times L + k_{TP} \times A_{TP} \\ &+ \left(k_{HW} + k_{CAD/CAM}\right) \times \left(t_{KON,SF} + t_{DV,LSS} + t_{DV,AB} + t_{DV,WSS}\right) \\ &+ K_{RL} + K_{TEX} + k_{HW} \times t_{DOK} + k_{QP} \times t_{QP} \\ &+ \frac{U_{TP}}{1{,}55 \times LR_{LSS}} \times k_{MSS,LSS} + k_{MSS,LSS} \times \left(t_{VBM,LSS} + t_{NBM,LSS}\right) \\ &+ k_{MSS,AB} \times \left(t_{VBM,AB} + t_{NBM,AB}\right) \\ &+ k_{MSS,WSS} \times \left(t_{VBM,WSS} + t_{NBM,WSS}\right) + k_{ING} \times t_{KON,SF} \\ &+ k_{TEC} \times \left(t_{DV,LSS} + t_{DV,AB} + t_{DV,WSS} + t_{VBM,LSS} + t_{NBM,LSS}\right. \\ &\left. + t_{VBM,AB} + t_{NBM,AB} + t_{VBM,WSS} + t_{NBM,WSS} + t_{DOK} + t_{QP}\right)\end{aligned} \quad (6.31)$$

6.3.2.3 Kostenmodell der konventionellen Stanzblechfertigung

Im vorliegenden Abschnitt ist die Herleitung des Kostenmodells zur Herstellung von Stanzblechen gezeigt. Analog zu den bekannten Modellen setzen sich die Herstellkosten für die konventionelle Stanzblechfertigung $K_{HK,SB}$ [€] aus den Kostenkomponenten der Materialkosten $K_{MAT,SB}$, der Gemeinkosten $K_{GK,SB}$, der Maschinenkosten $K_{MK,SB}$ und der Personalkosten $K_{PK,SB}$ zusammen (Gleichung 6.32).

$$K_{HK,SB} = K_{MAT,SB} + K_{GK,SB} + K_{MK,SB} + K_{PK,SB} \quad (6.32)$$

Als direkte Materialkosten $K_{MAT,SB}$ [€] fallen, wie in Gleichung 6.33 darstellt, nur die Kosten für das Federstahlblech an. Sie errechnen sich aus dem Produkt des Rohstoffkostensatzes k_{FS}, der Dichte des Federstahls ρ_{FS} sowie des Volumens V_{FS}. Für die Aufstellung der Kostenfunktion ist zu berücksichtigen, dass die herstellbare Stanzlinienhöhe von der Höhe des Rohblechs abhängt und somit einen direkten Einfluss auf das Blechvolumen ausübt. Alle anderen Größen, die die Materialkosten beeinflussen, sind konstant.

$$K_{MAT,SB} = k_{FS} \times \rho_{FS} \times V_{FS} \quad (6.33)$$

Wie die Gemeinkosten der anderen Kostenmodelle setzen sich auch die Gemeinkosten der Stanzformfertigung aus den Kosten der vorgelagerten Prozessschritte $K_{GK,VPS,SB}$, den Kosten der Bearbeitung $K_{GK,BPS,SB}$ und den Kosten der nachgelagerten Prozessschritte $K_{GK,NPS,SB}$ zusammen (Gleichung 6.34).

$$K_{GK,SB} = K_{GK,VPS,SB} + K_{GK,BPS,SB} + K_{GK,NPS,SB} \quad (6.34)$$

Die Gemeinkosten der vorgelagerten Prozessschritte $K_{GK,VPS,SB}$ [€] umfassen die Kosten für die Konstruktion und Datenvorbereitung sowie die Kosten für die Aufbereitung des Stanzblechs (Gleichung 6.35). Erstere ergeben sich aus dem anteiligen Hardwareeinsatz k_{HW} und den Softwarelizenzkosten $k_{CAD/CAM}$ sowie der Zeit für die Bearbeitung der

CAD-Datei $t_{KON,SB}$ und der Zeit für die Erstellung der Maschinenprogramme für den Plotter $t_{DV,PLO}$ und die Graviermaschine $t_{DV,GRA}$. Für den Zuschnitt des Rohblechs werden Kosten für den Werkzeugverschleiß $k_{WZ,PS}$ sowie für den Schmiermittelverbrauch k_{SS} mit der Dauer des Plattenscherenbetriebs t_{PS1} angesetzt. Die Nutzung der beiden Reinigungsbecken mit den Zeiten t_{REI1} und t_{REI2} gehen mit dem Kostensatz k_{REI} in die Berechnung ein. Als fixe Kosten werden die Kosten für die Reinigungslösung K_{RL} berücksichtigt. Weiterhin fallen Verschleißkosten $k_{WZ,BÜ}$ für das Aufrauen und Entgraten des Blechs durch die beiden Bürstenmaschinen mit den Zeiten $t_{BÜ1}$ und $t_{BÜ2}$ an.

$$\begin{aligned} K_{GK,VPS,SB} = K_{RL} &+ \left(k_{HW} + k_{CAD/CAM}\right) \times \left(t_{KON,SB} + t_{DV,PLO} + t_{DV,GRA}\right) \\ &+ \left(k_{WZ,PS} + k_{SS}\right) \times t_{PS1} + k_{REI} \times \left(t_{REI1} + t_{REI2}\right) \\ &+ k_{WZ,BÜ} \times \left(t_{BÜ1} + t_{BÜ2}\right) \end{aligned} \tag{6.35}$$

Als Gemeinkosten der Bearbeitung $K_{GK,BPS,SB}$ [€] sind die Kosten für den Verbrauch von Betriebsstoffen der Maschinen relevant, die direkt an der Erzeugung der Stanzlinien beteiligt sind (Gleichung 6.36). Dazu gehören die Tonerkosten k_{TON} für die Dauer des Plottens t_{PLO} und die Ätzmittelkosten $k_{ÄM}$, die für die Dauer des Ätzens $t_{ÄTZ}$ anfallen. Ferner entstehen beim Gravieren mit der Dauer t_{GRA} Kosten sowohl für den Werkzeugverschleiß $k_{WZ,GRA}$ als auch für den Kühlschmierstoffverbrauch k_{KSS}.

$$K_{GK,BPS,SB} = k_{TON} \times t_{PLO} + k_{ÄM} \times t_{ÄTZ} + \left(k_{WZ,GRA} + k_{KSS}\right) \times t_{GRA} \tag{6.36}$$

Die Gemeinkosten der nachgelagerten Prozessschritte $K_{GK,NPS,SB}$ [€] sind in Gleichung 6.37 dargestellt. Ein Bestandteil sind die Verbrauchskosten des Regenerators, die sich aus dem Kostensatz des Regenerationsmittels k_{RM} und der Dauer des Vorgangs t_{REG} berechnen. Weiterhin gehen für den Zuschnitt des Stanzblechs auf Endmaß, der die Zeit t_{PS2} dauert, die Verschleißkosten der Plattenschere $k_{WZ,PS}$ und die Verbrauchskosten des Schmierstoffs k_{SS} ein. Analog zu den bereits aufgestellten Berechnungsmodellen ergeben sich auch für dieses Modell Kosten für die Prozessdokumentation und die Qualitätsprüfung.

$$K_{GK,NPS,SB} = k_{RM} \times t_{REG} + \left(k_{WZ,PS} + k_{SS}\right) \times t_{PS2} + k_{HW} \times t_{DOK} + k_{QP} \times t_{QP} \tag{6.37}$$

In den Maschinenkosten der Stanzblechfertigung $K_{MK,SB}$ [€] sind die Kosten für den Betrieb der benötigten Maschinen enthalten (Gleichung 6.38). Die Plattenschere mit dem Maschinenstundensatz $k_{MSS,PS}$ wird zweimal während der Herstellung eingesetzt. Erstens für die Dauer des Rohblechzuschnitts t_{PS1} und zweitens für den Zuschnitt auf Endmaß mit der Dauer t_{PS2}. Aufgrund der Baugleichheit gehen die beiden Bürsten mit den Vorgangszeiten $t_{BÜ1}$ und $t_{BÜ2}$ mit einem Maschinenstundensatz $k_{MSS,BÜ}$ in die Berechnung ein. Da es sich bei der Plattenschere und den Bürsten um rüstarme Maschinen handelt, werden zur Vereinfachung des Modells nur die reinen Vorgangszeiten berücksichtigt. Im Gegensatz dazu werden aufgrund der relevanten Rüstvorgänge beim Plotter, der Ätzmaschine und der Graviermaschine neben den Bearbeitungszeiten t_{PLO}, $t_{ÄTZ}$ sowie t_{GRA} auch die Vor- und Nachbereitungszeiten beachtet. Die Maschinenkosten des Regenerators fließen mit dem Kostensatz $k_{MSS,REG}$ und der Zeitdauer t_{REG} in das Modell ein.

$$\begin{aligned} K_{MK,SB} = k_{MSS,PS} \times \left(t_{PS1} + t_{PS2}\right) &+ k_{MSS,BÜ} \times \left(t_{BÜ1} + t_{BÜ2}\right) \\ &+ k_{MSS,PLO} \times \left(t_{VBM,PLO} + t_{PLO} + t_{NBM,PLO}\right) \\ &+ k_{MSS,ÄTZ} \times \left(t_{VBM,ÄTZ} + t_{ÄTZ} + t_{NBM,ÄTZ}\right) \\ &+ k_{MSS,REG} \times t_{REG} + k_{MSS,GRA} \times \left(t_{VBM,GRA} + t_{GRA} + t_{NBM,GRA}\right) \end{aligned} \tag{6.38}$$

Personalkosten $K_{PK,SB}$ [€] entstehen während der Konstruktion des Bauteils durch den Ingenieur zum Kostensatz k_{ING} sowie bei allen weiteren personalbedürftigen Tätigkeiten durch den Einsatz des Technikers zum Stundensatz k_{TEC} (Gleichung 6.39). Mit Ausnahme der automatisierten Prozessschritte des Ätzens und Gravierens, bei denen kein Personal benötigt wird, erfordert jede Tätigkeit im dargestellten Prozess einen Personaleinsatz.

$$\begin{aligned} K_{PK,SB} = k_{ING} \times t_{KON,SB} + k_{TEC} \times \big(&t_{DV,PLO} + t_{DV,GRA} + t_{PS1} + t_{REI1} + t_{BÜ1} \\ &+ t_{VBM,PLO} + t_{PLO} + t_{NBM,PLO} + t_{VBM,ÄTZ} + t_{NBM,ÄTZ} + t_{REI2} \\ &+ t_{BÜ2} + t_{VBM,GRA} + t_{NBM,GRA} + t_{PS2} + t_{DOK} + t_{QP}\big) \end{aligned} \tag{6.39}$$

Zusammenfassend ergibt sich das in Gleichung 6.40 gezeigte zeitabhängige Berechnungsmodell für die Herstellkosten der Stanzblechfertigung $K_{HK,SB}$. Als variable Kostenbestandteile gehen in die Funktion sowohl die Materialkosten für das Rohblech als auch die mit den Zeiten $t_{ÄTZ}$, t_{GRA} und t_{REG} verbundenen Komponenten ein. Alle anderen Bestandteile hängen nicht direkt von der Ausprägung der Stanzlinien ab und sind somit fix.

$$\begin{aligned} K_{HK,SB}(t) = k_{FS} \times \rho_{FS} \times V_{FS} &+ \big(k_{ÄM} + k_{MSS,ÄTZ}\big) \times t_{ÄTZ} \\ &+ \big(k_{WZ,GRA} + k_{KSS} + k_{MSS,GRA}\big) \times t_{GRA} \\ &+ \big(k_{RM} + k_{MSS,REG}\big) \times t_{REG} + K_{GK,VPS,SB} + k_{TON} \times t_{PLO} \\ &+ \big(k_{WZ,PS} + k_{SS}\big) \times t_{PS2} + k_{HW} \times t_{DOK} + k_{QP} \times t_{QP} \\ &+ k_{MSS,PS} \times (t_{PS1} + t_{PS2}) + k_{MSS,BÜ} \times (t_{BÜ1} + t_{BÜ2}) \\ &+ k_{MSS,PLO} \times \big(t_{VBM,PLO} + t_{PLO} + k_{NBM,PLO}\big) \\ &+ k_{MSS,ÄTZ} \times \big(t_{VBM,ÄTZ} + t_{NBM,ÄTZ}\big) \\ &+ k_{MSS,GRA} \times \big(t_{VBM,GRA} + t_{NBM,GRA}\big) + K_{PK,SB} \end{aligned} \tag{6.40}$$

Wie bei den beiden anderen Modellen wird auch in diesem Fall die Stanzlinienlänge L [cm] als variable Bezugsgröße festgelegt. Zusätzlich soll in der endgültigen Kostenfunktion berücksichtigt werden, dass die resultierende Stanzlinienhöhe, welche gleichzeitig die vom Rohblech durch Ätzen abzutragende Blechdicke $H_{ÄTZ}$ darstellt, frei wählbar ist. In diesem Zusammenhang kann das Rohblechvolumen V_{FS} [cm³] in Abhängigkeit von $H_{ÄTZ}$ ausgedrückt werden (Gleichung 6.41). Es ergibt sich aus der als fix angenommenen Stanzblechgrundfläche A_{SB} multipliziert mit der Summe aus Ätzhöhe $H_{ÄTZ}$ und Restblechdicke $D_{SB,REST}$.

$$V_{FS} = A_{SB} \times (H_{ÄTZ} + D_{SB,REST}) \tag{6.41}$$

Der Quotient aus Ätzhöhe $H_{ÄTZ}$ und Ätzrate $HR_{ÄTZ}$ ersetzt die Ätzdauer $t_{ÄTZ}$ [min] (Gleichung 6.42). Die Ätzrate gibt an, welche Höhe des Stanzblechs pro Zeiteinheit aufgelöst werden kann. Für eine konstante Ätzrate ist der Regenerator derart ausgelegt, dass er mindestens so viel Ätzmittel regeneriert, wie durch den Ätzvorgang zum jeweiligen Zeitpunkt gebraucht wird. Für die Berechnung wird daher die Ätzzeit $t_{ÄTZ}$ mit der Regenerationszeit t_{REG} gleichgesetzt und t_{REG} durch $t_{ÄTZ}$ bzw. die abgeleitete rechnerische Beziehung ersetzt.

$$t_{ÄTZ} = \frac{H_{ÄTZ}}{HR_{ÄTZ}} \tag{6.42}$$

Während des Gravierens mit der Dauer t_{GRA} wird aus der Stanzlinie mit rechteckiger Querschnittsfläche eine Linie mit einer scharfen Schneide erzeugt, die über den Schneidwinkel β verfügt. Da dieser Winkel entlang der gesamten Stanzlinienkontur spanend abgetragen werden muss, hängt t_{GRA} von der Länge der Stanzlinie L ab. Das für den Abtrag erforderliche Werkzeug ist entsprechend dem Zielwinkel durch ein dreieckförmiges Profil gekennzeichnet. Gemäß der Gleichung 6.43 kann t_{GRA} [min] durch den Quotienten aus der bauteilbezogenen Größe des Abtragvolumens V_{GRA} und der werkzeugbezogenen Größe der Gravierrate VR_{GRA} ausgedrückt werden. Da das Abtragvolumen auf beiden Seiten der Stanzlinie entfernt werden muss, geht dieses mit dem Faktor 2 in die Berechnung ein. Der Zusammenhang zur Bezugsgröße wird hergestellt, indem V_{GRA} durch das Produkt aus seiner Querschnittsfläche A_{GRA} und L ersetzt wird. Unter der Annahme, dass die Bearbeitung einer Seite der Stanzlinie in einem Arbeitsgang erfolgt, errechnet sich die Gravierzeit schließlich aus dem Zweifachen von L dividiert durch v_f.

$$t_{GRA} = \frac{2 \times V_{GRA}}{VR_{GRA}} = \frac{2 \times A_{GRA} \times L}{VR_{GRA}} = \frac{2 \times L}{v_f} \tag{6.43}$$

Die entsprechende Herleitung der Gleichung 6.43 ist in Anhang A1 skizziert. Nach Substitution des Rohblechvolumens und der Vorgangszeiten ergibt sich das in Gleichung 6.44 dargestellte Berechnungsmodell in Abhängigkeit der variablen Bezugsgröße L.

$$\begin{aligned} K_{HK,SB}(L) = {} & A_{SB} \times k_{FS} \times \rho_{FS} \times H_{ÄTZ} \\ & + \frac{1}{HR_{ÄTZ}} \times \left(k_{ÄM} + k_{MSS,ÄTZ} + k_{RM} + k_{MSS,REG}\right) \times H_{ÄTZ} \\ & + \frac{2}{v_f} \times \left(k_{WZ,GRA} + k_{KSS} + k_{MSS,GRA}\right) \times L \\ & + A_{SB} \times D_{SB,REST} \times k_{FS} \times \rho_{FS} + K_{GK,VPS,SB} + k_{TON} \times t_{PLO} \\ & + \left(k_{WZ,PS} + k_{SS}\right) \times t_{PS2} + k_{HW} \times t_{DOK} + k_{QP} \times t_{QP} \\ & + k_{MSS,PS} \times (t_{PS1} + t_{PS2}) + k_{MSS,BÜ} \times (t_{BÜ1} + t_{BÜ2}) \\ & + k_{MSS,PLO} \times \left(t_{VBM,PLO} + t_{PLO} + k_{NBM,PLO}\right) \\ & + k_{MSS,ÄTZ} \times \left(t_{VBM,ÄTZ} + t_{NBM,ÄTZ}\right) \\ & + k_{MSS,GRA} \times \left(t_{VBM,GRA} + t_{NBM,GRA}\right) + K_{PK,SB} \end{aligned} \tag{6.44}$$

6.3.3 Ergebnisse

In diesem Abschnitt werden die Ergebnisse der Herstellkostenberechnung für exemplarische Fertigungsszenarien mittels einer Kostenanalyse und -bewertung dargestellt. Die in den Modellen hinterlegten Zahlenwerte stammen entweder aus Expertengesprächen, Herstellerinformationen oder eigenen Abschätzungen und sind in Anhang A2 (Tabelle A2.1, Tabelle A2.2, Tabelle A2.3) aufgeführt. Alle Modelle beziehen sich auf eine Werkzeuggrundplatte, deren Fläche A_{SUB}, A_{TP} und A_{SB} von 250 × 250 mm² durch die Hubtischfläche einer typischen laseradditiven Maschine vorgegeben sind. Anhang A3 zeigt die detaillierten Ergebnisse der Berechnungen (Tabelle A3.1, Tabelle A3.2, Tabelle A3.3, Tabelle A3.4).

Abbildung 6.12 veranschaulicht die Herstellkosten der Fertigungsprozesse K_{HK} aufgeschlüsselt nach den einzelnen Komponenten. Dabei werden in Abbildung 6.12.a die Kosten des kombinierten Prozesses $K_{HK,KP}$ mit einer Substratdicke D_{SUB} von 2 mm den Kosten der konventionellen Stanzformfertigung $K_{HK,SF}$ mit jeweils identischen Stanzlinienquerschnitten gegenübergestellt. In Abbildung 6.12.b werden die Kosten für den kombinierten Prozess $K_{HK,KP}$ mit einer Substratdicke D_{SUB} von 0,1 mm und die Kosten für die konventionelle Stanzblechfertigung $K_{HK,SB}$ veranschaulicht. Der linke Balken jedes Fertigungsverfahrens repräsentiert die fixen Kosten $K_{HK,FIX}$, die unabhängig von der Bezugsgröße L bei einer Stanzlinienlänge L von 0 cm anfallen. Die rechten Balken verdeutlichen die gesamten Herstellkosten K_{HK}, bestehend aus fixen $K_{HK,FIX}$ und variablen $K_{HK,VAR}$ Kosten, die bei einer exemplarisch gewählten Linienlänge L von 500 cm entstehen. Diese Annahme basiert auf einer realistischen Abschätzung der Linienlänge bezogen auf die Fläche der Grundplatte.

Im ersten Beispiel (Abbildung 6.12.a) betragen die Gesamtkosten für die Prozesskombination $K_{HK,KP}$ 343 € gegenüber den Gesamtkosten für die Stanzformfertigung $K_{HK,SF}$ von 212 €. Damit ergibt sich für den kombinierten Prozess ein Kostenaufschlag von 62 %. Die Fixkosten $K_{HK,FIX}$ liegen mit Anteilen von $p_{HK,FIX,KP}$ = 48 % bzw. $p_{HK,FIX,SF}$ = 43 % auf ähnlichem Niveau. Auffällig ist, dass die Gesamtkosten der Prozesskombination $K_{HK,KP}$ mit einem Anteil $p_{HK,MK,KP}$ von 62 % bzw. 214 € von den Maschinenkosten $K_{MK,KP}$ dominiert werden. Bei der konventionellen Stanzform beträgt dieser Kostenanteil $K_{MK,SF}$ lediglich 34 €, das entspricht $p_{HK,MK,SF}$ = 16 %.

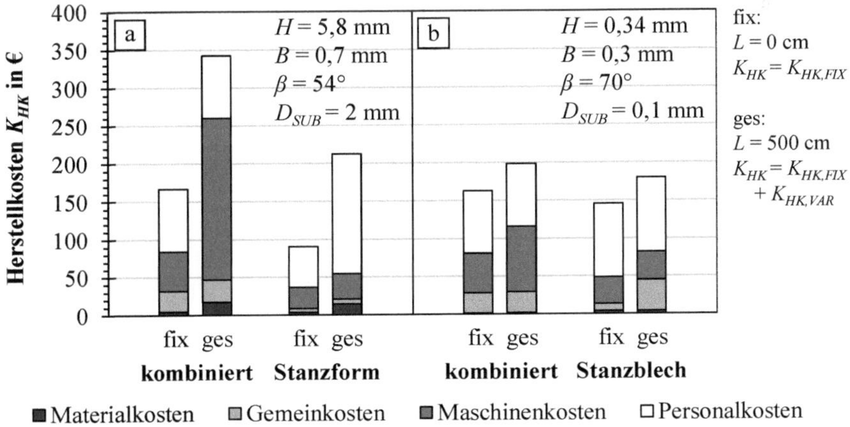

Abbildung 6.12: Zusammensetzung der Herstellkosten für die Fertigungsprozesse; (a) Prozesskombination und Stanzformfertigung, (b) Prozesskombination und Stanzblechfertigung

Dagegen machen die Personalkosten bei der konventionellen Fertigung $K_{PK,SF}$ mit 158 € drei Viertel der Gesamtkosten $K_{HK,SF}$ aus. Beim kombinierten Prozess nehmen die Personalkosten $K_{PK,KP}$ mit 82 € einen Anteil $p_{HK,PK,KP}$ von 24 % an den Gesamtkosten $K_{HK,KP}$ ein und können vollständig den Fixkosten $K_{PK,FIX,KP}$ zugeordnet werden. Die Gemeinkosten der Prozesskombination $K_{GK,KP}$ belaufen sich auf 30 €. Im Vergleich dazu beschränken sich die Gemeinkosten der Stanzformfertigung $K_{GK,SF}$ auf 6 €. Die Materialkosten K_{MAT} haben einen vergleichbaren Anteil an den Gesamtkosten K_{HK} von $p_{HK,MAT,KP}$ = 5 % für die kombinierte und $p_{HK,MAT,SF}$ = 7 % für die konventionelle Fertigung.

Unter den betrachteten Randbedingungen zeigt sich, dass der kombinierte Prozess für die exemplarische Stanzlinienlänge L von 500 cm sowohl in den Fixkosten als auch in den Gesamtkosten teurer als die konventionelle Stanzformfertigung ist. Insbesondere die hohen Maschinenkosten, die für eine automatisierte Fertigung charakteristisch sind, wirken sich als Kostentreiber aus. Im Gegensatz dazu beruht die konventionelle Stanzformfertigung auf manuellen Tätigkeiten, konkret auf der Bemesserung und dem Gummieren, wodurch die Herstellkosten $K_{HK,SF}$ durch die Kosten für den Personaleinsatz $K_{PK,SF}$ getrieben werden und bei einer Linienlänge L von 500 cm die Personalkosten der Prozesskombination $K_{PK,KP}$ sogar um 93 % übersteigen. Abweichend davon fallen die Personalkosten beim kombinierten Prozess $K_{PK,KP}$ in den vor- und nachgelagerten Prozessschritten an, sodass beispielsweise Kosten $K_{PK,RÜST,KP}$ von 30 € bzw. $p_{PK,RÜST,KP}$ = 37 % der Personalkosten auf das Rüsten der Maschinen entfallen. Die Kostenstruktur des kombinierten Prozesses zeigt im Vergleich zur konventionellen Fertigung auch, dass maschinendominierte Fertigungsprozesse in der Regel höhere Gemeinkosten verursachen. Größter Kostenfaktor der Gemeinkosten $K_{GK,KP}$ sind mit K_{FLU} = 19 € bzw. $p_{GK,FLU}$ = 63 % die Schutzgaskosten für das Fluten der laseradditiven Maschine.

Für den zweiten Herstellungsfall (Abbildung 6.12.b) belaufen sich die Gesamtkosten der Prozesskombination $K_{HK,KP}$ auf 198 € und die der Stanzblechfertigung $K_{HK,SB}$ auf 179 €. Die Anteile der Fixkosten $K_{HK,FIX}$ sind mit $p_{HK,FIX,KP}$ = 82 % bzw. $p_{HK,FIX,SB}$ = 81 % fast gleich hoch. Ähnlich wie im ersten Fall dominieren die Maschinenkosten $K_{MK,KP}$ die Gesamtkosten der Prozesskombination $K_{HK,KP}$. Dabei machen sie im vorliegenden Beispiel mit $K_{MK,KP}$ = 87 € etwas weniger als die Hälfte der Kosten $K_{HK,KP}$ aus, während sie bei der konventionellen Fertigung mit $K_{MK,SB}$ = 38 € nur ein Fünftel betragen. Auch bei der zweiten konventionellen Fertigungsmethode stellen die Personalkosten $K_{PK,SB}$ mit 97 € den überwiegenden Kostenfaktor der Gesamtkosten $K_{HK,SB}$ dar und betragen $p_{HK,PK,SB}$ = 54 % für die Linienlänge L von 500 cm. Im kombinierten Prozess entstehen analog zur Substratblechdicke D_{SUB} von 2 mm auch für die dünneren Bleche Personalkosten $K_{PK,KP}$ in Höhe von 82 €, die bezogen auf die Gesamtkosten $K_{HK,KP}$ einen Anteil $p_{HK,PK,KP}$ von 41 % ausmachen. Die Prozesskombination verursacht Gemeinkosten $K_{GK,KP}$ in Höhe von 27 €. Demgegenüber sind 41 € Gemeinkosten $K_{GK,SB}$ in den Herstellkosten des konventionellen Fertigungsprozesses $K_{HK,SB}$ enthalten, was einem relativen Wert $p_{HK,GK,SB}$ von 23 % entspricht. Aufgrund des insgesamt geringen Materialbedarfs entfallen auf den kombinierten Prozess 2 € Materialkosten $K_{MAT,KP}$ und auf die konventionelle Stanzblechherstellung 4 € Materialkosten $K_{MAT,SB}$.

Zwar ist auch in diesem Fall die Prozesskombination insgesamt teurer als die konventionelle Fertigung, jedoch nur um 11 %. Wie bei der ersten Betrachtung sind auch in diesem Beispiel die Maschinenkosten K_{MK} hauptverantwortlich für die Herstellkosten. In der Stanzblechfertigung werden zwar insgesamt neun Maschinen eingesetzt, jedoch mit vergleichsweise geringer Nutzungszeit und Maschinenstundensätzen k_{MSS} zwischen 5 und 27 €/h (vgl. Gleichung 2.15). Bei den Personalkosten K_{PK} hat der kombinierte Prozess einen Vorteil ΔK_{PK} von 15 %. Auch bei den Gemeinkosten K_{GK} ist er um ΔK_{GK} = 34 % günstiger. Kostentreiber bei der konventionellen Herstellung ist der Werkzeugverschleiß beim Gravieren, der mit $K_{WZ,GRA}$ = 31 € einen Anteil $p_{GK,WZ,GRA}$ von 76 % an den Gemeinkosten $K_{GK,SB}$ ausmacht. Das Material verursacht bei beiden Verfahren absolut betrachtet nur geringe Kosten K_{MAT}, im relativen Vergleich ergibt sich jedoch ein Kostenvorteil ΔK_{MAT} von 100 % zugunsten der Prozesskombination. Dies liegt daran, dass die Materialkosten für das Pulver, das zum Aufbau der Linien benötigt wird, geringer sind als die Kosten für das überschüssige Blech, das beim Ätzen um die Stanzlinien herum entfernt werden muss. Zusammenfassend ergibt sich für den kombinierten Prozess unter den genannten Randbedingungen in drei der vier Kategorien der Herstellkosten ein monetärer Vorteil gegenüber der Stanzblechfertigung.

Da sich bei der kombinierten Fertigung die Maschinenkosten $K_{MK,KP}$ als hauptverantwortlich für die Herstellkosten $K_{HK,KP}$ herausgestellt haben, ist eine Analyse dieser Kostenkomponente sinnvoll, auch um im weiteren Verlauf mögliche Prozessverbesserungen ableiten zu können. Eine detaillierte Betrachtung der Maschinenkosten K_{MK} ist in Abbildung 6.13 dargestellt. Sie zeigt eine Kostenanalyse zu den vier untersuchten Herstellungsbeispielen aus Abbildung 6.12 für die Stanzlinienlänge L von 500 cm.

Bei der kombinierten Herstellung des Stanzwerkzeugs mit dem 2 mm dicken Substratblech (Abbildung 6.13.a) entfällt knapp der größte Kostenanteil $p_{MK,LA}$ mit 52 % bzw. $K_{MK,LA}$ = 111 € von insgesamt $K_{MK,KP}$ = 214 € auf die laseradditive Bearbeitung, während $p_{MK,LS}$ = 48 %, entsprechend $K_{MK,LS}$ = 103 €, der lasersubtraktiven Maschine zugerechnet werden. Der fixe Anteil der Maschinenkosten $p_{MK,FIX,KP}$ beträgt 25 % und ist damit geringer als der Anteil $p_{MK,FIX,SF}$ von 85 % bei der Stanzformfertigung. Die geringen Maschinenkosten der konventionellen Fertigung $K_{MK,SF}$ in Höhe von 34 € werden zu $p_{MK,LSS}$ = 69 % von den Kosten des Laserstrahlschneidprozesses $K_{MK,LSS}$ dominiert. Die restlichen 31 % verteilen sich mit $p_{MK,WSS}$ = 16 % auf das Wasserstrahlschneiden und mit $p_{MK,AB}$ = 15 % auf das Ablängen und Biegen.

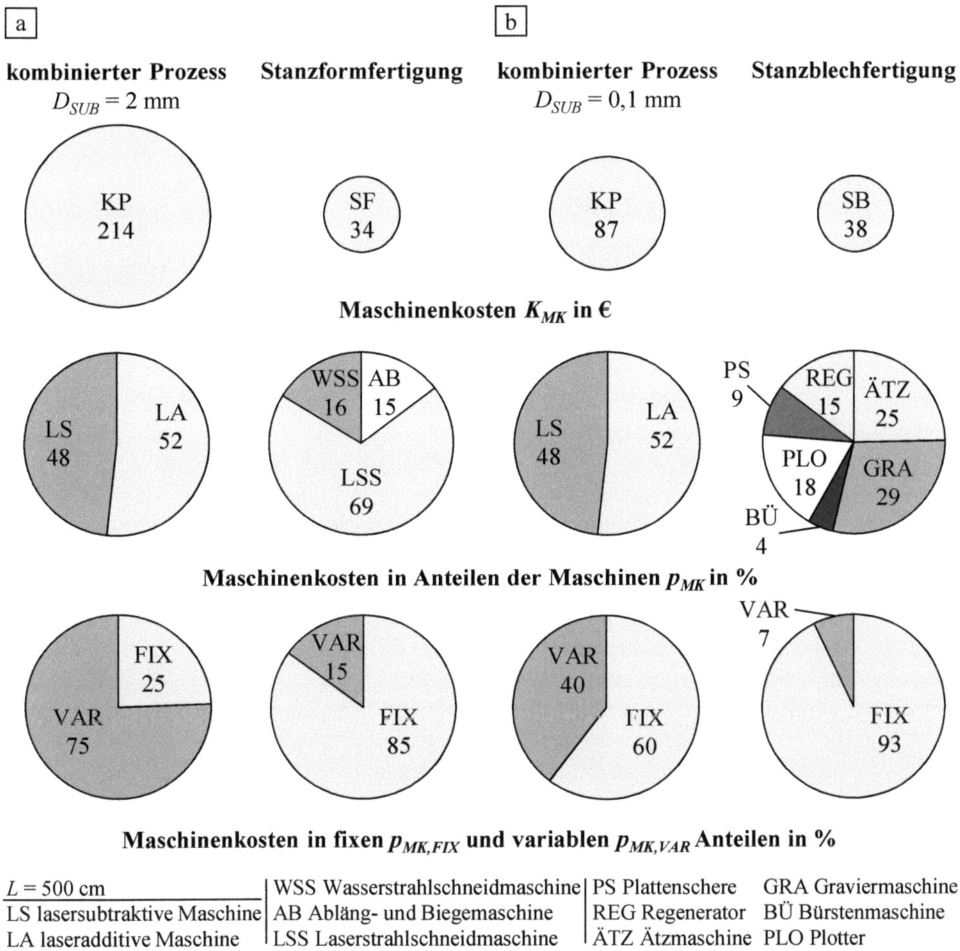

Abbildung 6.13: Analyse der Maschinenkosten für die Fertigungsprozesse; (a) Prozesskombination und Stanzformfertigung, (b) Prozesskombination und Stanzblechfertigung

Grundsätzlich wird die Höhe der Maschinenkosten durch den Maschinenstundensatz in Verbindung mit der Dauer des jeweiligen Arbeitsgangs bestimmt. Bei einem Stundensatz $k_{MSS,LA}$ von 23 €/h der laseradditiven Maschine ergeben sich für den Aufbau der Stanzlinien Kosten $K_{MK,VAR,LA}$ von 68 € bei einem Zeitbedarf t_{LA} von 176 min, wodurch der überwiegende Anteil $p_{MK,VAR,LA}$ von 62 % der Maschinenkosten $K_{MK,LA}$ auf diesen Vorgang entfällt. Die Rüstkosten und die Kosten für das Fluten machen den restlichen Anteil $p_{MK,FIX,LA}$ von 38 % aus, was bei einem Zeitfaktor $t_{FIX,LA}$ von knapp zwei Stunden für diese Tätigkeiten Kosten $K_{MK,FIX,LA}$ von 42 € verursacht. Hingegen hat die Maschinenvor- und -nachbereitung bei der lasersubtraktiven Bearbeitung nur einen untergeordneten Kostenanteil $p_{MK,FIX,LS}$ von 10 %. Der überwiegende Anteil der Maschinenkosten $p_{MK,VAR,LS}$ von 90 % bzw. $K_{MK,VAR,LS} = 93$ € entsteht durch die Stanzlinienbearbeitung, die $t_{LS} = 185$ min in Anspruch nimmt. Für die Kostenberechnung wird ein Maschinenstundensatz $k_{MSS,LS}$ von 30 €/h zugrunde gelegt.

Im Gegensatz zum kombinierten Prozess werden die Maschinenkosten der Stanzformfertigung $K_{MK,SF}$ zu $p_{MK,FIX,SF} = 85$ % durch die Rüstkosten der drei Maschinen $K_{MK,FIX,SF}$ dominiert. Der gesamte Maschinenbetrieb, inklusive Vor- und Nachbereitung sowie Durchführung der Bearbeitung, beläuft sich auf $t_{M,SF}$ von circa einer Stunde. Der hohe Kostenanteil des Laserstrahlschneidens an den gesamten Maschinenkosten $K_{MK,SF}$ resultiert hauptsächlich aus dem Maschinenstundensatz $k_{MSS,LSS}$ von 60 €/h, was bei einer Rüstzeit $t_{FIX,LSS}$ von 20 min zu Kosten $K_{MK,FIX,LSS}$ von 20 € pro Rüstvorgang führt. Das Zuschneiden der Trägerplatte einschließlich der Stanzlinienschlitze erfolgt in einer Zeit t_{LSS} von 3 min und verursacht variable Kosten $K_{MK,VAR,LSS}$ von nur 3 €. Die Kosten der Rüstvorgänge zum Wasserstrahlschneiden $K_{MK,FIX,WSS}$ und zum Ablängen und Biegen $K_{MK,FIX,AB}$ belaufen sich insgesamt auf 8 €, während die Kosten für das Zuschneiden der Auswerfergummis $K_{MK,VAR,WSS}$ sowie für den Zuschnitt und die Formgebung der Stanzlinien $K_{MK,VAR,AB}$ in Summe lediglich 2 € betragen.

Für die Herstellung von Stanzlinien auf 0,1 mm dickem Substratblech (Abbildung 6.13.b) setzen sich die Maschinenkosten $K_{MK,KP}$ von 87 € wie bei der Fertigung auf 2 mm dicken Blechen ebenfalls zu einem Anteil $p_{MK,LA}$ von 52 % aus Kosten für den laseradditiven Aufbau und zu einem Anteil $p_{MK,LS}$ von 48 % aus Kosten für die lasersubtraktive Bearbeitung zusammen, was $K_{MK,LA} = 45$ € bzw. $K_{MK,LS} = 42$ € entspricht. Der gesamte Fixkostenanteil $p_{MK,FIX,KP}$ liegt bei 60 % und ist höher als beim ersten Fertigungsbeispiel der Prozesskombination. Bei der Stanzblechfertigung entfallen $p_{MK,ÄTZ} = 25$ % der Maschinenkosten auf das Ätzen der Stanzlinienkontur und $p_{MK,REG} = 15$ % auf die Regeneration. Somit steht mit 40 % ein Großteil der Maschinenkosten $K_{MK,SB}$ von 38 € in Zusammenhang mit dem Ätzvorgang. Das Schärfen der Stanzlinienkonturen verursacht etwa ein Drittel der Maschinenkosten, gefolgt von einem Anteil $p_{MK,PLO}$ von 18 % für das Plotten. Mit jeweils unter 10 % sind die Kostenanteile p_{MK} für das Bürsten und den Einsatz der Plattenschere gering. Der konventionelle Herstellungsprozess eines Stanzblechs enthält einen fixen Maschinenkostenanteil $p_{MK,FIX,SB}$ von 93 %.

Beim kombinierten Prozess mit den dünneren Substratblechen betragen die Maschinenkosten $K_{MK,KP}$ aufgrund des geringeren Auf- und Abtragvolumens nur 40 % im Vergleich zur Fertigung mit 2 mm dicken Blechen. Unverändert bleiben dabei die absoluten Rüstkosten und -zeiten. Aufgrund der deutlich geringeren Stanzlinienhöhe und -breite beträgt die Maschinenzeit t_{LA} für den Aufbau nur noch 7 min, was in erheblich geringeren Kosten $K_{MK,VAR,LA}$ von 3 € resultiert. Diese Reduzierung der Bauzeit führt zu einer Verringerung der variablen Kosten und zu einer Erhöhung der Fixkosten auf einen Anteil $p_{MK,FIX,LA}$ von über 90 %. Beim Abtragen sorgt die reduzierte Querschnittsfläche für eine geringere Bearbeitungszeit t_{LS} von 63 min, wodurch Kosten $K_{MK,VAR,LS}$ in Höhe von 32 € entstehen. Der Anteil der Fixkosten $p_{MK,FIX,LS}$ steigt mit sinkenden Bearbeitungskosten und liegt bei 24 %, womit sich die Anteile der fixen und variablen Kosten beider Laserverfahren im Vergleich deutlich unterscheiden. Die gesamte Maschinenzeit für die laseradditive Fertigung $t_{M,LA}$, welche sich aus $t_{FIX,LA}$ und t_{LA} zusammensetzt, beträgt 117 min. Für das Laserstrahlabtragen ergibt sich die entsprechende Maschinenzeit analog zu $t_{M,LS} = 83$ min.

Das Ätzen in der Stanzblechfertigung benötigt $t_{ÄTZ} = 20$ min, um die definierte Höhe der Stanzlinien aus dem Rohblech zu erzeugen. Daraus ergeben sich bei einem Maschinenstundensatz $k_{MSS,ÄTZ}$ von 18 €/h inklusive einer Rüstzeit $t_{RÜST,ÄTZ}$ von 10 min Kosten $K_{MK,ÄTZ}$ von 9 € für das Ätzen und Kosten $K_{MK,SKO}$ von 15 €, bestehend aus $K_{MK,ÄTZ}$ und $K_{MK,REG}$, für die Herstellung der gesamten Stanzlinienkontur einschließlich der Regeneration. Sowohl das Rüsten als auch das Ätzen werden in dieser Betrachtung zu 100 % den Fixkosten zugerechnet, da diese Vorgänge unabhängig von der Stanzlinienlänge L sind. Für das Schärfen der 500 cm langen Konturen fallen Kosten $K_{MK,GRA}$ in Höhe von 11 € für den Gravierprozess an. Diese ergeben sich bei einer Rüstzeit $t_{FIX,GRA}$ von 20 min und einer Gravierzeit t_{GRA} von etwa 7 min aus einem Maschinenstundensatz $k_{MSS,GRA}$ von 24 €/h. Der Fixkostenanteil $p_{MK,FIX,GRA}$ beträgt 75 %. Aufgrund der geringen Gesamtnutzungsdauer $t_{M,PLO}$ von 15 min entstehen für das Plotten bei einem Maschinenstundensatz $k_{MSS,PLO}$ von 27 €/h Kosten in Höhe $K_{MK,PLO}$ von 7 €. Die Kombination der niedrigen Maschinenstundensätze $k_{MSS,BÜ}$ von 10 €/h für die Bürstenmaschine sowie $k_{MSS,PS}$ von 5 €/h für die Plattenschere mit der jeweiligen Nutzungsdauer ergibt für beide Arbeitsgänge Kosten $K_{MK,BÜ}$ und $K_{MK,PS}$ von jeweils unter 4 €.

In einer weiteren Analyse zeigt Abbildung 6.14 den Verlauf der Herstellkosten bis zu einer Stanzlinienlänge L von 500 cm. Im Abbildungsteil a sind für den Anwendungsfall der

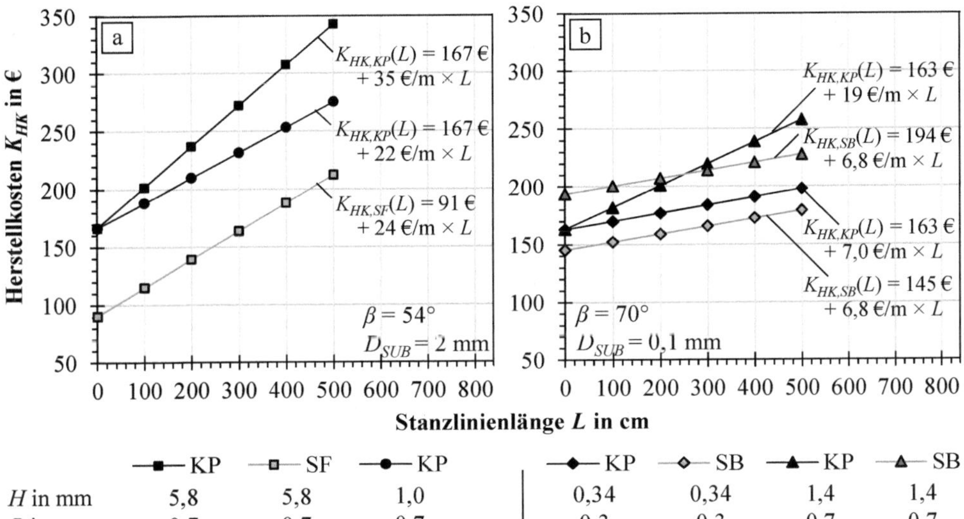

	KP	SF	KP	KP	SB	KP	SB
H in mm	5,8	5,8	1,0	0,34	0,34	1,4	1,4
B in mm	0,7	0,7	0,7	0,3	0,3	0,7	0,7

KP: kombinierter Prozess | SF: Stanzformfertigung | SB: Stanzblechfertigung | $K_{HK}(L) = K_{HK,FIX} + k_{HK,VAR} \times L$

Abbildung 6.14: Herstellkosten in Abhängigkeit der Liniengeometrie für die Fertigungsprozesse; (a) Prozesskombination und Stanzformfertigung, (b) Prozesskombination und Stanzblechfertigung

Stanzform, analog zum technischen Demonstrator, zusätzlich die Kosten bei einer Linienhöhe H von 1 mm enthalten. Für den Anwendungsfall des Stanzblechs ist in Abbildungsteil b als weitere Variante die maximal übliche Stanzlinienhöhe H von 1,4 mm hinzugefügt (vgl. Abschnitt 2.3.2). In sämtlichen Beispielen sind auf der Ordinate die entsprechenden fixen Herstellkosten $K_{HK,FIX}$ bei einem Abszissenwert von Null abzulesen. Die Herstellkosten steigen bis zur maximal betrachteten Linienlänge linear an, was auf die absolute Zunahme der variablen Kosten zurückzuführen ist.

Die Höhe der Fixkosten sowie der gesamten Herstellkosten für die Vergleichsfälle der Stanzformfertigung mit der Linienhöhe H von 5,8 mm und der Stanzblechfertigung mit der Linienhöhe H von 0,34 mm ist bereits erläutert worden (vgl. Abbildung 6.12). Der Vergleich zwischen der Prozesskombination und der konventionellen Stanzformfertigung ergibt eine Steigung der variablen Kosten pro Meter Stanzlinie von $k_{HK,VAR,KP} = 35$ €/m bzw. $k_{HK,VAR,SF} = 24$ €/m (Abbildung 6.14.a). Durch eine Verringerung der Höhe H auf 1 mm sinken diese Kosten $k_{HK,VAR,KP}$ für den kombinierten Prozess auf 22 €/m.

Bei der konventionellen Stanzformfertigung entstehen sowohl niedrigere Fixkosten als auch geringere Kosten pro Stanzlinienmeter als bei der Prozesskombination mit der höheren Linie. Unter diesen Bedingungen ergibt sich daher kein Vorteil für die kombinierte Fertigung. Da die Kostensteigerung je Längeneinheit für die 1 mm hohen Linien beim kombinierten Prozess geringer ist als bei der konventionellen Fertigung, schneiden sich die Geraden. In diesem Fall ist das Hybridbauteil ab einer Linienlänge L von 2900 cm und Kosten $K_{HK,KP}$ von 797 € günstiger.

In der Betrachtung der Stanzblechanwendung verursacht der kombinierte Prozess für eine Linienhöhe H von 0,34 mm Kosten $k_{HK,VAR,KP}$ von 7,00 €/m (Abbildung 6.14.b). Das vergleichbare konventionelle Verfahren erzeugt die Stanzlinien für $k_{HK,VAR,SB} = 6{,}80$ €/m. Bei der Stanzlinienhöhe H von 1,4 mm ergeben sich für die Prozesskombination Fixkosten $K_{HK,FIX,KP}$ von 163 € und 258 € Herstellkosten $K_{HK,KP}$ für die Stanzlinienlänge L von 500 cm, was variablen Kosten $k_{HK,VAR,KP}$ von 19 €/m entspricht. Im direkten Vergleich betragen die Fixkosten für das konventionelle Verfahren $K_{HK,FIX,SB}$ 194 €. Bei einem Anstieg von $k_{HK,VAR,SB} = 6{,}80$ €/m ergeben sich damit in Summe Gesamtkosten $K_{HK,SB}$ von 228 €.

Die Kostenkurven der Stanzblechuntersuchung mit einer Linienhöhe H von 0,34 mm verlaufen aufgrund ähnlicher Steigungen annähernd parallel. Allerdings schneiden sie sich auch bei Linienlängen L von über 500 cm nicht, sodass die konventionelle Fertigung immer günstiger ist als die Prozesskombination. Bei der Stanzlinienhöhe H von 1,4 mm ergeben sich für die kombinierte Fertigung 171 % höhere variable Kosten pro Meter Stanzlinie als bei der Linienhöhe H von 0,34 mm, was vor allem auf die größere Querschnittsfläche des additiven Segments zurückzuführen ist. Hingegen steigen infolge der erhöhten Stanzlinien beim konventionell hergestellten Stanzblech die Fixkosten $K_{HK,FIX,SB}$ um 33 %. In diesem Zusammenhang verlängert sich die Ätzzeit $t_{ÄTZ}$ von 20 auf 84 min, und die Kosten für die Herstellung der Stanzlinienkontur $K_{MK,SKO}$ nehmen von 15 auf 51 € zu. Bei der Linienhöhe H von 1,4 mm übersteigen die fixen Kosten der konventionellen Fertigung $K_{HK,FIX,SB}$ die des kombinierten Prozesses $K_{HK,FIX,KP}$ um 19 %, wobei die variablen Kosten bei der Stanzblechfertigung weiterhin niedriger sind. Dies führt zu einem Schnittpunkt der beiden Kostengeraden bei einer Linienlänge L von 250 cm, wodurch die Prozesskombination unter den gegebenen Randbedingungen bis zu dieser Länge einen Kostenvorteil gegenüber der konventionellen Fertigung aufweist.

6.3.4 Prozess- und Maschinenanpassung

Die Ergebnisse des vorangegangenen Abschnitts zeigen, dass es vom Anwendungsfall abhängt, ob die Prozesskombination eine wirtschaftlich sinnvolle Alternative zur konventionellen Herstellung von Stanzwerkzeugen darstellt. Insbesondere die in dieser Arbeit zur Prozessentwicklung eingesetzte Maschineninfrastruktur beeinflusst die Herstellkosten $K_{HK,KP}$. Eine Verbesserung der Wirtschaftlichkeit kann durch technische Maßnahmen auf Basis einer Prozess- und Maschinenanpassung erreicht werden.

Für den laseradditiven Teilprozess wird daher eine aktuell am Markt verfügbare Maschine mit zwei Lasern in das Kostenberechnungsmodell integriert (vgl. Tabelle A2.4). Der Maschinenstundensatz $k_{MSS,LA}$ steigt vor allem durch die höheren Anschaffungskosten um 2 auf 30 €/h. Eine höhere Pumpleistung $\dot{V}$ von 100 l/min führt jedoch zu einer Verringerung der unproduktiven Maschinenvorbereitungszeit t_{FLU} auf 17 min, und durch das geringere benötigte Gasvolumen V_{GAS} von 1,7 m³ reduzieren sich die Gaskosten für das Fluten K_{FLU} von 19 auf 5 €. Somit sinken die mit dem Fluten verbundenen Fixkosten pro Baujob $K_{HK,FIX,FLU}$, bestehend aus Gemein- $K_{GK,FIX,IBPS,KP}$ und Maschinenkosten $K_{MK,FIX,FLU}$, von 47 auf 14 €. Durch den Einsatz von zwei Lasern verdoppelt sich die Aufbaurate VR_{LA}, wobei die in Kapitel 5 ermittelten Parametersätze für Anbindung und Aufbau weiterhin genutzt werden können. Eine Steigerung der Produktivität durch eine höhere Schichtdicke wird in diesem Fall nicht betrachtet, da dies einen höheren Energieeintrag unter veränderten Parametern erfordern würde, die generell und vor allem für den Aufbau auf dünne Substratbleche nicht bekannt sind.

Als zweite Anpassung wird die aufzubauende Bearbeitungszugabe BZ bzw. die Breite des abzutragenden Volumens B_{LS} auf 0,1 mm reduziert. Da die kleinste Bearbeitungszugabe, die zu einem aufgebauten Übermaß führt, bereits bei der technologischen Prozessentwicklung ermittelt worden ist, kann die Reduzierung nur durch eine höhere Genauigkeit des laseradditiven Teilprozesses erreicht werden (vgl. Abschnitt 2.1.4). Folglich muss sowohl weniger Volumen aufgebaut als auch weniger Volumen abgetragen werden, was sich vor allem in den Bearbeitungszeiten niederschlägt. Die eingesetzte Laserstrahlabtragmaschine erfordert eine Datenvorbereitung mit vielen Schritten und aufwändigen Berechnungen. Da das abzutragende Volumen eine einfache Geometrie besitzt, ist durch eine Anpassung der Datenvorbereitungskette mit einer realistischen Verkürzung der Vorbereitungszeit $t_{DV,LS}$ von 30 auf 10 min zu rechnen. Diese Zeitersparnis bewirkt eine Kosteneinsparung im Bereich der Gemein- $K_{GK,KP}$ und Personalkosten $K_{PK,KP}$ und reduziert die mit der Datenvorbereitung des lasersubtraktiven Prozesses verbundenen Kosten $K_{DV,LS}$ von 15 auf 5 €.

Nach Anpassung des Modells stellt Abbildung 6.15 die Herstellkosten der Prozesskombination $K_{HK,KP}$ dar (vgl. Tabelle A3.5). Sie zeigt die Kostensenkungen $\Delta K_{HK,PM}$ der aus Abbildung 6.14 bekannten Anwendungsfälle für die bekannte Linienlänge L von 500 cm und einer zusätzlichen Länge L von 1000 cm. Zudem vergleicht sie die Herstellkosten $K_{HK,KP}$ mit denen der konventionellen Fertigung für Stanzformen $K_{HK,SF}$ (Abbildung 6.15.a) und Stanzbleche $K_{HK,SB}$ (Abbildung 6.15.b) und zeigt die Kostenvorteile ΔK_{HK} auf.

Aus dem Diagramm wird deutlich, dass die Herstellkosten des kombinierten Prozesses $K_{HK,KP}$ unter den bisherigen Modellbedingungen für die gezeigten Anwendungsfälle höher sind als die Herstellkosten der konventionellen Stanzwerkzeugfertigung $K_{HK,SF}$ und $K_{HK,SB}$. Unter den angepassten Bedingungen hat die Prozesskombination einen Kostenvorteil

ΔK_{HK} von bis zu 27 % (H = 1 mm, L = 1000 cm), wobei die Kosten K_{HK} bei einer Linienhöhe H von 5,8 mm bestenfalls gleich hoch sind. Den größten Kostenanteil und damit die größte Stellschraube zur Kostenreduktion stellen die Maschinenkosten $K_{MK,KP}$ dar. Durch die Modellanpassung sinken in allen Fertigungsbeispielen die Gemeinkosten $K_{GK,KP}$ um $\Delta K_{GK,PM}$ von circa 60 % von 27 bis 33 € auf 11 bis 14 €. Eine Reduktion $\Delta K_{PK,PM}$ um 10 % auf 74 € verzeichnen die Personalkosten $K_{PK,KP}$. Weiterhin den geringsten Kostenanteil an den Gesamtkosten und die geringste absolute Veränderung $\Delta K_{MAT,PM}$ von maximal 1 € weisen die Materialkosten $K_{MAT,KP}$ auf.

Die detaillierte Betrachtung von Abbildung 6.15.a zeigt für die Stanzlinienhöhe H von 5,8 mm eine Verringerung der Maschinenkosten $K_{MK,KP}$ von 214 auf 132 € bei der Linienlänge L von 500 cm und von 375 auf 221 € bei der Linienlänge L von 1000 cm. Somit lassen sich durch die Modellanpassung die mit dem Maschinenbetrieb verbundenen Kosten $K_{MK,KP}$ um $\Delta K_{MK,PM}$ von 38 bzw. 41 % senken. Gleichzeitig sinken die Gesamtkosten der Prozesskombination $K_{HK,KP}$ auf 235 bzw. 337 €, was einer Verbesserung $\Delta K_{HK,PM}$ von 31 bzw. 35 % entspricht. Trotz der Kosteneinsparungen $\Delta K_{HK,PM}$ bleibt der kombinierte Prozess für die Linienlänge L von 500 cm um ΔK_{HK} = 11 % teurer als der konventionelle Prozess mit $K_{HK,SF}$ von 212€. Für die längeren Stanzlinien schließen die Kosten zu denen der konventionellen Fertigung auf.

Bei einer Linienhöhe H von 1 mm führt die Prozess- und Maschinenanpassung zu einer vergleichbaren Reduktion der Maschinenkosten, sodass sich für die beiden Stanzlinienlängen Kosten $K_{MK,KP}$ von 97 bzw. 150 € ergeben. Nach der Anpassung betragen die Herstellkosten $K_{HK,KP}$ 188 € für die Linienlänge L von 500 cm und 244 € für die Linienlänge L von 1000 cm, sodass die Modelländerung zu einer Kostenreduktion $\Delta K_{HK,PM}$ von 32 bzw. 36 % führt. Bei beiden Linienlängen liegen die Kosten des kombinierten Prozesses

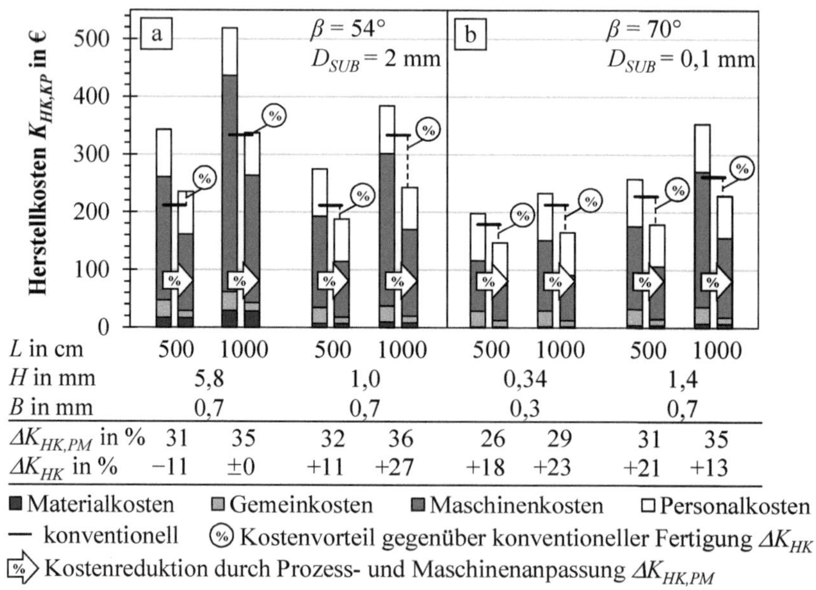

Abbildung 6.15: Kostenreduktion der Prozesskombination durch Prozess- und Maschinenanpassung im Vergleich zur (a) Stanzformfertigung und (b) Stanzblechfertigung

$K_{HK,KP}$ unter den Kosten der Stanzformfertigung $K_{HK,SF}$, wobei aufgrund der fixen Höhe der konventionellen Bandstahllinien die Kosten der höheren Stanzlinien $K_{HK,SF}$ von 212 und 334 € als Vergleichswert hinzugezogen werden. So ergibt sich für die Linienlänge L von 500 cm ein Kostenvorteil ΔK_{HK} von 11 %, der sich für die Linienlänge L von 1000 cm auf 27 % erhöht.

Für die Stanzlinien mit einer Höhe H von 0,34 mm aus Abbildung 6.15.b sinken die Maschinenkosten $K_{MK,KP}$ von 87 auf 60 € bzw. von 121 auf 78 €, was einer Kostenreduktion $\Delta K_{MK,PM}$ von 31 bzw. 36 % entspricht. Ebenfalls sinken die Herstellkosten $K_{HK,KP}$ und liegen mit 147 € um $\Delta K_{HK,PM} = 26$ % bzw. mit 165 € um $\Delta K_{HK,PM} = 29$ % niedriger als vor der Anpassung. Die Prozesskombination ist für die kürzere Stanzlinienlänge um $\Delta K_{HK} = 18$ % und für die Linienlänge L von 1000 cm um $\Delta K_{HK} = 23$ % günstiger als die konventionelle Stanzblechfertigung.

Bei der Herstellung von Stanzwerkzeugen mit einer Linienhöhe H von 1,4 mm reduzieren sich die Maschinenkosten $K_{MK,KP}$ bei der Linienlänge L von 500 cm um $\Delta K_{MK,PM} = 38$ % auf 90 € und bei einer Linienlänge L von 1000 cm um $\Delta K_{MK,PM} = 42$ % auf 137 €. Durch die Prozess- und Maschinenanpassung wird eine Senkung der Gesamtkosten $K_{HK,KP}$ auf 179 bzw. 229 € bewirkt, was einer Reduktion $\Delta K_{HK,PM}$ von 31 bzw. 35 % entspricht. Damit ergibt sich gegenüber der konventionellen Stanzblechfertigung ein Kostenvorteil ΔK_{HK} von 21 % bei einer Linienlänge L von 500 cm und von 13 % bei der doppelten Länge.

Die Prozess- und Maschinenanpassung führt dazu, dass die Prozesskombination eine wirtschaftlich sinnvolle Alternative zur konventionellen Stanzwerkzeugherstellung darstellt. Das Ausmaß des wirtschaftlichen Vorteils hängt neben der Länge der Stanzlinie im Wesentlichen von deren Querschnittsfläche ab. Einzige Ausnahme stellt die Nachbildung des konventionellen Stanzlinienstandards für Stanzformen mit einer Linienhöhe H von 5,8 mm dar. Diese Stanzlinienhöhe orientiert sich jedoch nicht an der Dicke des zu stanzenden Materials und ist historisch bedingt überdimensioniert. Da zum Trennen des Materials nur die Schneide das Stanzgut vollständig durchtrennen muss, ist bei den üblicherweise zu trennenden Materialien eine wesentlich geringere Linienhöhe ausreichend. Das hybride Stanzwerkzeug mit einer Stanzlinienhöhe H von 1 mm kann somit dieselben Materialstärken durchtrennen und besitzt gleichzeitig bei beiden untersuchten Linienlängen einen Kostenvorteil. Der kombinierte Prozess weist mit $K_{HK,FIX,KP} = 133$ € im Vergleich zur konventionellen Fertigung um 42 € höhere Fixkosten auf. Da der variable Kostenanteil $k_{HK,VAR,KP}$ mit 11 € gegenüber $k_{HK,VAR,SF} = 24$ €/m geringer ausfällt, ist die kombinierte Fertigung jedoch ab einer Stanzlinienlänge L von 320 cm günstiger. Im Fall der 0,34 mm hohen Stanzlinien bewirken die Anpassungen, dass sowohl die fixen Kosten $K_{HK,FIX,KP}$ mit 130 um 15 € geringer ausfallen als bei der konventionellen Fertigung als auch die variablen Kosten $k_{HK,VAR,KP}$ mit 3,50 €/m gegenüber $k_{HK,VAR,SB} = 6{,}80$ €/m geringer ansteigen. Dies bedeutet, dass der Kostenvorteil mit zunehmender Linienlänge größer wird. Für das Stanzwerkzeug mit einer Linienhöhe H von 1,4 mm sind die Fixkosten im kombinierten Prozess $K_{HK,KP,FIX}$ zwar um 64 € geringer als bei der konventionellen Fertigung, die variablen Kosten $k_{HK,VAR,KP}$ sind jedoch mit 10 um 3,20 €/m höher. Der Kostenvorteil egalisiert sich daher bei einer Stanzlinienlänge L von 2000 cm, wodurch die kombinierte Fertigung bis zu dieser Länge wirtschaftlicher ist.

Neben dem Kostenvorteil aus der Vergleichsrechnung kann die Prozesskombination zugleich einen zusätzlichen Zeitvorteil im Produktionsdurchlauf gegenüber der konventionellen Fertigung bieten. Dieser zeitliche Vorteil gilt allerdings nicht generell, sondern ist vom Anwendungsfall abhängig. Für das Stanzwerkzeug mit einer Substratdicke D_{SUB} von 2 mm und einer Linienhöhe H von 1 mm aus Abbildung 6.15.a beginnt die Zeitersparnis ab einer Stanzlinienlänge L von 200 cm. Beispielsweise ergibt sich für eine Linienlänge L von 500 cm bei einer Gesamtfertigungszeit t_{KP} von 288 min ein Zeitvorteil Δt von 96 min und ein Kostenvorteil ΔK_{HK} von 24 €. Bei der Substratdicke D_{SUB} von 0,1 mm (vgl. Abbildung 6.15.b) besteht der zeitliche Vorteil bis zu einer Stanzlinienlänge L von 680 cm bei einer Linienhöhe H von 1,4 mm bzw. bis zu einer Länge L von 980 cm bei einer Höhe H von 0,34 mm. Die exemplarische Länge L von 500 cm führt bei einer Höhe H von 0,34 mm zu einem Zeitvorteil Δt von 26 min bezogen auf $t_{KP} = 216$ min und zu einem Kostenvorteil ΔK_{HK} von 32 €. Mit der höheren Stanzlinie werden bei gleicher Linienlänge eine Zeit Δt von 31 min bei einer Gesamtfertigungszeit t_{KP} von 275 min und Kosten ΔK_{HK} von 50 € gegenüber der konventionellen Fertigung eingespart.

6.4 Bilanz

Aus der technischen Demonstration der Prozesskombination geht hervor, dass die Herstellung von anforderungsgerechten Stanzwerkzeugen in Hybridbauweise möglich ist. Dabei können Substratbleche mit einer minimalen Dicke D_{SUB} von 0,1 mm verwendet und die Abmessungen der Stanzlinien flexibel gewählt werden. Es bestätigt sich, dass die Einstellparameter des lasersubtraktiven Prozesses unabhängig von der Zielgeometrie sind. Somit lassen sich mit den gleichen Einstellungen sowohl variable Stanzlinienhöhen als auch variable Schneidwinkel erzeugen. In der konventionellen Fertigung ist für die Herstellung jedes einzelnen Schneidwinkels ein separates Werkzeug erforderlich. Dagegen können die Laser der additiven und subtraktiven Fertigung werkstückunabhängig eingesetzt werden. Neben den symmetrischen Stanzlinien in unterschiedlichen Höhen sind durch die Gestaltungsfreiheit des kombinierten Prozesses auch Linien mit Hinterschnitt bzw. sichelförmige Stanzlinienquerschnitte potenziell realisierbar. Letztere können, quer zur Umlaufrichtung angeordnet, vor allem zur Verbesserung der Schnittqualität beim Rotationsstanzen dienen. Insgesamt betrachtet besitzt die Prozesskombination gegenüber der konventionellen Stanzwerkzeugherstellung zahlreiche technische Vorteile.

Auch die Einschränkung verfügbarer Pulverwerkstoffe wirkt sich nicht negativ auf die Einsatzmöglichkeit des kombinierten Prozesses aus, denn der genutzte Werkzeugstahl besitzt geeignete mechanische Eigenschaften. Die mit diesem Werkstoff erreichbare Stanzlinienhärte entspricht den Anforderungen für das Stanzen von Papier und Karton. Wird ein verbesserter Verschleißschutz benötigt, kann für hohe Laufleistungen oder das Durchstanzen von Folien eine lokale Härtung der Schneiden vorgenommen werden. Ebenso lässt sich die Standzeit beim Anstanzen von abrasiven Thermomaterialien durch eine Beschichtung erhöhen. Die Härtung und Beschichtung kann gleichermaßen an konventionell und an kombiniert hergestellten Stanzwerkzeugen durchgeführt werden, sodass der Zeitaufwand und die zusätzlichen Kosten bei allen Fertigungsverfahren gleich hoch sind. Diese optionale nachträgliche Schneidenveredelung ist beim Vergleich der Herstellkosten als neutral zu bewerten und kann daher rechnerisch außer Acht gelassen werden.

Die Gegenüberstellung der Herstellkosten K_{HK} zeigt, dass die Spezifikation des jeweiligen Stanzwerkzeugs darüber entscheidet, ob die Prozesskombination wirtschaftlich ist. Dabei bestimmen die Länge und der Querschnitt der Stanzlinien den möglichen Vorteil. Unter der Voraussetzung der in Abschnitt 6.3.4 beschriebenen Prozess- und Maschinenanpassung ergibt sich für die Demonstratoren aus Abschnitt 6.2 immer ein Kosten- und ein

Zeitvorteil (Tabelle 6.3). Der Verpackungsdemonstrator hat eine Stanzlinienlänge L von 39 cm und passt $n_A = 13$ mal auf die Werkzeuggrundplatte. Bei einer resultierenden Gesamtlinienlänge L_{GES} von 507 cm ergeben sich Herstellkosten für den kombinierten Prozess $K_{HK,KP}$ von 189 € gegenüber Herstellkosten für die konventionelle Stanzformfertigung $K_{HK,SF}$ von 214 €. Dies entspricht einer Kostenersparnis von $\Delta K_{HK} = 12$ %. Mit einer Fertigungszeit t_{KP} von 289 min ist die kombinierte Fertigung um 98 min schneller, was einen Zeitvorteil Δt von 25 % bedeutet. Der Demonstrator zum Stanzen der Haftetiketten hat eine Linienlänge L von 25 cm und kann bis zu $n_A = 17$ mal auf der Grundplatte platziert werden, sodass sich insgesamt eine Stanzlinienlänge L_{GES} von 425 cm ergibt. Mit Herstellkosten $K_{HK,KP}$ von 145 € ist die kombinierte Fertigung um $\Delta K_{HK} = 17$ % günstiger als die klassische Stanzblechfertigung mit Kosten $K_{HK,SB}$ von 174 €. Die Fertigungsdauer mit der Prozesskombination beträgt $t_{KP} = 211$ min und die der konventionellen Fertigung $t_{SB} = 241$ min. Damit ist die hybride Bauweise um $\Delta t = 12$ % schneller.

Tabelle 6.3: Vergleich der Herstellkosten und Herstellzeiten der untersuchten Fertigungsprozesse anhand der Demonstratoren

Demonstrator	L in cm	n_A	L_{GES} in cm	Prozess	K_{HK} in €	ΔK_{HK} in %	t in min	Δt in %
Verpackung	39	13	507	KP	189	12	289	25
				SF	214		387	
Haftetikett	25	17	425	KP	145	17	211	12
				SB	174		241	

7 Zusammenfassung und Ausblick

Die laseradditive Fertigung mit Metallpulver ermöglicht ein geometrisch freies und materialeffizientes Design von Bauteilen. Jedoch hemmen Faktoren wie lange Prozesszeiten mit hohen Herstellkosten, die direkt vom Aufbauvolumen abhängen, ebenso wie fertigungsbedingt raue Bauteiloberflächen, die eine Nacharbeit erfordern, die weite Verbreitung der Technologie.

Eine Möglichkeit zur Verbesserung der Oberflächenqualität von metallischen Bauteilen stellt die lasersubtraktive Fertigung dar, bei der ein Laserstrahl als flexibel einsetzbares Werkzeug ohne vordefinierte Form wirkt und eine hohe Abtraggenauigkeit gewährleistet. Damit ist das Verfahren vorrangig für die Mikrobearbeitung qualifiziert und insbesondere für kleine Abtragvolumina wirtschaftlich konkurrenzfähig. Obwohl diese Vorteile für das Laserstrahlabtragen sprechen, wird es bisher nicht zur Nachbearbeitung von dreidimensionalen laseradditiv hergestellten Bauteilen verwendet.

Angesichts der beschriebenen Grenzen und Potenziale beider Laserverfahren erschien es sinnvoll, durch ihre sequenzielle Verknüpfung Synergieeffekte zu erzielen, um die dargestellten Einschränkungen zu überwinden. Das Ziel der Arbeit war daher die Entwicklung einer Prozesskombination, bei der die laseradditive und die lasersubtraktive Fertigung in einen gemeinsamen Prozess integriert wurden. Mit den Untersuchungen zum kombinierten Prozess sollten die Möglichkeiten aufgezeigt werden, die das Laserstrahlabtragen als universelle Nachbearbeitungsmethode zur Verbesserung der Oberflächenqualität von laseradditiv hergestellten Bauteilen bietet. Zudem wurden unter Berücksichtigung des Kostenaspekts Bauteile in Hybridbauweise realisiert, die aus einem additiv gefertigten Segment mit geringem Volumen und einem kostengünstigeren konventionell gefertigten Segment als Substrat bestehen.

Für die zielgerichtete Zusammenführung der beiden Laserprozesse bedurfte es zunächst einer strukturellen Ausgestaltung des kombinierten Prozesses. Auf deren Basis wurde die Prozesskombination anschließend technologisch entwickelt. Die gewonnenen Erkenntnisse aus beiden Schritten wurden zur exemplarischen Prozessdemonstration auf Anwendungsfälle aus dem Stanzwerkzeugbau übertragen.

Bei der strukturellen Gestaltung war es notwendig, die Prozesse der laseradditiven und lasersubtraktiven Fertigung zunächst separat zu erarbeiten. Dazu erfolgte eine Bestandsaufnahme der Prozessschritte, die in ein definiertes Schema eingeordnet wurden. Durch die Zusammenführung beider Teilprozesse entlang ihrer Schnittstellen konnte der kombinierte Prozess abgeleitet werden. Seine integrale Bearbeitung besteht aus einem sequenziell ablaufenden Auf- und Abtragvorgang. Da beide Vorgänge aufeinander folgen, stellen die Ausgangsgrößen der laseradditiven Fertigung die Eingangsgrößen der lasersubtraktiven Fertigung dar. Wiederum entsprechen die Ausgangsgrößen des lasersubtraktiven Teilprozesses dem Bearbeitungsergebnis der Prozesskombination. Aus der Verknüpfung der Teilprozesse geht hervor, dass das Datenmodell für den laseradditiven Aufbau auch die abtragspezifischen Restriktionen berücksichtigen muss und damit für die Nutzung im kombinierten Prozess anzupassen ist. Die Forderung nach einer möglichst kurzen Durchlaufzeit führte zu der Erkenntnis, dass eine Spannvorrichtung erforderlich ist, die beiden

S. Hallmann, *Prozesskombination aus laseradditiver und lasersubtraktiver Fertigung*, Light Engineering für die Praxis,
https://doi.org/10.1007/978-3-662-72196-4_7

Laserprozessen und -maschinen gerecht wird. Gleichzeitig muss die Vorrichtung zur Fixierung der konventionellen Bauteilsegmente geeignet sein, um die Hybridbauweise zu ermöglichen.

Bei der technologischen Ausgestaltung stand die Qualität des Prozessergebnisses im Mittelpunkt. Es wurde den Fragen nachgegangen, welche Ergebnisqualität mit der laseradditiven Fertigung erreichbar ist und inwieweit die lasersubtraktive Fertigung dieses Ergebnis verbessern kann. Für die hybriden Versuchskörper wurde als Pulverwerkstoff der Werkzeugstahl 1.2709 gewählt, mit dem laseradditive Segmente auf konventionellen Substratblechen erzeugt werden sollten. Bei den Blechwerkstoffen handelte es sich um den Edelstahl 1.4301 und den unlegierten Baustahl 1.0330 in zwei unterschiedlichen Dicken D_{SUB} von 0,1 und 2 mm. Insbesondere der Aufbau auf die dünneren Bleche war bisher nicht Gegenstand der Forschung und sollte im Rahmen dieser Arbeit erstmals umgesetzt werden. Zur Fixierung der Substrate in den Maschinen wurde die erforderliche Vorrichtung mit Kupferuntergrund konzipiert und hergestellt. Es wurde abgeleitet, dass die Kriterien Dichte, Anbindung, Rauheit, Maßhaltigkeit und die Volumenrate geeignet sind, um die Qualität und die Produktivität der Prozesskombination zu bewerten.

Zur Entwicklung des laseradditiven Teilprozesses wurden die Segmente unter Variation von Laserparametern auf die Substratbleche aufgebaut. Die Untersuchungen ergaben, dass mit einer Volumenenergie E_V zwischen 70 und 90 J/mm³ auf beiden Substratdicken Gefüge im Zielbereich der Dichte ρ von mindestens 99,8 % hergestellt werden können. Darüber hinaus war das laseradditive Segment bei den 2 mm dicken Substraten mit dem geforderten Vollanschluss an das Blech angebunden. Jedoch zeigten die Ergebnisse auch, dass der Energieeintrag für eine fehlerfreie Anbindung auf den dünneren Substraten zu hoch war. Nur mit einer reduzierten Volumenenergie E_V zwischen 43 und 50 J/mm³ konnte ein Vollanschluss, jedoch zu Lasten der Dichte, erreicht werden. Der Zielkonflikt konnte gelöst werden, indem eine zweistufige Prozessstrategie für die Fertigung der Hybridkörper mit den 0,1 mm dicken Blechen abgeleitet und erfolgreich eingesetzt wurde. Demnach empfahl es sich, für eine adäquate Anbindung die ersten vier Schichten mit einem reduzierten Energieeintrag E_V von 47 J/mm³ zu erzeugen und das restliche Segment hinsichtlich der Bauteildichte mit einer erhöhten Volumenenergie E_V von 75 J/mm³ aufzubauen. Durch eine Temperaturüberwachung an der Unterseite der Substratbleche konnte die Wirksamkeit dieser Strategie verfolgt und nachgewiesen werden. Die Untersuchungen zur Rauheit machten deutlich, dass die Oberflächenrauheit S_a der laseradditiven Segmente, die zwischen 9,0 und 14,7 µm lag, von der Orientierung der aufgebauten Flächen und der Konturbelichtung abhängt. Diese Beobachtungen bestätigen damit die aufgeführten Literaturangaben. Im untersuchten Größenbereich der laseradditiven Segmente ergab sich nach DIN 2768 eine Aufbaugenauigkeit der Toleranzklasse mittel in z-Richtung und der Toleranzklasse grob in x-y-Ebene. Die Analyse ergab zudem, dass die laseradditiven Segmente nur mit einer Bearbeitungszugabe nicht kleiner als die CAD-Vorgabe ausfallen. Vor allem um mögliche Nachbearbeitungen der Oberflächen durchzuführen, ist daher eine Bearbeitungszugabe bei der Fertigung einzuplanen. Hinsichtlich der Produktivität kann eine durchschnittliche Aufbaurate VR_{LA} von 8,7 cm³/h erreicht werden.

Für die lasersubtraktive Bearbeitung von laseradditiv hergestellten Segmenten lagen bisher nur unzureichende wissenschaftliche Erkenntnisse vor, sodass der Kenntnisstand durch eine umfassende Prozessentwicklung erweitert werden musste. Zu diesem Zweck wurden in einem ersten Schritt Untersuchungen zur grundsätzlichen Bearbeitbarkeit des verwendeten Werkzeugstahls durchgeführt. Diese erfolgten an 2D-Flachproben unter üblicher orthogonaler Lasereinstrahlung. Es wurde festgestellt, dass das Abtragen von Kavitäten für die Bestimmung der Abtragschwelle geeignet ist. Der ermittelte Wertebereich der Schwelle ϕ_{th} von 4,8 bis 7,1 J/cm² stimmt mit den Literaturangaben zum Abtrag von Metallen überein. Im Hinblick auf die Abtragqualität und -produktivität konnte ein Bereich optimaler Laserparameter herausgearbeitet werden. Mit diesen ist bei Abtragschichten mit einer Dicke D_{LS} von 1 µm eine Oberflächenrauheit S_a von 2,3 µm bei einer Abtragrate VR_{LS} von 6 mm³/min möglich. Weiterhin konnte nachgewiesen werden, dass der Lasereinstrahlwinkel α_{EW} bei einer eingeschränkten Oberflächenzugänglichkeit um maximal 40° von der Normalen abweichen darf, ohne dass sich das Abtragverhalten wesentlich verändert.

Gegenstand des zweiten Untersuchungsschritts war die Nachbearbeitung laseradditiv gefertigter 3D-Bauteile. Da bei diesen die Maßabweichungen fertigungsbedingt entlang der Oberfläche variieren und dadurch das exakte abzutragende Volumen ohne zusätzlichen Bestimmungsaufwand unbekannt ist, musste eine neue Abtragmethode entwickelt werden. Diese orientiert sich unabhängig von der genauen Kenntnis des zu entfernenden Volumens ausschließlich an der Zielgeometrie und ist auf eine gleichzeitige Verbesserung von Rauheit und Maßhaltigkeit der Struktur zugeschnitten. Dabei erfolgt die Strahlführung nicht mehr orthogonal, sondern angestellt zur Oberfläche, und die Abtragschichten verlaufen nicht mehr parallel, sondern senkrecht zum Zielmaß. Vor diesem Hintergrund wurden die laseradditiven Segmente unter Variation ausgewählter Prozessparameter, insbesondere des Einstrahlwinkels, abgetragen und die Ergebnisse mit der laseradditiv aufgebauten Referenz verglichen. Die Auswertung der Oberflächenqualität ergab, dass die lasersubtraktive Nachbearbeitung die Rauheit S_a unabhängig von der Ausgangsrauheit auf einen Bereich zwischen 1,9 und 3,5 µm verbessert. Dabei sind eine zufällige Schraffur und ein Einstrahlwinkel α_{EW} von bis zu 10° vorteilhaft für eine geringe Rauheit. Die Maßhaltigkeit konnte sowohl in z-Richtung als auch in der x-y-Ebene um mindestens eine Stufe auf die Toleranzklasse fein verbessert werden. Des Weiteren wurde gezeigt, dass Bauteilwinkel erzeugt werden können, die ebenfalls der Toleranzklasse fein entsprechen. Diese Ergebnisse wurden mit Einstrahlwinkeln α_{EW} von 7° bis 17° erreicht, sodass in Verbindung mit dem Rauheitskriterium Winkel α_{EW} von 7° bis 10° für die Nachbearbeitung empfehlenswert sind. Unter Hinzunahme des Produktivitätsaspekts wurde deutlich, dass die Schichtdicke D_{LS} auf 1,5 µm erhöht werden kann, ohne dass sich die Qualitätskenngrößen ändern. Dabei ergibt sich für die lasersubtraktive Bearbeitung eine Abtragrate VR_{LS} von 9 mm³/min.

Die entwickelte Prozesskombination wurde am Stanzwerkzeugbau zur Verarbeitung von papierbasierten Materialien demonstriert. Dazu wurden zwei Arten von Werkzeugen hergestellt, indem die materialtrennenden Stanzlinien additiv auf konventionelle Substrate aufgebracht und lasersubtraktiv nachbearbeitet wurden. Das erste Werkzeug war einer konventionellen Stanzform zum Stanzen von Kartonverpackungen nachempfunden, das zweite einem flexiblen Stanzblech zum Trennen von Etikettenmaterial. Die Ergebnisse zeigen, dass die technischen Anforderungen an die Werkstoffeigenschaften und die Geometrie der Stanzlinien in beiden Fällen erfüllt werden können. Anhand von Funktionstests konnte die generelle Einsatzeignung der Demonstratoren feststellt werden. Aus wirtschaftlicher Sicht wurde eine Kostenvergleichsrechnung zwischen dem kombinierten Prozess und der konventionellen Stanzform- bzw. Stanzblechfertigung auf Basis von eigens abgeleiteten Berechnungsmodellen durchgeführt. Um die Vergleichsmöglichkeit zu gewährleisten, wurden die Modelle auf die Länge der produzierten Stanzlinie normiert. Aus der Gegenüberstellung der Herstellkosten geht hervor, dass die Spezifikation des Anwendungsfalls darüber entscheidet, ob sich ein Kostenvorteil für die Prozesskombination ergibt. Dessen mögliche Höhe hängt vor allem von der Länge und der Querschnittsfläche der Stanzlinien ab. Bei beiden Demonstratorwerkzeugen besteht mit einer Prozess- und Maschinenanpassung immer ein Kosten- und Zeitvorteil. Im Vergleich zur konventionellen Fertigung konnte das erste Werkzeug mit einer Kostenersparnis ΔK_{HK} von 12 % bei einem zeitlichen Vorteil Δt von 25 % hergestellt werden. Die Herstellung des zweiten Demonstrators war $\Delta K_{HK} = 17$ % günstiger und $\Delta t = 12$ % schneller als die bisherige Fertigung.

Aus den Ergebnissen dieser Arbeit lassen sich weitere Forschungsaktivitäten für den kombinierten Prozess ableiten. Das an bis zu drei aufeinandertreffenden Flächen entwickelte Abtragvorgehen ist auf eine größere Anzahl an Flächen zu übertragen, um auch gekrümmte Oberflächenbereiche von laseradditiv hergestellten Bauteilen nachbearbeiten zu können. Je kleiner die benachbarten Flächen gewählt werden, desto genauer lassen sich konvex oder konkav geformte Konturen approximieren und mit einer an das Zielmaß angepassten Strahlführung abtragen.

Zudem bedarf es weiterer Aktivitäten für den Anwendungsfall kombiniert hergestellter Stanzwerkzeuge. Neben den durchgeführten Funktionstests sind Standzeituntersuchungen notwendig, um die Stanzlinien- und Stanzqualität der Werkzeuge im Vergleich zu konventionell hergestellten Werkzeugen zu bewerten. Es empfiehlt sich, den bisher getrennten Karton und die Selbstklebeetiketten in verschiedenen Auflagenhöhen zu stanzen und das Stanzgut außerdem auf abrasive Materialien sowie Folien in unterschiedlichen Grammaturen zu erweitern. Zur Bewertung der Stanzqualität wird der Nutzenanteil auf typische Schneidfehler überprüft, deren Ausprägung vom jeweiligen Stanzgut abhängt. Der Verschleiß von Stanzlinien zeigt sich in der Regel durch eine reduzierte Höhe sowie eine verrundete Schneide und kann bis hin zu Werkstoffausbrüchen führen. Die Standzeit der Stanzlinien wird vor allem durch das Kalibrieren vor ihrem Einsatz und den eingestellten Stanzdruck beeinflusst.

Eine Erweiterung des Anwendungsspektrums ist absehbar, da der entwickelte Fertigungsansatz nicht auf die exemplarisch betrachteten Stanzwerkzeuge der Demonstration beschränkt ist, sondern auch auf weitere Stanzwerkzeugarten übertragen werden kann. Insbesondere bietet sich die Hybridbauweise für die Herstellung von Stanzzylindern (vgl. Abschnitt 2.3.2) an. Anstatt die Stanzlinien des Zylinders kosten- und zeitaufwändig aus dem Rohzylinder zu fräsen, können die Stanzlinien schichtweise direkt auf den Zylinder aufgetragen werden. Neben den bereits gängigen Stanzlinienhöhen ist der Fokus auf die Implementierung höherer Linien zu legen, die bisher aus wirtschaftlichen Gründen nicht umgesetzt werden. Dadurch ist es möglich, technische Schäume zu stanzen, die aufgrund ihrer Dicke bisher nicht ohne Stauchung und Stanzfehlerbildung verarbeitet werden können. Außerdem ist die Kombination aus laseradditiver und -subtraktiver Fertigung auf den Bereich des Spritzgießens übertragbar, indem konventionell hergestellte Werkzeugkerne zwecks Formgebung des Kunststoffteils mit präzisen geringvolumigen Aufbauten versehen werden. Darüber hinaus besteht durch die Entwicklung zum hybriden Aufbau von Werkstücken die Möglichkeit, Versteifungen auf dünne Bleche aufzubringen.

Die entwickelte Prozesskombination besitzt einen höheren Automatisierungsgrad als die konventionelle Stanzformfertigung und erfordert weniger Fertigungsschritte als die Stanzblechfertigung. Über den in dieser Arbeit behandelten Prozess hinaus bietet sich eine weitere Automatisierung durch die Integration des kombinierten Prozesses in eine Komplettbearbeitungsmaschine an. In diesem Fall wird das zugeschnittene Substratblech im Maschinenarbeitsraum fixiert und der Fertigungsprozess automatisch durchlaufen, wodurch direkt das fertige Stanzwerkzeug entsteht. Eine Maschinenentwicklung begünstigt, dass für beide Teilprozesse ein Laser als Werkzeug genutzt wird. Das für den subtraktiven Teilprozess notwendige gepulste Laserstrahlsystem kann prinzipiell den kontinuierlich emittierenden Laser der laseradditiven Fertigung ersetzen. Dadurch können die Vorteile des geringeren Wärmeeintrags zur Reduktion von Eigenspannungen im Bauteil und die Möglichkeit eines Aufbaus mit höherer Auflösung auch im laseradditiven Teilprozess genutzt werden. Mit der neuen Anlagentechnik lässt sich in nur einem Arbeitsgang ein Stanzwerkzeug herstellen, das dieselbe Funktion wie die konventionelle Stanzform erfüllt, anstatt die notwendigen Werkzeugkomponenten mit drei unterschiedlichen Maschinen zuzuschneiden und anschließend die manuelle Montage durchzuführen. Gleiches gilt für die Fertigung von Stanzblechen, da anstatt von neun Maschinen nur noch eine notwendig ist. Zusätzlich lässt die Systemintegration eine Laserhärtung der Stanzlinien zu.

Eine weitere Flexibilisierung der Spannvorrichtung ist zweckmäßig, um auf ihr Hybridbauteile mit beliebigen Substratdicken herzustellen. Unter Berücksichtigung beider Teilprozesse ist eine Substratbefestigung mit Unterdruck sinnvoll. Bei dieser Erweiterung kann Sensorik zur Qualitätssicherung der Anbindung integriert werden, um eine Temperaturüberwachung auf der Unterseite des dünnen Substrats während des Aufbauprozesses zu realisieren.

Darüber hinaus besteht Entwicklungspotenzial für einen durchgängigen Informationsfluss von der Konstruktion über die Vorbereitung der Maschinendaten und Bearbeitung bis hin zur Qualitätssicherung. Es ist vorteilhaft, direkt aus einem CAD-Modell die CAM-Daten für laseradditive und lasersubtraktive Fertigung ableiten zu können, um die Datenübergabe und -weiterverarbeitung zu vereinfachen. Dadurch werden Schnittstellen reduziert, weniger Datenkonvertierungen benötigt und Speicherkapazitäten durch die geringere Anzahl an Dateien eingespart. Im Idealfall deckt eine neu entwickelte, modular aufgebaute Software den gesamten Prozess ab.

Durch die zunehmende Verbreitung sind Laserstrahlquellen in den letzten Jahren stetig günstiger in der Anschaffung geworden. Es ist zu erwarten, dass sich dieser Trend fortsetzt, was der in dieser Arbeit durchgeführten Entwicklung zugutekommt. Da die Zukunftstechnologien laserbasierte Pulverbettfusion von Metallen und Laserstrahlabtragen kontinuierlich weiterentwickelt werden, ist mit deutlichen Fortschritten insbesondere bei der Produktivität zu rechnen. Außerdem ist davon auszugehen, dass sich der Pulverwerkstoff der laseradditiven Fertigung als Standard etabliert und dessen Preise weiter sinken.

Durch die Implementierung des kombinierten Prozesses in die oben genannte Komplettbearbeitungsmaschine lassen sich verschiedene Ressourcen einsparen. Neben einer werkstoffeffizienten Fertigung durch den schichtweisen Aufbau wird im günstigsten Fall nur noch ein Rohstoff in Pulver- bzw. Substratform benötigt. Im Vergleich zur konventionellen Werkzeugherstellung ergibt sich eine vereinfachte Intralogistik durch weniger innerbetriebliche Materialflüsse und ein wesentlich geringerer Flächenbedarf. Mehrere Arten von Stanzwerkzeugen können flexibel in einer Maschine gebaut werden, was Stanzwerkzeughersteller befähigt, ihr Portfolio zu erweitern. Ihre Produktion ist nicht mehr ausschließlich auf eine Werkzeugart beschränkt, sodass diese widerstandsfähiger gegenüber Nachfrageschwankungen wird. Besonderes Potenzial steckt vor allem in der Automatisierung des kombinierten Prozesses, da diese bei einem geringen Handarbeitsanteil geeignet ist, die Produktion trotz Fachkräftemangel aufrechtzuerhalten. Der entwickelte Prozess stellt einen Weg zur Digitalisierung der Stanzwerkzeugherstellung dar und kann somit dazu beitragen, eine traditionell geprägte Branche auf zukünftige Herausforderungen auszurichten.

Literaturverzeichnis

[1] AMPOWER GmbH & Co. KG: AMPOWER Report. Hamburg, 2023

[2] VDI 3405 Blatt 2: Additive Fertigungsverfahren – Strahlschmelzen metallischer Bauteile – Qualifizierung, Qualitätssicherung und Nachbearbeitung. Berlin: Beuth, 2013

[3] D. S. Thomas, S. W. Gilbert: Costs and cost effectiveness of additive manufacturing. NIST Special Publication 1176, Gaithersburg, Maryland, USA: National Institute of Standards and Technology, 2014. doi: 10.6028/NIST.SP.1176

[4] T. Wohlers, O. Diegel, N. Mostow: Post-processing of AM and 3D-printed parts. Fort Collins, Colorado: Wohlers Associates, Inc., 2021

[5] D. Brown, C. Li, Z. Y. Liu, X. Y. Fang, Y. B. Guo: Surface integrity of inconel 718 by hybrid selective laser melting and milling. Virtual and Physical Prototyping, 13(1), 26–31, 2018. doi: 10.1080/17452759.2017.1392681

[6] A. Maamoun, M. Elbestawi, S. Veldhuis: Influence of shot peening on AlSi10Mg parts fabricated by additive manufacturing. Journal of Manufacturing and Materials Processing, 2(3), 40, 2018. doi: 10.3390/jmmp2030040

[7] J. Kumstel, B. Kirsch: Polishing titanium- and nickel-based alloys using cw-laser radiation. Physics Procedia, 41, 362–371, 2013. doi: 10.1016/j.phpro.2013.03.089

[8] T. Ermergen, F. Taylan: Review on surface quality improvement of additively manufactured metals by laser polishing. Arabian Journal for Science and Engineering, 46, 7125–7141, 2021. doi: 10.1007/s13369-021-05658-9

[9] J. Bliedtner, H. Müller, A. Barz: Lasermaterialbearbeitung: Grundlagen, Verfahren, Anwendungen, Beispiele. München: Hanser, 2013

[10] J. Fleischer, J. Schmidt, M. Knoll, S. Haupt, C. Müller, R Fröster, A. Gehringer: Mikrobearbeitung durch Abtragen. in wt Werkstatttechnik online, 94(11–12), 589–595, Düsseldorf: VDI Fachmedien, 2004

[11] S. L. Campanelli, G. Casalino, N. Contuzzi, A. D. Ludovico: Taguchi optimization of the surface finish obtained by laser ablation on selective laser molten steel parts. Procedia CIRP, 12, 462–467, 2013. doi: 10.1016/j.procir.2013.09.079

[12] A. Gebhardt, J. Kessler, L. Thurn: 3D-Drucken: Grundlagen und Anwendungen des Additive Manufacturing. 2., neu bearbeitete und erweiterte Auflage, München: Hanser, 2016

[13] R. Poprawe: Lasertechnik für die Fertigung: Grundlagen, Perspektiven und Beispiele für den innovativen Ingenieur; mit 26 Tabellen. Berlin, Heidelberg: Springer, 2005

[14] DIN 32540:2012-08: Laserstrahlabtragen – Thermisches Abtragen mit dem Laserstrahl – Begriffe, Einflussgrößen, Durchführung. Berlin: Beuth, 2012. doi: 10.31030/1896643

S. Hallmann, *Prozesskombination aus laseradditiver und lasersubtraktiver Fertigung*, Light Engineering für die Praxis,
https://doi.org/10.1007/978-3-662-72196-4

[15] DIN 8580:2022-12: Fertigungsverfahren – Begriffe, Einteilung. Berlin: Beuth, 2022. doi: 10.31030/3217872

[16] T. Schmidt: Potentialbewertung generativer Fertigungsverfahren für Leichtbauteile. Berlin, Heidelberg: Springer Vieweg, 2016. doi: 10.1007/978-3-662-52996-6

[17] H. Hegab, N. Khanna, N. Monib, A. Salem: Design for sustainable additive manufacturing: a review. Sustainable Materials and Technologies, 35, e00576, 2023. doi: 10.1016/j.susmat.2023.e00576

[18] R. Liu, Z. Wang, T. Sparks, F. Liou, J. Newkirk: Aerospace applications of laser additive manufacturing. Laser Additive Manufacturing, 351–371, Woodhead Publishing, 2017. doi: 10.1016/B978-0-08-100433-3.00013-0

[19] J. C. Vasco: Additive manufacturing for the automotive industry. Additive Manufacturing, 505–530, Amsterdam, München: Elsevier, 2021. doi: 10.1016/B978-0-12-818411-0.00010-0

[20] C. Sun, Y. Wang, M. D. McMurtrey, N. D. Jerred, F. Liou, J. Li: Additive manufacturing for energy: a review. Applied Energy, 282, 116041, 2021. doi: 10.1016/j.apenergy.2020.116041

[21] A. Manmadhachary, S. K. Malyala, A. Alwala: Medical applications of additive manufacturing. Proceedings of the ISMAC-CVB 2018, 30, 1643–1653, Cham: Springer International Publishing, 2019. doi: 10.1007/978-3-030-00665-5_152

[22] M. Salmi: Additive manufacturing processes in medical applications. Materials, 14(1), 191, 2021. doi: 10.3390/ma14010191

[23] M. Salmi, J. S. Akmal, E. Pei, J. Wolff, A. Jaribion, S. H. Khajavi: 3D printing in COVID-19: Productivity estimation of the most promising open source solutions in emergency situations. Applied Science, 10(11), 4004, 2020. doi: 10.3390/app10114004

[24] J. Schütz, J. Beck, M. Schmiedeck, C. Emmelmann: New opportunities for the tool technology in particle foam processing. Proceedings of the 15th RapidTech Conference, 144–159, München: Hanser, 2018. doi: 10.3139/9783446458123

[25] C. Klahn: Laseradditiv gefertigte, luftdurchlässige Mesostrukturen: Herstellung und Eigenschaften für die Anwendung. Berlin, Heidelberg: Springer Vieweg, 2015. doi: 10.1007/978-3-662-47761-8

[26] H.-S. Park, X.-P. Dang, D.-S. Nguyen, S. Kumar: Design of advanced injection mold to increase cooling efficiency. International Journal of Precision Engineering and Manufacturing-Green Technology, 7(2), 319–328, 2020. doi: 10.1007/s40684-019-00041-4

[27] A. Gebhardt: Additive Fertigungsverfahren: additive Manufacturing und 3D-Drucken für Prototyping, Tooling, Produktion. 5., neu bearbeitete und erweiterte Auflage, München: Hanser, 2016

[28] DIN SPEC 17071:2019-12: Additive Fertigung: Anforderungen an qualitätsgesicherte Prozesse für additive Fertigungszentren. Berlin: Beuth, 2019. doi: 10.31030/3119149

[29] D. Herzog, V. Seyda, E. Wycisk, C. Emmelmann: Additive manufacturing of metals. Acta Materialia, 117, 371–392, 2016. doi: 10.1016/j.actamat.2016.07.019

[30] T. Töppel, B. Müller, K. P. J. Hoeren, G. Witt: Eigenspannungen und Verzug beim additiven Laser-Strahlschmelzen. Schweißen und Schneiden, 68(4), 176–186, 2016

[31] M. Munsch, S. Hallmann, C. Emmelmann: Experimental analysis of influence factors on residual stresses in laser additive manufacturing of TiAl6V4. Proceedings of the Direct Digital Manufacturing Conference, Berlin, 2012

[32] DIN EN ISO/ASTM 52911-1:2020-05: Additive Fertigung – Konstruktion – Teil 1: Teil 1: Laserbasierte Pulverbettfusion von Metallen. Berlin: Beuth, 2020. doi: 10.31030/3060962

[33] M. Link, T. Haefele, E. Abele: Examination of the connection between selective laser-melted components of 316L steel powder on conventionally fabricated base bodies. Proceedings of the 29th Annual International SFF Symp, 403–410, Amsterdam, München: Elsevier, 2018. doi: 10.26153/TSW/17028

[34] A. Khorasani, I. Gibson, J. K. Veetil, A. H. Ghasemi: A review of technological improvements in laser-based powder bed fusion of metal printers. International Journal of Advanced Manufacturing Technology, 108, 191–209, 2020. doi: 10.1007/s00170-020-05361-3

[35] F. Klocke: Fertigungsverfahren 5: Gießen, Pulvermetallurgie, Additive Manufacturing. Berlin, Heidelberg: Springer, 2015. doi: 10.1007/978-3-540-69512-7

[36] M. Munsch: Reduzierung von Eigenspannungen und Verzug in der laseradditiven Fertigung. Göttingen: Cuvillier, 2013

[37] S. Wang, Y. Liu, W. Shi, B. Qi, J. Yang, F. Zhang, D. Han, Y. Ma: Research on high layer thickness fabricated of 316L by selective laser melting. Materials, 10(9), 1055, 2017. doi: 10.3390/ma10091055

[38] G. Jing Z. Wang: Defects, densification mechanism and mechanical properties of 300M steel deposited by high power selective laser melting. Additive Manufacturing, 38, 101831, 2021. doi: 10.1016/j.addma.2020.101831

[39] W. Meiners: Direktes selektives Laser Sintern einkomponentiger metallischer Werkstoffe. Aachen: Shaker, 1999

[40] V. Seyda: Werkstoff- und Prozessverhalten von Metallpulvern in der laseradditiven Fertigung. Berlin, Heidelberg: Springer Vieweg, 2018. doi: 10.1007/978-3-662-58233-6

[41] ISO/ASTM TR 52912:2020-09: Additive manufacturing – design – functionally graded additive manufacturing. Berlin: Beuth, 2020

[42] I. M. El-Galy, B. I. Saleh, M. H. Ahmed: Functionally graded materials classifications and development trends from industrial point of view. SN Applied Sciences, 1, 1378, 2019. doi: 10.1007/s42452-019-1413-4

[43] F. Klocke, K. Arntz, M. Teli, K. Winands, M. Wegener, S. Oliari: State-of-the-art laser additive manufacturing for hot-work tool steels. Procedia CIRP, 63, 58–63, 2017. doi: 10.1016/j.procir.2017.03.073

[44] V. V. Popov, A. Fleisher: Hybrid additive manufacturing of steels and alloys. Manufacturing Review, 7, 6, 2020. doi: 10.1051/mfreview/2020005

[45] S. Tammas-Williams, I. Todd: Design for additive manufacturing with site-specific properties in metals and alloys. Scripta Materialia, 135, 105–110, 2017. doi: 10.1016/j.scriptamat.2016.10.030

[46] D. C. Hofmann, J. Kolodziejska, S. Roberts, R. Otis, R. P. Dillon, J.-O. Suh, Z.-K. Liu, J.-P. Borgonia: Compositionally graded metals: A new frontier of additive manufacturing. Journal of Materials Research, 29, 1899–1910, 2014. doi: 10.1557/jmr.2014.208

[47] DIN EN ISO/ASTM 52900:2022-03: Additive Fertigung – Grundlagen – Terminologie. Berlin: Beuth, 2022. doi: 10.31030/3290011

[48] S. M. Thompson, L. Bian, N. Shamsaei, A. Yadollahi: An overview of direct laser deposition for additive manufacturing; Part I: transport phenomena, modeling and diagnostics. Additive Manufacturing, 8, 36c62, 2015. doi: 10.1016/j.addma.2015.07.001

[49] D.-G. Ahn: Directed energy deposition process: state of the art. International Journal of Precision Engineering and Manufacturing-Green Technology, 8, 703–742, 2021. doi: 10.1007/s40684-020-00302-7

[50] M. Schneck, M. Horn, M. Schmitt, C. Seidel, G. Schlick, G. Reinhart: Review on additive hybrid- and multi-material-manufacturing of metals by powder bed fusion: state of technology and development potential. Progress in Additive Manufacturing, 6, 881–894, 2021. doi: 10.1007/s40964-021-00205-2

[51] S. Shakerin, A. Hadadzadeh, B. S. Amirkhiz, S. Shamsdini, J. Li, M. Mohammadi: Additive manufacturing of maraging steel-H13 bimetals using laser powder bed fusion technique. Additive Manufacturing, 29, 100797, 2019. doi: 10.1016/j.addma.2019.100797

[52] D. Bhaduri, P. Penchev, K. Essa, S. Dimov, L. N. Carter, C. I. Pruncu, D. Pullini: Evaluation of surface/interface quality, microstructure and mechanical properties of hybrid additive-subtractive aluminium parts. CIRP Annals, 68(1), 237–240, 2019. doi: 10.1016/j.cirp.2019.04.116

[53] E. Cyr, H. Asgari, S. Shamsdini, M. Purdy, K. Hosseinkhani, M. Mohammadi: Fracture behaviour of additively manufactured MS1-H13 hybrid hard steels. Materials Letters, 212, 174–177, 2018. doi: 10.1016/j.matlet.2017.10.097

[54] Y. Bai, C. Zhao, Y. Zhang, H. Wang: Microstructure and mechanical properties of additively manufactured multi-material component with maraging steel on CrMn steel. Materials Science and Engineering: A, 802, 140630, 2021. doi: 10.1016/j.msea.2020.140630

[55] C. Tan, Y. Chew, G. Bi, D. Wang, W. Ma, Y. Yang, K. Zhou: Additive manufacturing of steel-copper functionally graded material with ultrahigh bonding strength. Journal of Materials Science & Technology, 72, 217–222, 2021. doi: 10.1016/j.jmst.2020.07.044

[56] C. Tan, K. Zhou, T. Kuang: Selective laser melting of tungsten-copper functionally graded material. Materials Letters, 237, 328–331, 2019. doi: 10.1016/j.matlet.2018.11.127

[57] A. Schaub, B. Ahuja, L. Butzhammer, J. Osterziel, M. Schmidt, M. Merklein: Additive manufacturing of functional elements on sheet metal. Physics Procedia, 83, 797–807, 2016. doi: 10.1016/j.phpro.2016.08.082

[58] M. Merklein, R. Schulte, T. Papke: An innovative process combination of additive manufacturing and sheet bulk metal forming for manufacturing a functional hybrid part. Journal of Materials Processing Technology, 291, 117032, 2021. doi: 10.1016/j.jmatprotec.2020.117032

[59] D. Buchbinder, H. Schleifenbaum, S. Heidrich, W. Meiners, J. Bültmann: High power selective laser melting (HP SLM) of aluminum parts. Physics Procedia, 12, 271–278, 2011. doi: 10.1016/j.phpro.2011.03.035

[60] M. A. Eisen: Optimierte Parameterfindung und prozessorientiertes Qualitätsmanagement für das Selective-Laser-Melting-Verfahren. Aachen: Shaker, 2010

[61] I. Uckelmann: Generative Serienfertigung von individuellen Produkten aus CoCr mit dem Selektiven Laser-Schmelzen. Aachen: Shaker, 2007

[62] J.-P. Kruth, M. Badrossamay, E. Yasa, J. Deckers, L. Thijs, J. Van Humbeeck: Part and material properties in selective laser melting of metals. Proceedings of the 16th International Symposium on Electromachining, 3–14, 2010

[63] C. Over: Generative Fertigung von Bauteilen aus Werkzeugstahl X38CrMoV5-1 und Titan TiAl6V4 mit Selective Laser Melting. Aachen: Shaker, 2003

[64] J. Jhabvala, E. Boillat, T. Antignac, R. Glardon: On the effect of scanning strategies in the selective laser melting process. Virtual and Physical Prototyping, 5(2), S. 99–109, 2010. doi: 10.1080/17452751003688368

[65] O. Rehme, C. Emmelmann: Reproducibility for properties of selective laser melting products. Proceedings of the 3rd International WLT-Conference Lasers in Manufacturing, 227–232, Stuttgart, AT-Fachverlag, 2005

[66] J. T. Sehrt: Möglichkeiten und Grenzen bei der generativen Herstellung metallischer Bauteile durch das Strahlschmelzverfahren. Aachen: Shaker, 2010

[67] O. Rehme: Cellular design for laser freeform fabrication. Göttingen: Cuvillier, 2010

[68] DIN EN ISO 17296-3:2016-12: Additive Fertigung – Grundlagen – Teil 3: Haupteigenschaften und entsprechende Prüfverfahren. Berlin: Beuth, 2016. doi: 10.31030/2580025

[69] K&M Präzisionstechnik in Kunststoff und Metall GmbH: Materialdatenblatt – Werkzeugstahl 1.2709 – Laserschmelzen

[70] Renishaw plc: Datenblatt Werkzeugstahl 1.2709 Pulver für die additive Fertigung. 2017

[71] 3D-Laserdruck GmbH: Materialdatenblatt – Werkzeugstahl 1.2709. 2015

[72] L. Thijs, F. Verhaeghe, T. Craeghs, J. V. Humbeeck, J.-P. Kruth: A study of the microstructural evolution during selective laser melting of Ti-6Al-4V. Acta Materialia, 58(9), 3303–3312, 2010. doi: 10.1016/j.actamat.2010.02.004

[73] D. Schmid: Industrielle Fertigung – Fertigungsverfahren, Mess- und Prüftechnik. 6., überarbeitete Auflage, Haan-Gruiten: Europa-Lehrmittel, 2013

[74] H.-J. Bargel, G. Schulze: Werkstoffkunde. 12., überarbeitete Auflage, korrigierter Nachdruck, Berlin, Heidelberg: Springer Vieweg, 2018. doi: 10.1007/978-3-662-48629-0

[75] J. Neubert, G. Weilnhammer: Laserstrahlschweißen: Leitfaden für die Praxis. in Die schweisstechnische Praxis, Bd. 29, Düsseldorf: DVS Media, 2009

[76] R. Lachmayer, R. B. Lippert: Additive Manufacturing Quantifiziert: visionäre Anwendungen und Stand der Technik. Berlin, Heidelberg: Springer Vieweg, 2017. doi: 10.1007/978-3-662-54113-5

[77] H. D. Carlton, A. Haboub, G. F. Gallegos, D. Y. Parkinson, A. A. MacDowell: Damage evolution and failure mechanisms in additively manufactured stainless steel. Materials Science and Engineering: A, 651, 406–414, 2016. doi: 10.1016/j.msea.2015.10.073

[78] E. Wycisk, A. Solbach, S. Siddique, D. Herzog, F. Walther, C. Emmelmann: Effects of defects in laser additive manufactured Ti-6Al-4V on fatigue properties. Physics Procedia, 56, 371–378, 2014. doi: 10.1016/j.phpro.2014.08.120

[79] C. Tan, K. Zhou, M. Kuang, W. Ma, T. Kuang: Microstructural characterization and properties of selective laser melted maraging steel with different build directions. Science and Technology of Advanced Materials, 19(1), 746–758, 2018. doi: 10.1080/14686996.2018.1527645

[80] E. Jägle, Z. Sheng, P. Kürnsteiner, S. Ocylok, A. Weisheit, D. Raabe: Comparison of maraging steel micro- and nanostructure produced conventionally and by laser additive manufacturing. Materials, 10(1), 8, 2017. doi: 10.3390/ma10010008

[81] D. Zhang: Entwicklung des Selective Laser Melting (SLM) für Aluminiumwerkstoffe. Aachen: Shaker, 2004

[82] DIN 4760:1982-06: Gestaltabweichungen; Begriffe, Ordnungssystem. Berlin: Beuth, 1982. doi: 10.31030/1110827

[83] K.-H. Grote, B. Bender, D. Göhlich: Taschenbuch für den Maschinenbau. 25., neu bearbeitete und aktualisierte Auflage, Berlin, Heidelberg: Springer Vieweg, 2018

[84] B. Klein: Toleranzmanagement im Maschinen- und Fahrzeugbau: Form- und Lagetoleranzen, Tolerierungsprinzipien, Tolerierungsverknüpfungen, Maßketten, Oberflächen. München, Wien: Oldenbourg, 2006. doi: 10.1524/9783486598735

[85] E. Westkämper, H.-J. Warnecke, M. Dinkelmann, H. Haag: Einführung in die Fertigungstechnik. 8., aktualisierte und erweiterte Auflage, korrigierter Nachdruck. Wiesbaden: Vieweg + Teubner, 2011. doi: 10.1007/978-3-8348-9798-5

[86] H. Wittel: Maschinenelemente: Normung, Berechnung, Gestaltung. 20. Auflage, Wiesbaden: Vieweg + Teubner, 2011

[87] C. Eschey: Maschinenspezifische Erhöhung der Prozessfähigkeit in der additiven Fertigung. Bd. 274, Münchenv Utz, 2013

[88] S. Georg: Berücksichtigung von Toleranzen und Oberflächenangaben zur Pre-Prozesssteuerung STEP-basierter Additiver Fertigung. Darmstadt: TUprints, 2022

[89] T. Krol, G. Branner, J. Schilp, B. Glaspalast: Modelle zur thermomechanischen Simulation metallverarbeitender Strahlschmelzprozesse. Proceedings of the CAD-FEM Conference, 2009

[90] E. Tascioglu, Y. Kaynak, Ö. Poyraz, A. Orhangül, S. Ören: The effect of finish-milling operation on surface quality and wear resistance of inconel 625 produced by selective laser melting additive manufacturing. Advanced Surface Enhancement, 263–272, Singapore: Springer, 2020. doi: 10.1007/978-981-15-0054-1_27

[91] F. Kuisat, F. Lasagni, A. F. Lasagni: Smoothing additive manufactured parts using ns-pulsed laser radiation. Progress in Additive Manufacturing, 6, 297–306, 2021. doi: 10.1007/s40964-021-00168-4

[92] J. Kumstel: Polieren von SLM-Bauteilen mit kontinuierlicher Laserstrahlung. Neue Entwicklungen in der Additiven Fertigung, 143–157, Berlin, Heidelberg: Springer, 2015. doi: 10.1007/978-3-662-48473-9 10

[93] S. Danjou: Mehrzieloptimierung der Bauteilorientierung für Anwendungen der Rapid-Technologie. Göttingen: Cuvillier, 2010

[94] P. Schaechtl, B. Schleich, S. Wartzack: On the potential of slicing algorithms in additive manufacturing for the optimization of geometrical part accuracy. Procedia CIRP, 114, 215–220, 2022. doi: 10.1016/j.procir.2022.10.030

[95] E. Wycisk, J. Kranz, C. Emmelmann: Influence of surface properties on fatigue strength of lightweight structures produced by Laser Additive Manufacturing of TiAl6V4. Proceedings of the Direct Digital Manufacturing Conference, Berlin, 2012

[96] DIN ISO 2768-1:1991-06: Allgemeintoleranzen; Toleranzen für Längen- und Winkelmaße ohne einzelne Toleranzeintragung. Berlin: Beuth, 1991. doi: 10.31030/2458559

[97] DIN EN ISO 1101:2017-09: Geometrische Produktspezifikation (GPS) – Geometrische Tolerierung – Tolerierung von Form, Richtung, Ort und Lauf. Berlin: Beuth, 2017 doi: 10.31030/2552752

[98] DIN EN ISO 22081:2022-10: Geometrische Produktspezifikation (GPS) – Geometrische Tolerierung – Allgemeine geometrische und Größenmaßspezifikationen. Berlin: Beuth, 2022. doi: 10.31030/3371761

[99] DIN ISO 2768-2:1991-04: Allgemeintoleranzen; Toleranzen für Form und Lage ohne einzelne Toleranzeintragung. Berlin: Beuth, 1991. doi: 10.31030/2398156

[100] VDI 3405 Blatt 3: Additive Fertigungsverfahren – Konstruktionsempfehlungen für die Bauteilfertigung mit Laser-Sintern und Laser-Strahlschmelzen. Berlin: Beuth, 2015

[101] G. A. O. Adam, D. Zimmer: Design for additive manufacturing – element transitions and aggregated structures. CIRP Journal of Manufacturing Science and Technology, 7(1), 20–28, 2014. doi: 10.1016/j.cirpj.2013.10.001

[102] A. Alexander: Bauteilindividuelle und verfahrensspezifische Kennzeichnung und Identifikation für die Additive Fertigung. Aachen: Shaker, 2018

[103] D. Zimmer, G. Adam: Konstruktionsregeln für additive Fertigungsverfahren. Konstruktion, 7(8), 77–82, 2013

[104] J. Kranz: Methodik und Richtlinien für die Konstruktion von laseradditiv gefertigten Leichtbaustrukturen. Berlin, Heidelberg: Springer Vieweg, 2017. doi: 10.1007/978-3-662-55339-8

[105] B. Keller: Rapid prototyping: Grundlagen zum selektiven Lasersintern von Polymerpulver. Aachen: Shaker, 1999

[106] P. Mercelis, J. Kruth: Residual stresses in selective laser sintering and selective laser melting. Rapid Prototyping Journal, 12(5), 254–265, 2006. doi: 10.1108/13552540610707013

[107] J.-P. Kruth, J. Deckers, E. Yasa, R. Wauthlé: Assessing and comparing influencing factors of residual stresses in selective laser melting using a novel analysis method. Proceedings of the Institution of Mechanical Engineers, Part B: Journal of Engineering Manufacture, 226(6), 980–991, 2012. doi: 10.1177/0954405412437085

[108] F. Vollertsen: Laserstrahlumformen, lasergestützte Formgebung: Verfahren, Mechanismen, Modellierung. Bamberg: Meisenbach, 1996

[109] E. Yasa, J.-P. Kruth, J. Deckers: Manufacturing by combining selective laser melting and selective laser erosion/laser re-melting. CIRP Annals, 60(1), 263–266, 2011. doi: 10.1016/j.cirp.2011.03.063

[110] E. Yasa: Manufacturing by combining selective laser melting and selective laser erosion/laser re-melting. Katholieke Universiteit Leuven, 2011

[111] E. Wycisk: Ermüdungseigenschaften der laseradditiv gefertigten Titanlegierung TiAl6V4. Berlin, Heidelberg: Springer Vieweg, 2017. doi: 10.1007/978-3-662-56060-0

[112] K.-H. Leitz, B. Redlingshöfer, Y. Reg, A. Otto, M. Schmidt: Metal ablation with short and ultrashort laser pulses. Physics Procedia, 12, 230–238, 2011. doi: 10.1016/j.phpro.2011.03.128

[113] H. Hügel: Strahlwerkzeug Laser: eine Einführung. Stuttgart: Teubner, 1992

[114] J. H. Timmer: Laserkonditionieren von CBN- und Diamantschleifscheiben. Essen: Vulkan, 2001

[115] X. Li, Y. Guan: Theoretical fundamentals of short pulse laser-metal interaction: a review. Nanotechnology and Precision Engineering, 3(3), 105–125, 2020. doi: 10.1016/j.npe.2020.08.001

[116] S. Hallmann, R. Nodop, C. Daniel, M. Weppler, J. Geis-Gerstofer, C. Emmelmann: Improvement of the adhesion between CoCr and dentalceramics by laser surface structuring. Proceedings of the WLT-Conference Lasers in Manufacturing, München, 2015

[117] F. Klocke, W. König: Fertigungsverfahren 3 – Abtragen, Generieren und Lasermaterialbearbeitung. 4., überarbeitete Auflage, Berlin, Heidelberg: Springer, 2007

[118] J. M. Kordt: Konturnahes Laserstrahlstrukturieren für Kunststoffspritzgießwerkzeuge. RWTH Aachen, 2007

[119] C. Daniel: Laserstrahlabtragen von kubischem Bornitrid zur Endbearbeitung von Zerspanwerkzeugen. Berlin, Heidelberg: Springer Vieweg, 2019. doi: 10.1007/978-3-662-59273-1

[120] A. Lorenz: Analyse des Laserstrahlabtragens für den wirtschaftlichen Einsatz im Werkzeug- und Formenbau. Göttingen: Cuvillier, 2009

[121] C. Zwahr, A. Welle, T. Weingärtner, C. Heinemann, B. Kruppke, N. Gulow, M. große H., A. F. Lasagni: Ultrashort pulsed laser surface patterning of titanium to improve osseointegration of dental implants. Advanced Engineering Materials, 21, 1900639, 2019. doi: 10.1002/adem.201900639

[122] M. Weikert: Oberflächenstrukturieren mit ultrakurzen Laserpulsen. München: Utz, 2006

[123] S. Mishra, V. Yadava: Laser leam micromachining – a review. Optics and Lasers in Engineering, 73, 89–122, 2015. doi: 10.1016/j.optlaseng.2015.03.017

[124] M. Dirscherl: Ultrakurzpulslaser – Grundlagen und Anwendungen. 1. Auflage in BLZ-Anwenderfibel, Bd. 2, Erlangen: Bayerisches Laserzentrum, 2005

[125] DMG Mori: Datenblatt LASERTEC-Baureihe. 2022

[126] IPG Photonics Corporation: test results Ytterbium Pulsed Fiber Laser Specification Model YLP-HP-1-100-200-200 after modification. 2011

[127] M. Götze: Laserbasierte Strukturierung und Konfektionierung biomedizinischer Nanofaservliese aus elektrogesponnenen Polymeren. Halle-Wittenberg: Martin-Luther-Universität, 2020

[128] A. Al-Mahdy, H. R. Kotadia, M. C. Sharp, T. T. Opoz, J. Mullett, J. I. Ahuir-Torres: Effect of surface roughness on the surface texturing of 316 l stainless steel by nanosecond pulsed laser. Lasers in Manufacturing and Materials Processing, 10, 141–64, 2022. doi: 10.1007/s40516-022-00199-x

[129] Y. Wang, M. Zhang, Y. Huang, X. Cao, Y. Dong, J. Zhao, Y. Li, Y. Wang: Ablation threshold modelling and validation of metal nanosecond laser processing. Optics Communications, 523, 128608, 2022. doi: 10.1016/j.optcom.2022.128608

[130] A. Leontyev, A. Semerok, D. Farcage, P.-Y. Thro, C. Grisolia, A. Widdowson, P. Coad, M. Rubel: Theoretical and experimental studies on molybdenum and stainless steel mirrors cleaning by high repetition rate laser beam. Fusion Engineering and Design, 86(9–11), 1728–1731, 2011. doi: 10.1016/j.fusengdes.2010.12.068

[131] J. Meijer, K. Du, A. Gillner, D. Hoffmann, V.S. Kovalenko, T. Masuzawa, A. Ostendorf, R. Poprawe, W. Schulz: Laser Machining by short and ultrashort pulses, state of the art and new opportunities in the age of the photons. CIRP Annals, 5(2), 531–550, 2002. doi: 10.1016/S0007-8506(07)61699-0

[132] T. Abeln: Grundlagen und Verfahrenstechnik des reaktiven Laserpräzisionsabtragens von Stahl. München: Utz, 2002

[133] J. Koch, P. Schaaf, E. Rädlein, A. Emmel: Laserendbearbeitung metallischer Werkstoffe. Ilmenau: Universitätsverlag, 2011

[134] P. Petkov: Laser milling: surface integrity, removal strategies and process accuracy. Cardiff University, 2011

[135] P. Penchev, S. Dimov, D. Bhaduri, S. L. Soo: Generic integration tools for reconfigurable laser micromachining systems. Journal of Manufacturing Systems, 38, 27–45, 2016. doi: 10.1016/j.jmsy.2015.10.006

[136] J. Hutfless: TRUMPF Laserformen – neue generative Laserverfahren für den Werkzeug- und Formenbau. Kolloquium für Lasertechnik, 277–321, Aachen, 2004

[137] M. Stafe, A. Marcu, N. N. Puscas: Pulsed laser ablation of solids: basics, theory and applications. Berlin, Heidelberg: Springer, 2014. doi: 10.1007/978-3-642-40978-3

[138] Z. Fu, B. Wu, Y. Gao, Y. Zhou, C. Yu: Experimental study of infrared nanosecond laser ablation of silicon: the multi-pulse enhancement effect. Applied Surface Science, 256(7), 2092–2096, 2010. doi: 10.1016/j.apsusc.2009.09.053

[139] R. Poprawe, A. Gillner, D. Hoffmann, J. Gottmann, W. Wawers, W. Schulz: High speed high precision ablation from ms to fs. High-Power Laser Ablation, 7005, 700502, 2008. doi: 10.1117/12.785225

[140] A. Brenner, M. Zecherle, S. Verpoort, K. Schuster, C. Schnitzler, M. Kogel-Hollacher, M. Reisacher, B.Nohn: Efficient production of design textures on large-format 3D mold tools. Journal of Laser Applications, 32, 012018, 2020. doi: 10.2351/1.5132401

[141] C. Daniel, J. Manderla, S. Hallmann, C. Emmelmann: Influence of an angular hatching exposure strategy on the surface roughness during picosecond laser ablation of hard materials. Physics Procedia, 83, 135–146, 2016. doi: 10.1016/j.phpro.2016.08.026

[142] S. Campanelli, F. Lavecchia, N. Contuzzi, G. Percoco: Analysis of shape geometry and roughness of Ti6Al4V parts fabricated by nanosecond laser ablation. Micromachines, 9(7), 324, 2018. doi: 10.3390/mi9070324

[143] E. Yasa, J.-P. Kruth: Investigation of laser and process parameters for selective laser erosion. Precision Engineering, 34(1), 101–112, 2010. doi: 10.1016/j.precisioneng.2009.04.001

[144] I. E. Saklakoglu, S. Kasman: Investigation of micro-milling process parameters for surface roughness and milling depth. The International Journal of Advanced Manufacturing Technology, 54, 567–578, 2011. doi: 10.1007/s00170-010-2953-3

[145] J. Schille, R. Ebert, P. Regenfuß, H. Exner: Einfluss der Pulslänge bei der abtragenden Laserbearbeitung von Metallen. Nachwuchswissenschaftlerkonferenz, Jena, 8, 71–76, 2007

[146] S. L. Campanelli, A. D. Ludovico, C. Bonserio, P. Cavalluzzi, M. Cinquepalmi: Experimental analysis of the laser milling process parameters. Journal of Materials Processing Technology, 191(1–3), 220–223, 2007. doi: 10.1016/j.jmatprotec.2007.03.005

[147] L. Hribar, P. Gregorčič, M. Senegačnik, M. Jezeršek: The influence of the processing parameters on the laser-ablation of stainless steel and brass during the engraving by nanosecond fiber laser. Nanomaterials, 12(2), 232, 2022. doi: 10.3390/nano12020232

[148] Ş. Kasman, I. E. Saklakoglu: Determination of process parameters in the laser micromilling application using taguchi method: a case study for AISI H13 tool steel. The International Journal of Advanced Manufacturing Technology, 58, 201–209, 2012. doi: 10.1007/s00170-011-3371-x

[149] H. Hügel, T. Graf: Laser in der Fertigung. Wiesbaden: Vieweg + Teubner, 2009. doi: 10.1007/978-3-8348-9570-7

[150] P. V. Petkov, S. S. Dimov, R. M. Minev, D. T. Pham: Laser milling: pulse duration effects on surface integrity. Proceedings of the Institution of Mechanical Engineers, Part B: Journal of Engineering Manufacture, 222(1), 35–45, 2008. doi: 10.1243/09544054JEM840

[151] A. Kaldos, H. J. Pieper, E. Wolf, M. Krause: Laser machining in die making – a modern rapid tooling process. Journal of Materials Processing Technology, 155–156, 1815–1820, 2004. doi: 10.1016/j.jmatprotec.2004.04.258

[152] B. N. Chichkov, C. Momma, S. Nolte, F. Alvensleben, A. Tünnermann: Femtosecond, picosecond and nanosecond laser ablation of solids. Applied Physics A, 63, 109–115, 1996. doi: 10.1007/BF01567637

[153] T. Häfner: Multipulseffekte beim Mikro-Materialabtrag von Stahllegierungen mit Pikosekunden-Laserpulsen. Erlangen, FAU University Press, 2022. doi: 10.25593/978-3-96147-480-6

[154] S. L. Campanelli, G. Casalino, N. Contuzzi: Multi-objective optimization of laser milling of 5754 aluminum alloy. Optics & Laser Technology, 52, 48–56, 2013. doi: 10.1016/j.optlastec.2013.03.020

[155] D. T. Pham, S. S. Dimov, P. V. Petkov, S. P. Petkov: Laser milling. Proceedings of the Institution of Mechanical Engineers, Part B: Journal of Engineering Manufacture, 216(5), 657–667. 2002, doi: 10.1243/0954405021520265

[156] K. Popov, P. Petkov: Layer based micro-machining – New approach for tool-path generation. CIRP Journal of Manufacturing Science and Technology, 4(4), 370–375, 2011. doi: 10.1016/j.cirpj.2011.03.010

[157] P. Heyl: Mikrostrukturierung von Hartmetallen mit UV-Laserpulsen im Nanosekundenbereich. Heidelberg, 2004, doi: 10.11588/HEIDOK.00004842

[158] J. Porter, K. Lappalainen: Laser milling of precision mechanics for space instruments. Proceedings of the 11th Biennial Conference on Engineering Systems Design and Analysis, 181–186, American Society of Mechanical Engineers, 2012. doi: 10.1115/ESDA2012-82779

[159] B. Läßiger: Kontrollierter Formabtrag durch Sublimation mittels Laserstrahlung. Aachen: Shaker, 1995

[160] D. T. Pham, S. S. Dimov, C. Ji, P. V. Petkov, T. Dobrev: Laser milling as a 'rapid' micromanufacturing process. Proceedings of the Institution of Mechanical Engineers, Part B: Journal of Engineering Manufacture, 218(1), 1–7, 2004. doi: 10.1243/095440504772830156

[161] W. Wang, X. Mei, G. Jiang: Control of microstructure shape and morphology in femtosecond laser ablation of imprint rollers. The International Journal of Advanced Manufacturing Technology, 41, 504–512, 2009. doi: 10.1007/s00170-008-1490-9

[162] X. H. Wang, P. T. Lai, H. W. Choi: Laser micromachining of optical microstructures with inclined sidewall profile. Journal of Vacuum Science & Technology B, 27(3), 1048–1052, 2009. doi: 10.1116/1.3117344

[163] N. Ahmed, S. Darwish, A. M. Alahmari, M. A. Shar: Micro-channels by Nd:YAG laser beam machining: fabrication, microstructures, and micro-hardness profiles.

International Journal of Advanced Manufacturing Technology, 85, 1955–1968, 2016. doi: 10.1007/s00170-015-7257-1

[164] D. Teixidor, I. Ferrer, J. Ciurana, T. Özel: Optimization of process parameters for pulsed laser milling of micro-channels on AISI H13 tool steel. Robotics and Computer-Integrated Manufacturing, 29(1), 209–218, 2013. doi: 10.1016/j.rcim.2012.05.005

[165] J. Vasco, P. J. Bártolo, B. Silva, C. Galo: Laser micromachining for mould manufacturing: II. manufacture and testing of mould inserts. Assembly Automation, 27(3), 231–239, 2007. doi: 10.1108/01445150710763259

[166] T. Dobrev: Investigation of laser milling process characteristics for micro tooling applications. Cardiff University, 2005

[167] A. Lorenz, C. Emmelmann: Methodical analysis for applying q-switched solid-state laser based ablation for mould industries. Proceedings of the Third International WLT-Conference Lasers in Manufacturing, Stuttgart: AT-Fachverlag, 2005

[168] E. Maleki, S. Bagherifard, M. Bandini, M. Guagliano: Surface post-treatments for metal additive manufacturing: Progress, challenges, and opportunities. Additive Manufacturing, 37, 101619, 2021. doi: 10.1016/j.addma.2020.101619

[169] P. Tyagi, T. Goulet, C. Riso, R. Stephenson, N. Chuenprateep, J. Schlitzer, C. Benton, F. Garcia-Moreno: Reducing the roughness of internal surface of an additive manufacturing produced 316 steel component by chempolishing and electropolishing. Additive Manufacturing, 25, 32–38, 2019. doi: 10.1016/j.addma.2018.11.001

[170] M. Benedetti, E. Torresani, M. Leoni, V. Fontanari, M. Bandini, C. Pederzolli, C. Potrich: The effect of post-sintering treatments on the fatigue and biological behavior of Ti-6Al-4V ELI parts made by selective laser melting. Journal of the Mechanical Behavior of Biomedical Materials, 71, 295–306, 2017. doi: 10.1016/j.jmbbm.2017.03.024

[171] L. Denti, E. Bassoli, A. Gatto, E. Santecchia, P. Mengucci: Fatigue life and microstructure of additive manufactured Ti6Al4V after different finishing processes. Materials Science and Engineering: A, 755, 1–9, 2019. doi: 10.1016/j.msea.2019.03.119

[172] J.-H. Jung, H.-K. Park, B. S. Lee, J. Choi, B. Seo, H. K. Kim, G. H. Kim, H. G. Kim: Study on surface shape control of pure Ti fabricated by electron beam melting using electrolytic polishing. Surface and Coatings Technology, 324, 106–110, 2017. doi: 10.1016/j.surfcoat.2017.05.061

[173] L. Löber, C. Flache, R. Petters, U. Kühn, J. Eckert: Comparison of different post processing technologies for SLM generated 316l steel parts. Rapid Prototyping Journal, 19(3), 173–179. 2013. doi: 10.1108/13552541311312166

[174] E. Brinksmeier, G. Levy, D. Meyer, A. B. Spierings: Surface integrity of selective-laser-melted components. CIRP Annals, 59(1), 601–606, 2010. doi: 10.1016/j.cirp.2010.03.131

[175] K. Schmidtke, F. Palm, A. Hawkins, C. Emmelmann: Process and mechanical properties: applicability of a scandium modified Al-alloy for laser additive manufacturing. Physics Procedia, 12, 369–374, 2011. doi: 10.1016/j.phpro.2011.03.047

[176] S. Bagehorn, J. Wehr, H. J. Maier: Application of mechanical surface finishing processes for roughness reduction and fatigue improvement of additively manufactured Ti-6Al-4V parts. International Journal of Fatigue, 102, 135–142, 2017. doi: 10.1016/j.ijfatigue.2017.05.008

[177] A. Bordin, S. Sartori, S. Bruschi, A. Ghiotti: Experimental investigation on the feasibility of dry and cryogenic machining as sustainable strategies when turning Ti6Al4V produced by additive manufacturing. Journal of Cleaner Production, 142(4), 4142–4151, 2017. doi: 10.1016/j.jclepro.2016.09.209

[178] S. Sartori, L. Moro, A. Ghiotti, S. Bruschi: On the tool wear mechanisms in dry and cryogenic turning Additive Manufactured titanium alloys. Tribology International, 105, 264–273, 2017. doi: 10.1016/j.triboint.2016.09.034

[179] M. P. Sealy, G. Madireddy, R. E. Williams, P. Rao, M. Toursangsaraki: Hybrid processes in additive manufacturing. Journal of Manufacturing Science and Engineering, 140(6), 060801, 2018. doi: 10.1115/1.4038644

[180] R. Velu, A. V. kumar, A. S. S. Balan, J. Mazumder: Laser aided metal additive manufacturing and postprocessing. Additive Manufacturing, 427–456, Amsterdam, München: Elsevier, 2021. doi: 10.1016/B978-0-12-818411-0.00023-9

[181] C. Montross, T. Wei, L. Ye, G. Clark, Y.-W. Mai: Laser shock processing and its effects on microstructure and properties of metal alloys: a review. International Journal of Fatigue, 24(10), 1021–1036, 2002. doi: 10.1016/S0142-1123(02)00022-1

[182] Y. Liao, C. Ye, G. J. Cheng: A review: warm laser shock peening and related laser processing technique. Optics & Laser Technology, 78, 15–24, 2016. doi: 10.1016/j.optlastec.2015.09.014

[183] W. Guo, R. Sun, B. Song, Y. Zhu, F. Li, Z. Che, B. Li, C. Guo, L. Liu, P. Peng: Laser shock peening of laser additive manufactured Ti6Al4V titanium alloy. Surface and Coatings Technology, 349, 503–510, 2018. doi: 10.1016/j.surfcoat.2018.06.020

[184] N. Kalentics, E. Boillat, P. Peyre, C. Gorny, C. Kenel, C. Leinenbach, J. Jhabvala, R. E. Logé: 3D laser shock peening – a new method for the 3D control of residual stresses in selective laser melting. Materials & Design, 130, 350–356, 2017. doi: 10.1016/j.matdes.2017.05.083

[185] S. Luo, W. He, K. Chen, X. Nie, L. Zhou, Y. Li: Regain the fatigue strength of laser additive manufactured Ti alloy via laser shock peening. Journal of Alloys and Compounds, 750, 626–635, 2018. doi: 10.1016/j.jallcom.2018.04.029

[186] M. Laurençon, T. de Rességuier, D. Loison, J. Baillargeat, J. N. D. Ngnekou, Y. Nadot: Effects of additive manufacturing on the dynamic response of AlSi10Mg to laser shock loading. Materials Science and Engineering: A, 748, 407–417, 2019. doi: 10.1016/j.msea.2019.02.001

[187] I. Yeo, S. Bae, A. Amanov, S. Jeong: Effect of laser shock peening on properties of heat-treated Ti-6Al-4V manufactured by laser powder bed fusion. International Journal of Precision Engineering and Manufacturing-Green Technology, 8(4), 1137–1150, 2021. doi: 10.1007/s40684-020-00234-2

[188] M. A. Mahmood, D. Chioibasu, A. Ur Rehman, S. Mihai, A. C. Popescu: Post-processing techniques to enhance the quality of metallic parts produced by additive manufacturing. Metals, 12(1), 77, 2022. doi: 10.3390/met12010077

[189] S. Lee, Z. Ahmadi, J. W. Pegues, M. Mahjouri-Samani, N. Shamsaei: Laser polishing for improving fatigue performance of additive manufactured Ti-6Al-4V parts. Optics & Laser Technology, 134, 106639, 2021. doi: 10.1016/j.optlastec.2020.106639

[190] W. S. Gora, Y. Tian, A. P. Cabo, M. Ardron, R. R. J. Maier, P. Prangnell, N. J. Weston, D. P. Hand: Enhancing Surface finish of additively manufactured titanium and cobalt chrome elements using laser based finishing. Phys. Procedia, 83, 258–263, 2016. doi: 10.1016/j.phpro.2016.08.021

[191] C. Nüsser, J. Kumstel, T. Kiedrowski, A. Diatlov, E. Willenborg: Process- and material-induced surface structures during laser polishing: process- and material-induced surface structures. Advanced Engineering Materials, 17(3), 268–277, 2015. doi: 10.1002/adem.201400426

[192] A. Temmler, E. Willenborg, K. Wissenbach: Laser polishing. Proceedings of Laser Applications in Microelectronic and Optoelectronic Manufacturing, 82430W, San Francisco, California, USA: SPIE LASE, 2012. doi: 10.1117/12.906001

[193] E. Ukar, A. Lamikiz, L. N. López de Lacalle, D. del Pozo, J. L. Arana: Laser polishing of tool steel with CO2 laser and high-power diode laser. International Journal of Machine Tools and Manufacture, 50(1), 115–125, 2010. doi: 10.1016/j.ijmachtools.2009.09.003

[194] J.-P. Kruth, E. Yasa, J. Deckers: Experimental investigation of laser surface remelting for the improvement of selective laser melting process. Proceedings of the 19th Solid Freeform Fabrication Symposium, 321–332, 2008

[195] B. Rosa, P. Mognol, J. Hascoët: Laser polishing of additive laser manufacturing surfaces. Jounal of Laser Applications, 27, S29102, 2015. doi: 10.2351/1.4906385

[196] V. Alfieri, P. Argenio, F. Caiazzo, V. Sergi: Reduction of surface roughness by means of laser processing over additive manufacturing metal parts. Materials, 10(1), 30, 2016. doi: 10.3390/ma10010030

[197] D. Bhaduri, P. Penchev, A. Batal, S. Dimov, S. L. Soo, S. Sten, U. Harrysson, Z. Zhang, H. Dong: Laser polishing of 3D printed mesoscale components. Applied Surface Science, 405, 29–46, 2017. doi: 10.1016/j.apsusc.2017.01.211

[198] E. Yasa, J. Deckers, J. Kruth: The investigation of the influence of laser re-melting on density, surface quality and microstructure of selective laser melting parts. Rapid Prototyping Journal, 17(5), 312–327, 2011. doi: 10.1108/13552541111156450

[199] E. Yasa, J. Kruth: Application of laser re-melting on selective laser melting parts. Advances in Production Engineering & Management, 6, 259–270, 2011

[200] M. Kahlin, H. Ansell, D. Basu, A. Kerwin, L. Newton, B. Smith, J. J. Moverare: Improved fatigue strength of additively manufactured Ti6Al4V by surface post processing. International Journal of Fatigue, 134, 105497, 2020. doi: 10.1016/j.ijfatigue.2020.105497

[201] W. J. Wang, K. C. Yung, H. S. Choy, T. Y. Xiao, Z. X. Cai: Effects of laser polishing on surface microstructure and corrosion resistance of additive manufactured CoCr alloys. Applied Surface Science, 443, 167–175, 2018. doi: 10.1016/j.apsusc.2018.02.246

[202] W. Yu, S. L. Sing, C. K. Chua, X. Tian: Influence of re-melting on surface roughness and porosity of AlSi10Mg parts fabricated by selective laser melting. Journal of Alloys and Compounds, 792, 574–581, 2019. doi: 10.1016/j.jallcom.2019.04.017

[203] I. Mingareev, N. Gehlich, T. Bonhoff, W. Meiners, I. Kelbassa, T. Biermann, M. C. Richardson: Post-processing of 3D-printed parts using femtosecond and picosecond laser radiation. Proceedings of Laser 3D Manufacturing, 89700R, San Francisco, California, United States: SPIE LASE, 2014. doi: 10.1117/12.2040049

[204] N. Worts, J. Jones, J. Squier: Surface structure modification of additively manufactured titanium components via femtosecond laser micromachining. Optics Communications, 430, 352–357, 2019. doi: 10.1016/j.optcom.2018.08.055

[205] H. Kipphan: Handbook of Print Media – Technologies and Production Methods. Berlin, Heidelberg: Springer, 2001. doi: 10.1007/978-3-540-29900-4

[206] J. Blechschmidt: Papierverarbeitungstechnik: mit 67 Tabellen. München: Hanser, 2013

[207] DIN 8588:2013-08: Fertigungsverfahren Zerteilen – Einordnung, Unterteilung, Begriffe. Berlin: Beuth, 2013. doi: 10.31030/2047900

[208] H. Grossmann, H. L. Baumgarten: On the behaviour of paper and board during the compression stage of knife cutting. Papier, 74–82, 1985

[209] G. Krüger: Haftklebebänder, selbstklebende Folien und Etiketten: Entwicklung, Verarbeitung und industrieller Einsatz. München: Hanser, 2012

[210] Hauptverband Papier- und Kunststoffverarbeitung e. V: Handbuch für den Packmitteltechnologen. Bd. 2, Lernfeld 2: Werkzeuge herstellen und vorbereiten, Heidelberg: Haefner, 2015

[211] Hauptverband Papier- und Kunststoffverarbeitung e. V.: Handbuch für den Verpackungsmittelmechaniker. 6. Auflage, 2009

[212] ESU Europäische Stanzform Union e.V.: Toleranzen für die Herstellung von Stanzformen für die Verpackungsindustrie. ESU-MAGAZINE, 2011

[213] ESU Europäische Stanzform Union e.V.: Flachtbettstanzformen Linienstandard. ESU-MAGAZINE, 2001

[214] E. Dilba: Typographie-Lexikon und Lesebuch für alle: mit Beispielen für Schreibweisen im Schriftsatz. 2., überarbeitete Auflage, Norderstedt: Books on Demand, 2008

[215] Essmann + Schaefer GmbH & Co. KG: Produktinformation Präzisions-Schneidlinien

[216] Essmann + Schaefer GmbH & Co. KG: Produktkatalog Technische Details Bandstahllinien. 2021

[217] CITO-SYSTEM GmbH: Produktinformation Schneid- und Rillinien. 2021

[218] Experteninformation: Technische Informationen Stanzbleche. 2015

[219] wink Stanzwerkzeuge GmbH & Co. KG: Produktinformation Stanzbleche. 2015

[220] Spilker GmbH: Produktinformation Stanzbleche

[221] wink Stanzwerkzeuge GmbH & Co. KG: ABC der Stanzwerkzeuge. 5. Auflage, 2013

[222] wink Stanzwerkzeuge GmbH & Co. KG: Produktinformation Rotationszylinder. 2015

[223] VDI 2234: Wirtschaftliche Grundlagen für den Konstrukteur. Berlin: Beuth, 1990

[224] D. Müller: Betriebswirtschaftslehre für Ingenieure. Wiesbaden, Springer Gabler, 2020. doi: 10.1007/978-3-662-62263-6

[225] J. Horsch: Kostenrechnung: Klassische und neue Methoden in der Unternehmenspraxis. Wiesbaden: Springer Gabler, 2015. doi: 10.1007/978-3-658-07312-1

[226] J.-P. Thommen, A.-K. Achleitner, D. U. Gilbert, D. Hachmeister, G. Kaiser: Allgemeine Betriebswirtschaftslehre: Umfassende Einführung aus managementorientierter Sicht. Wiesbaden: Springer Gabler, 2017. doi: 10.1007/978-3-658-07768-6

[227] M. K. Thompson, G. Moroni, T. Vaneker, G. Fadel, R. I. Campbell, I. Gibson, A. Bernard, J. Schulz, P. Graf, B. Ahuja, F. Martina: Design for additive manufacturing: trends, opportunities, considerations a. constraints. CIRP Ann., 65(2), 737–760, 2016. doi: 10.1016/j.cirp.2016.05.004

[228] I. Gibson, D. W. Rosen, B. Stucker: Additive manufacturing technologies: 3D printing, rapid prototyping and direct digital manufacturing. 2nd edition, New York: Springer, 2015

[229] E. M. Scheideler, F. J. Villmer: Anforderungen an integrierte Prozessketten in der Additiven Fertigung. Proceedings of the 14th RapidTech Conference, 11–24, München: Hanser, 2017

[230] E. Uhlmann, R. Pastl Pontes, A. Bergmann: High level process map for Selective Laser Melting. Proceedings of the 13th RapidTech Conference, 149–158, München: Hanser, 2016

[231] P. Mehmert, E. Escobar, M. Tateishi: Simulation der Prozesskette der additiven Fertigung für Metalle. Proceedings of the 14th RapidTech Conference, 185–201, München: Hanser, 2017

[232] R. Kopf, A. Lingen, G. Lanza: Developing the process chain of selective laser melting towards a cost efficient series production. Proceedings of the 6th International Conference on Additive Technologies, 368–376, Ljubljana: Interesansa, 2016

[233] M. Möhrle: Gestaltung von Fabrikstrukturen für die additive Fertigung. Berlin, Heidelberg: Springer Vieweg, 2018. doi: 10.1007/978-3-662-57707-3

[234] A. Bergmann, H. Grosser, B. Graf, E. Uhlmann, M. Rethmeier, R. Stark: Additive Prozesskette zur Instandsetzung von Bauteilen: Aufbau, Reparatur und Modellbildung. Laser Technik Journal, 10(2), 31–35, 2013. doi: 10.1002/latj.201390021

[235] C. Gehrke: Überwachung der Struktureigenschaften beim Oberflächenstrukturieren mit ultrakurzen Laserpulsen. München: Utz, 2013

[236] W. E. Frazier: Metal additive manufacturing: a review. Journal of Materials Engineering and Performance, 23, 1917–1928, 2014. doi: 10.1007/s11665-014-0958-z

[237] DIN EN 10131:2006-09: Kaltgewalzte Flacherzeugnisse ohne Überzug und mit elektrolytischem Zink- oder Zink-Nickel-Überzug aus weichen Stählen sowie aus Stählen mit höherer Streckgrenze zum Kaltumformen – Grenzabmaße und Formtoleranzen. Berlin: Beuth, 2006. doi: 10.31030/9708466

[238] LPW Technology Limited: LPW Test Certificate Batch UK82521. 2018

[239] DIN EN 10088-3:2014-12: Nichtrostende Stähle – Teil 3: Technische Lieferbedingungen für Halbzeug, Stäbe, Walzdraht, gezogenen Draht, Profile und Blankstahlerzeugnisse aus korrosionsbeständigen Stählen für allgemeine Verwendung. Berlin: Beuth, 2014. doi: 10.31030/2102108

[240] DIN EN 10130:2007-02: Kaltgewalzte Flacherzeugnisse aus weichen Stählen zum Kaltumformen – Technische Lieferbedingungen. Berlin: Beuth, 2007. doi: 10.31030/9758523

[241] DMG MORI AG: Technische Daten Lasertec 50 Shape. 2016

[242] Scanlab AG: Technische Spezifikation IntelliSCAN. 2010

[243] IPG Photonics Corporation: Ytterbium Pulsed Fiber Laser Specification Model YLP-HP-1-100-200-200. 2013

[244] H.-J. Bargel, G. Schulze: Werkstoffkunde. 11., überarbeitete Auflage, Berlin, Heidelberg: Springer Vieweg, 2012

[245] OMEGA Engineering GmbH: Referenzdaten für Thermoelemente. 2019

[246] Atmel Corporation: Technical Specification Arduino Mega 2560. 2019

[247] Maxim Integrated Products: Datasheet precision thermocouple to digital converter with linearization MAX31856. 2015

[248] DIN EN ISO 4499-4:2016-10: Hartmetalle – Metallographische Bestimmung der Mikrostruktur – Teil 4: Charakterisierung von Porosität, Kohlenstofffehlern und Anteil an Eta-Phase. Berlin: Beuth, 2016. doi: 10.31030/2353618

[249] MORPHISTO GmbH: Produktspezifikation Adler-Ätzung. 2019

[250] DIN EN ISO 25178-1:2016-12: Geometrische Produktspezifikation (GPS) – Oberflächenbeschaffenheit: Flächenhaft – Teil 1: Angabe von Oberflächenbeschaffenheit. Berlin: Beuth, 2016. doi: 10.31030/2324720

[251] DIN EN ISO 4287:2010-07: Geometrische Produktspezifikation (GPS) – Oberflächenbeschaffenheit: Tastschnittverfahren – Benennungen, Definitionen und Kenngrößen der Oberflächenbeschaffenheit. Berlin: Beuth, 2010. doi: 10.31030/1699310

[252] DIN EN ISO 25178-3:2012-11: Geometrische Produktspezifikation (GPS) – Oberflächenbeschaffenheit: Flächenhaft – Teil 3: Spezifikationsoperatoren. Berlin: Beuth, 2012. doi: 10.31030/1876351

[253] DIN EN ISO 25178-2:2012-09: Geometrische Produktspezifikation (GPS) – Oberflächenbeschaffenheit: Flächenhaft – Teil 2: Begriffe und Oberflächen-Kenngrößen. Berlin: Beuth, 2012. doi: 10.31030/1754208

[254] Gentec: Specifications UP55G. 2017

[255] PRIMES GmbH: Datenblatt MicroSpotMonitor. 2011

[256] DIN EN ISO 11146-1:2005-04: Laser und Laseranlagen – Prüfverfahren für Laserstrahlabmessungen, Divergenzwinkel und Beugungsmaßzahlen – Teil 1: Stigmatische und einfach astigmatische Strahlen. Berlin: Beuth, 2005. doi: 10.31030/9572886

[257] B. S. Haq, H. U. Khan, K. Alam, M. Mateenullah, S. Attaullah, I. Zari: Femtosecond pulsed laser ablation of polyimide at oblique angles for medical applications. Applied Optics, 54(24), 7413–7318, 2015. doi: 10.1364/AO.54.007413

[258] C. Curran, K. G. Watkins, J. M. Lee: Effect of wavelength and incident angle in the laser removal of particles from silicon wafers. Proceedings of the Laser Materials Processing Conference and Laser Microfabrication Conference, 79–86, Jacksonville, Florida, USA: Laser Institute of America, 2001. doi: 10.2351/1.5059938

[259] Wilhelm Jungermann GmbH: Materialdatenblatt C60. 2017

[260] voestalpine Precision Strip GmbH: Produktkatalog SCANDIE Steel Rules. 2016

[261] Karl Marbach GmbH & Co. KG: Produktkatalog Materialien & Equipment für Stanzformenhersteller. 2021

[262] Concept Laser GmbH: LaserCUSING Materialdatenblatt Stahl. 2009

[263] A. G. Coenenberg, T. M. Fischer, T. Günther: Kostenrechnung und Kostenanalyse. 9., überarbeitete Auflage, Stuttgart: Schäffer-Poeschel, 2016

Anhang

A1 Berechnung der Querschnittsflächen und der Gravierrate

Berechnung der Querschnittsflächen A_{LA} und A_{LS}

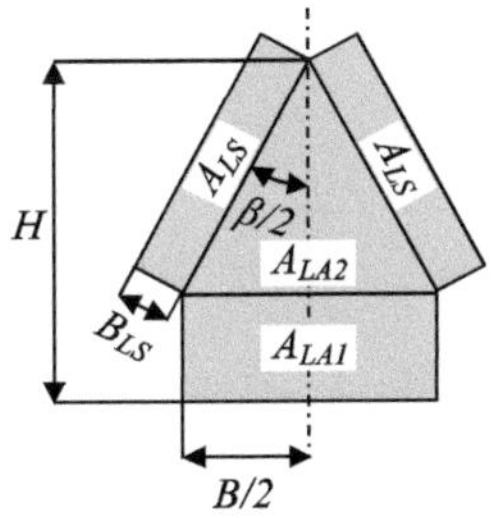

Abbildung A1.1: Querschnittsflächen des aufzubauenden und des abzutragenden Volumens für das Kostenmodell der Prozesskombination

Die Querschnittsfläche des aufzubauenden Volumens A_{LA} setzt sich für das Modell der Prozesskombination aus vier Teilflächen mit den drei Bezeichnungen A_{LA1}, A_{LA2} und A_{LS} zusammen (Abbildung A1.1, Gleichung A1.1). Gleichzeitig stellt die Fläche A_{LS} die Querschnittsfläche des abzutragenden Volumens dar.

$$A_{LA} = A_{LA1} + A_{LA2} + 2 \times A_{LS} \qquad \text{(A1.1)}$$

Aus den in den Gleichungen A1.2, A1.3 und A1.4 gezeigten mathematischen Zusammenhängen berechnen sich die einzelnen Teilflächen.

$$A_{LA1} = B \times H - B \times \frac{B}{2 \times tan\frac{\beta}{2}} \qquad \text{(A1.2)}$$

$$A_{LA2} = \frac{B}{2} \times \frac{B}{2 \times tan\frac{\beta}{2}} \qquad \text{(A1.3)}$$

$$A_{LS} = B_{LS} \times \frac{B}{2 \times sin\frac{\beta}{2}} \qquad \text{(A1.4)}$$

Für A_{LA} ergibt sich damit folgende Berechnungsformel (Gleichung A1.5).

$$A_{LA} = B \times \left(H - \frac{B}{4 \times tan\frac{\beta}{2}} + \frac{B_{LS}}{sin\frac{\beta}{2}} \right) \qquad \text{(A1.5)}$$

S. Hallmann, *Prozesskombination aus laseradditiver und lasersubtraktiver Fertigung*, Light Engineering für die Praxis,
https://doi.org/10.1007/978-3-662-72196-4

Berechnung der Querschnittsfläche A_{GRA} und der Gravierrate VR_{GRA}

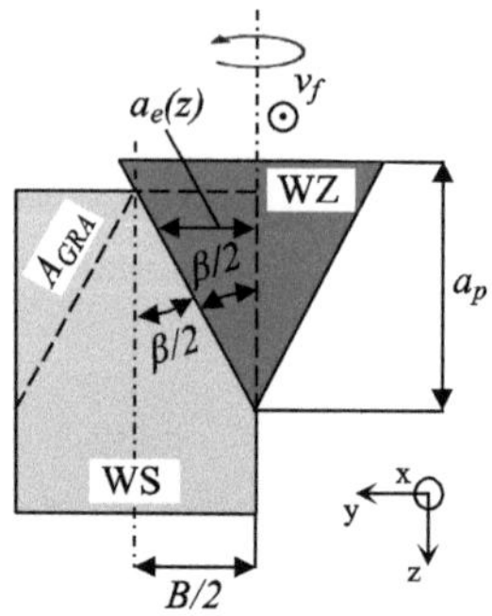

Abbildung A1.2: Querschnittsfläche des abzutragenden Volumens und der Gravierrate für das Kostenmodell der konventionellen Stanzblechfertigung

Die Dreiecksfläche A_{GRA} des abzutragenden Volumens berechnet sich aus der Stanzlinienbreite B und dem Schneidwinkel β, wobei die abzutragende Fläche die halbe Breite B als Bezugsseite besitzt (Abbildung A1.2, Gleichung A1.6).

$$A_{GRA} = \frac{B^2}{8 \times \tan(\frac{\beta}{2})} \tag{A1.6}$$

Zudem ergibt sich die Gravierrate VR_{GRA}, welche mit dem Zeitspanvolumen Q gleichzusetzen ist, aus dem Produkt der Eingriffsbreite a_e, der Schnitttiefe a_p und der Vorschubgeschwindigkeit v_f (Gleichung A1.7).

$$VR_{GRA} = Q = a_e \times a_p \times v_f = \frac{B^2}{8 \times tan(\frac{\beta}{2})} \times v_f \tag{A1.7}$$

Das Werkzeug ist während des Graviervorgangs mit der halben Stanzlinienbreite B im Eingriff, wobei die Eingriffsbreite über die Schnitttiefe nicht konstant ist. Daher geht die mittlere Eingriffsbreite in die Berechnung ein. Die Schnitttiefe a_p ergibt sich aus dem Quotienten der Breite B und zweimal Tangens des halben Schneidwinkels β.

A2 Tabellen der Kostenberechnungsmodelle

Tabelle A2.1: Annahmen für das Kostenmodell der Prozesskombination (1/2)

Symbol	Einheit	Wert	Quelle
$A_{M,LA}$	m²	17,28	Hersteller
$A_{M,LS}$	m²	15,725	Hersteller
B_{LS}	mm	0,2	Vorgabe[1]
$E_{M,LA}$	kWh/h	3,2	Hersteller
$E_{M,LS}$	kWh/h	20	Hersteller
K_{FLU}	€	19,46	Schätzung[2]
K_{RL}	€	0,5	Schätzung[3]
K_{STA}	€	1,13	Schätzung[4]
K_{TEX}	€	1	Schätzung[5]
$K_{WB,LA}$	€	475000	Hersteller
$K_{WB,LS}$	€	516100	Hersteller
k_{CAD}	€/h	4,9	Schätzung[6]
$k_{CAM,LA}$	€/h	4,2	Schätzung[7]
$k_{CAM,LS}$	€/h	3,43	Schätzung[8]
k_{CB}	€/h	0,02	Schätzung[9]
k_{EKS}	€/kWh	0,3	Anbieter
k_{FIL}	€/h	0,086	Schätzung[10]
k_{GAS}	€/h	0,83	Schätzung[11]
k_{HW}	€/h	0,17	Schätzung[12]
k_{ING}	€/h	40	IG Metall
$k_{INS,LA}$	€/a	6913	Hersteller
$k_{INS,LS}$	€/a	8600	Hersteller
k_{PU}	€/kg	66	Hersteller
k_{QP}	€/h	2,11	Schätzung[13]
k_{RKS}	€/(m²×a)	60	Schätzung[14]
k_{SUB01}	€/kg	24	Schätzung[15]
k_{SUB2}	€/kg	5	Schätzung[16]
k_{TEC}	€/h	25	IG Metall
p	1/a	0,0325	Schätzung[17]
t_{DOK}	min	20	Experte
$t_{DV,LA}$	min	10	Experte
$t_{DV,LS}$	min	30	Experte
t_{FLU}	min	60	Experte
$t_{JND,LA}$	h/a	5000	Experte[18]
$t_{JND,LS}$	h/a	5000	Experte
$t_{KON,KP}$	min	20	Experte
$t_{NBB,LA}$	min	5	Experte
$t_{NBB,LS}$	min	5	Experte
$t_{NBM,LA}$	min	30	Experte
$t_{NBM,LS}$	min	10	Experte
$t_{ND,LA}$	a	5	AfA
$t_{ND,LS}$	a	5	AfA
t_{QP}	min	20	Experte
t_{SUB}	min	5	Experte
$t_{VBM,LA}$	min	20	Experte
$t_{VBM,LS}$	min	10	Experte
V_{SUB01}	cm³	7,625	Schätzung[19]
V_{SUB2}	cm³	125	Vorgabe[20]
VR_{LA}	cm³/h	7	Schätzung[21]
VR_{LS}	cm³/h	0,5	Schätzung[22]
ρ_{LA}	g/cm³	8,1	Datenblatt
ρ_{SUB}	g/cm³	7,9	Datenblatt

1. Ergebnis aus Kapitel 5
2. Füllmenge von 7 m³ bei Kosten von 2,78 €/m³
3. Verbrauch von 100 ml bei Kosten von 5 €/l
4. Kaufpreis von 3000 € auf Gesamtnutzungsdauer von 3 a und 1000 h/a (Annahme bei Einschichtbetrieb mit halber Auslastung) zuzüglich Energiebedarf von 2,5 kWh/h und Filterkosten von 0,5 €/h bei Einsatzdauer von 30 min/Baujob
5. Verbrauch von 10 % einer Verpackungseinheit bei Kosten von 10 €/Einheit
6. Lizenzkosten von 9800 €/a auf 2000 h/a (Annahme bei Einschichtbetrieb mit Vollauslastung)

Tabelle A2.1: Annahmen für das Kostenmodell der Prozesskombination (2/2)

7. Lizenzkosten von 8400 €/a auf 2000 h/a
8. Lizenzkosten von 6860 €/a auf 2000 h/a
9. Kaufpreis von 100 €/Stück mit Nutzungsdauer von 5000 h
10. Kaufpreis von 430 € mit Nutzungsdauer von 5000 h
11. Kaufpreis von 500 € für 180 m³ mit 1 bar bei Verbrauch von 5 l/min
12. Kaufpreis von 1000 € bei Gesamtnutzungsdauer von 3 a und 2000 h/a
13. Kaufpreis Prüfstand von 12670 € auf Gesamtnutzungsdauer von 6 a und 1000 h/a
14. Mietspiegel für Produktionshallen bei Kosten von 5 €/(m²×M)
15. Coil mit Abmaß von 30,5 × 0,01 cm² ($B \times H$) bei Kosten von 5,8 €/m
16. Kaufpreis pro Kilogramm inklusive Zuschnitt
17. durchschnittlicher Marktzinssatz der Jahre 1992 bis 2021
18. Annahme bei automatisierter Bearbeitung ohne notwendigen Personaleinsatz
19. Abschnitt vom Coil mit Abmaß von 25 × 30,5 × 0,01 cm³ ($L \times B \times H$), späterer Zuschnitt auf Endmaß mit 25 cm Breite
20. Volumen von 25 × 25 × 0,2 cm³ ($L \times B \times H$)
21. Ergebnis aus Kapitel 5, 8,7 cm³/h abzüglich 20 % Beschichtungszeit
22. Ergebnis aus Kapitel 5, 0,54 cm³/h abzüglich 10 % Positionierzeit

Tabelle A2.2: Annahmen für das Kostenmodell der konventionellen Stanzformfertigung (1/2)

Symbol	Einheit	Wert	Quelle	Symbol	Einheit	Wert	Quelle
$A_{M,AB}$	m²	2,59	Hersteller	$k_{INS,WSS}$	€/a	3000	Schätzung
$A_{M,LSS}$	m²	42,24	Hersteller	k_{MON}	€/h	0,2	Schätzung[8]
$A_{M,WSS}$	m²	8,12	Hersteller	k_{RKS}	€/(m²×a)	60	Schätzung[9]
A_{TP}	cm²	625	Vorgabe[1]	k_{SS}	€/h	0,15	Schätzung[10]
$E_{M,ABB}$	kWh/h	2	Hersteller	k_{TEC}	€/h	25	IG Metall
$E_{M,LSS}$	kWh/h	36	Hersteller	k_{TP}	€/m²	56	Schätzung[11]
$E_{M,WSS}$	kWh/h	37	Hersteller	k_{QP}	€/h	2,11	Schätzung[12]
K_{RL}	€	0,5	Schätzung[2]	k_{WAS}	€/h	0,39	Schätzung[13]
K_{TEX}	€	1	Schätzung[3]	$k_{WZ,MES}$	€/h	0,1	Experte
$K_{WB,AB}$	€	150000	Hersteller	LR_{AB}	cm/h	3000	Experte
$K_{WB,LSS}$	€	420000	Hersteller	LR_{GUM}	cm/h	600	Experte
$K_{WB,WSS}$	€	100000	Hersteller	LR_{LSS}	cm/h	10800	Experte
k_{BS}	€/m	1,06	Schätzung[4]	LR_{MES}	cm/h	200	Experte
$k_{CAD/CAM}$	€/h	4,9	Schätzung[5]	LR_{WSS}	cm/h	180000	Experte
k_{EKS}	€/kWh	0,3	Anbieter	p	1/a	0,0325	Schätzung[14]
k_{GUM}	€/m	0,61	Schätzung[6]	t_{DOK}	min	20	Experte
k_{HW}	€/h	0,17	Schätzung[7]	$t_{DV,AB}$	min	5	Experte
k_{ING}	€/h	40	IG Metall	$t_{DV,LSS}$	min	5	Experte
$k_{INS,ABB}$	€/a	1000	Schätzung	$t_{DV,WSS}$	min	5	Experte
$k_{INS,LSS}$	€/a	5190	Schätzung	$t_{ND,AB}$	h/a	2000	Schätzung

Tabelle A2.2: Annahmen für das Kostenmodell der konventionellen Stanzformfertigung (2/2)

Symbol	Einheit	Wert	Quelle	Symbol	Einheit	Wert	Quelle
$t_{JND,LSS}$	h/a	2000	Schätzung	$t_{ND,LSS}$	a	5	AfA
$t_{JND,WSS}$	h/a	2000	Schätzung	$t_{ND,WSS}$	a	7	AfA
$t_{KON,SF}$	min	15	Experte	t_{QP}	min	20	Experte
$t_{NBM,AB}$	min	5	Experte	$t_{VBM,AB}$	min	10	Experte
$t_{NBM,LSS}$	min	10	Experte	$t_{VBM,LSS}$	min	10	Experte
$t_{NBM,WSS}$	min	5	Experte	$t_{VBM,WSS}$	min	10	Experte
$t_{ND,AB}$	a	8	AfA	U_{TP}	cm	100	Vorgabe[15]

1. Grundfläche von 25 × 25 cm² ($L \times B$)
2. Verbrauch von 100 ml bei Kosten von 5 €/l
3. Verbrauch von 10 % einer Verpackungseinheit bei Kosten von 10 €/Einheit
4. Coil mit Abmaßen von 1000 × 0,71 × 23,8 mm³ ($L \times B \times H$) bei Kosten von 0,96 €/m mit 10 % Verschnitt
5. Lizenzkosten von 9800 €/a auf 2000 h/a
6. Platte mit Abmaßen von 1000 × 970 × 11 mm³ ($L \times B \times H$) bei Kaufpreis von 46 € mit 30 % Verschnitt und Zuschnitt der Gummierung auf Breite von 10 mm
7. Kaufpreis von 1000 € auf Gesamtnutzungsdauer von 3 a und 2000 h/a
8. Kaufpreis Montageplatz von 4000 € auf Gesamtnutzungsdauer von 10 a und 2000 h/a
9. Mietspiegel für Produktionshallen bei Kosten von 5 €/(m²×M)
10. Verbrauch von 300 €/a auf 2000 h/a
11. Platte mit Abmaßen von 125 × 250 × 1,8 cm³ ($L \times B \times H$) bei Kaufpreis von 135 € mit 30 % Verschnitt
12. Kaufpreis Prüfstand von 12670 € auf Gesamtnutzungsdauer von 6 a und 1000 h/a
13. Verbrauch von 0,0228 m³/h bei Kosten von 1,73 €/m³
14. durchschnittlicher Marktzinssatz der Jahre 1992 bis 2021
15. Kantenlänge von 25 cm

Tabelle A2.3: Annahmen für das Kostenmodell der konventionellen Stanzblechfertigung (1/3)

Symbol	Einheit	Wert	Quelle	Symbol	Einheit	Wert	Quelle
$A_{M,ÄTZ}$	m²	7,796	Hersteller	$E_{M,GRA}$	kWh/h	11,2	Hersteller
$A_{M,BÜ}$	m²	1,652	Hersteller	$E_{M,PLO}$	kWh/h	5	Hersteller
$A_{M,GRA}$	m²	20	Hersteller	$E_{M,PS}$	kWh/h	2,2	Hersteller
$A_{M,PLO}$	m²	17,85	Hersteller	$E_{M,REG}$	kWh/h	20	Hersteller
$A_{M,PS}$	m²	1,63	Hersteller	$HR_{ÄTZ}$	cm/h	0,1	Experte
$A_{M,REG}$	m²	26,345	Hersteller	K_{RL}	€	0,5	Schätzung[2]
A_{SB}	cm²	625	Vorgabe[1]	$K_{WB,ÄTZ}$	€	217687	Hersteller
$D_{SB,REST}$	mm	0,1	Experte	$K_{WB,BÜ}$	€	44190	Hersteller
$E_{M,ÄTZ}$	kWh/h	20	Hersteller	$K_{WB,GRA}$	€	408460	Hersteller
$E_{M,BÜ}$	kWh/h	15	Hersteller	$K_{WB,PLO}$	€	201785	Hersteller

Tabelle A2.3: Annahmen für das Kostenmodell der konventionellen Stanzblechfertigung (2/3)

Symbol	Einheit	Wert	Quelle
$K_{WB,PS}$	€	41130	Hersteller
$K_{WB,REG}$	€	181486	Hersteller
$k_{ÄM}$	€/h	1,02	Hersteller[3]
$k_{CAD/CAM}$	€/h	4,9	Schätzung[4]
k_{EKS}	€/kWh	0,3	Anbieter
k_{FS}	€/kg	17,29	Hersteller[5]
k_{HW}	€/h	0,17	Schätzung[6]
k_{ING}	€/h	40	IG Metall
$k_{INS,ÄTZ}$	€/a	4000	Hersteller
$k_{INS,BÜ}$	€/a	500	Hersteller
$k_{INS,GRA}$	€/a	3000	Hersteller
$k_{INS,PLO}$	€/a	1000	Hersteller
$k_{INS,PS}$	€/a	500	Hersteller
$k_{INS,REG}$	€/a	2000	Hersteller
k_{KSS}	€/h	0,15	Schätzung[7]
k_{REI}	€/h	0,76	Schätzung[8]
k_{RKS}	€/(m²×a)	60	Schätzung[9]
k_{RM}	€/h	1,43	Schätzung[10]
k_{SS}	€/h	0,5	Schätzung[11]
k_{TEC}	€/h	25	IG Metall
k_{TON}	€/min	0,16	Experte[12]
k_{QP}	€/h	2,11	Schätzung[13]
$k_{WZ,BÜ}$	€/h	0,6	Hersteller[14]
$k_{WZ,GRA}$	€/h	281,25	Schätzung[15]
$k_{WZ,PS}$	€/h	0,5	Experte[16]
p	1/a	0,0325	Schätzung[17]
$t_{BÜ1}$	min	5	Experte
$t_{BÜ2}$	min	5	Experte
t_{DOK}	min	20	Experte
$t_{DV,GRA}$	min	30	Experte
$t_{DV,PLO}$	min	10	Experte
$t_{JND,ÄTZ}$	h/a	2000	Schätzung
$t_{JND,BÜ}$	h/a	1000	Schätzung
$t_{JND,GRA}$	h/a	2000	Schätzung
$t_{JND,PLO}$	h/a	1000	Schätzung
$t_{JND,PS}$	h/a	1000	Schätzung
$t_{JND,REG}$	h/a	2000	Schätzung
$t_{KON,SB}$	min	30	Experte
$t_{NBM,ÄTZ}$	min	5	Experte
$t_{NBM,GRA}$	min	10	Experte
$t_{NBM,PLO}$	min	5	Experte
$t_{ND,ÄTZ}$	a	13	AfA
$t_{ND,BÜ}$	a	10	AfA
$t_{ND,GRA}$	a	13	AfA
$t_{ND,PLO}$	a	10	AfA
$t_{ND,PS}$	a	13	AfA
$t_{ND,REG}$	a	13	AfA
t_{PS1}	min	20	Experte
t_{PS2}	min	20	Experte
t_{PLO}	min	5	Experte
t_{QP}	min	20	Experte
t_{REI1}	min	5	Experte
t_{REI2}	min	5	Experte
$t_{VBM,ÄTZ}$	min	5	Experte
$t_{VBM,GRA}$	min	10	Experte
$t_{VBM,PLO}$	min	5	Experte
v_f	m/min	1,5	Experte
ρ_{FS}	g/cm³	7,9	Datenblatt

1. Grundfläche von 25 × 25 cm² ($L \times B$)
2. Verbrauch von 100 ml bei Kosten von 5 €/l
3. Kaufpreis von 4,10 €/l bei Verbrauch von 500 l/a auf 2000 h/a
4. Lizenzkosten von 9800 €/a auf 2000 h/a
5. Kaufpreis von 13,30 €/kg mit 30 % Verschnitt
6. Kaufpreis von 1000 € auf Gesamtnutzungsdauer von 3 a und 2000 h/a
7. Verbrauchskosten von 300 €/a auf 2000 h/a

Tabelle A2.3: Annahmen für das Kostenmodell der konventionellen Stanzblechfertigung (3/3)

8. Kaufpreis Reinigungsbecken 7600 € auf Nutzungsdauer von 10 a und 1000 h/a
9. Mietspiegel für Produktionshallen bei Kosten von 5 €/($m^2 \times M$)
10. Kaufpreis von 5,70 €/l bei Verbrauch von 500 l/a auf 2000 h/a
11. Verbrauchskosten von 500 €/a auf 1000 h/a
12. Verbrauch von 4 ml in 5 min bei Kosten von 200 €/l
13. Kaufpreis Prüfstand von 12670 € auf Gesamtnutzungsdauer von 6 a und 1000 h/a
14. Verschleißkosten von 600 €/a auf 1000 h/a
15. Kaufpreis Werkzeug von 150 € auf Standzeit von 32 min
16. Verschleißkosten von 500 €/a auf 1000 h/a
17. durchschnittlicher Marktzinssatz der Jahre 1992 bis 2021

Tabelle A2.4: Annahmen für das Kostenmodell der Prozesskombination mit Prozess- und Maschinenanpassung(Änderungen gegenüber Tabelle A2.1)

Symbol	Einheit	Wert	Quelle	Symbol	Einheit	Wert	Quelle
$A_{M,LA}$	m^2	14,72	Hersteller	k_{CB}	€/h	0,0625	Schätzung[3]
B_{LS}	mm	0,1	Vorgabe[1]	k_{FIL}	€/h	0,12	Schätzung[4]
$E_{M,LA}$	kWh/h	4,5	Hersteller	$t_{DV,LS}$	min	10	Experte[5]
K_{FLU}	€	4,73	Schätzung[2]	t_{FLU}	min	17	Experte[6]
$K_{WB,LA}$	€	615000	Hersteller	VR_{LA}	cm^3/h	14	Schätzung[7]

1. Ergebnis aus Kapitel 5 mit Prozess- und Maschinenanpassung
2. Füllmenge von 1,7 m^3 bei Kosten von 2,78 €/m^3
3. Kaufpreis von 25 €/Stück mit Nutzungsdauer von 400 h
4. Kaufpreis von 600 € mit Nutzungsdauer von 5000 h
5. Prozess- und Maschinenanpassung
6. benötigtes Gasvolumen von 1,7 m^3 mit Pumpleistung von 100 l/min
7. Ergebnis aus Kapitel 5, 8,7 cm^3/h abzüglich 20 % Beschichtungszeit, Verdopplung durch Einsatz von zwei Lasern

A3 Tabellen zu den Ergebnissen der wirtschaftlichen Betrachtung

Tabelle A3.1: Ergebnisse der Kostenberechnung für die Prozesskombination zum Aufbau auf die 2 mm dicken Substrate

KP D_{SUB} = 2 mm		$K_{HK,FIX,KP}$ in €	$K_{HK,VAR,KP}$ in €	Zwischensumme in €	$K_{HK,KP}$[1] in €
$K_{MAT,KP}$[2] in €		$K_{MAT,FIX,KP}$[3] = 4,9 (5)	$K_{MAT,VAR,KP}$[4] = 12,1 (12)	–	17,1 (17)
$K_{GK,KP}$[5] in €	VPS	$K_{GK,FIX,VPS,KP}$[6] = 4,3 (4)	–	$K_{GK,VPS,KP}$[6] = 4,3 (4)	29,8 (30)
	IBPS	$K_{GK,FIX,IBPS,KP}$[8] = 19,4 (19)	$K_{GK,VAR,IBPS,KP}$[9] = 2,8 (3)	$K_{GK,IBPS,KP}$[7] = 22,2 (22)	
	NPS	$K_{GK,FIX,NPS,KP}$[10] = 3,3 (3)	–	$K_{GK,NPS,KP}$[10] = 3,3 (3)	
$K_{MK,KP}$[11] in €	LA	$K_{MK,FIX,LA}$[13] = 42,3 (42)	$K_{MK,VAR,LA}$[14] = 68,2 (68)	$K_{MK,LA}$[12] = 110,5 (111)	213,7 (214)
	LS	$K_{MK,FIX,LS}$[16] = 10,1 (10)	$K_{MK,VAR,LS}$[17] = 93,1 (93)	$K_{MK,LS}$[15] = 103,2 (103)	
$K_{PK,KP}$[18] in €		$K_{PK,FIX,KP}$[18] = 82,1 (82)	–	–	82,1 (82)
$K_{HK,KP}$[1] in €		166,4 (166)	176,2 (176)	–	342,7 (343)

H = 5,8 mm, B = 0,7 mm, L = 500 cm, β = 54°, (auf 1 € gerundeter Einzelwert)

Kosten aus der Tabelle

1. $K_{HK,KP} = K_{MAT,KP} + K_{GK,KP} + K_{MK,KP} + K_{PK,KP} = K_{HK,FIX,KP} + K_{HK,VAR,KP}$ vgl. (6.2)
2. $K_{MAT,KP} = K_{MAT,FIX,KP} + K_{MAT,VAR,KP}$ vgl. (6.3)
3. $K_{MAT,FIX,KP} = k_{SUB} \times \rho_{SUB} \times V_{SUB}$
4. $K_{MAT,VAR,KP} = 1,1 \times k_{PU} \times \rho_{LA} \times V_{LA}$
5. $K_{GK,KP} = K_{GK,VPS,KP} + K_{GK,IBPS,KP} + K_{GK,NPS,KP}$ vgl. (6.4)
6. $K_{GK,VPS,KP} = K_{GK,FIX,VPS,KP} = (k_{HW} + k_{CAD}) \times t_{KON,KP} + (k_{HW} + k_{CAM,LA}) \times t_{DV,LA} + (k_{HW} + k_{CAM,LS}) \times t_{DV,LS}$ vgl. (6.5)
7. $K_{GK,IBPS,KP} = K_{GK,FIX,IBPS,KP} + K_{GK,VAR,IBPS,KP}$ vgl. (6.6)
8. $K_{GK,FIX,IBPS,KP} = K_{FLU}$
9. $K_{GK,VAR,IBPS,KP} = (k_{GAS} + k_{CB} + k_{FIL}) \times t_{LA}$
10. $K_{GK,NPS,KP} = K_{GK,FIX,NPS,KP} = K_{RL} + K_{TEX} + K_{STA} + k_{HW} \times t_{DOK} + k_{QP} \times t_{QP}$ vgl. (6.7)
11. $K_{MK,KP} = K_{MK,LA} + K_{MK,LS}$ vgl. (6.8)
12. $K_{MK,LA} = K_{MK,FIX,LA} + K_{MK,VAR,LA}$
13. $K_{MK,FIX,LA} = k_{MSS,LA} \times (t_{VBM,LA} + t_{FLU} + t_{NBM,LA})$
14. $K_{MK,VAR,LA} = k_{MSS,LA} \times t_{LA}$
15. $K_{MK,LS} = K_{MK,FIX,LS} + K_{MK,VAR,LS}$
16. $K_{MK,FIX,LS} = k_{MSS,LS} \times (t_{VBM,LS} + t_{NBM,LS})$
17. $K_{MK,VAR,LS} = k_{MSS,LS} \times t_{LS}$
18. $K_{PK,KP} = K_{PK,FIX,KP} = k_{ING} \times t_{KON,KP} + k_{TEC} \times (t_{DV,LA} + t_{DV,LS} + t_{SUB} + t_{VBM,LA} + t_{NBM,LA} + t_{NBB,LA} + t_{VBM,LS} + t_{NBM,LS} + t_{NBB,LS} + t_{DOK} + t_{QP})$ vgl. (6.9)

weitere Kosten aus Abschnitt 6.3.3 als Ergänzung zu den Kosten der Tabelle
$K_{PK,RÜST,KP} = k_{TEC} \times (t_{VBM,LA} + t_{NBM,LA} + t_{VBM,LS} + t_{NBM,LS})$

weitere Zeit aus Abschnitt 6.3.3 als Ergänzung zu den Zeiten aus Abschnitt 6.3.2.1
$t_{FIX,LA} = t_{VBM,LA} + t_{FLU} + t_{NBM,LA}$

Tabelle A3.2: Ergebnisse der Kostenberechnung für die konventionelle Stanzformfertigung

SF		$K_{HK,FIX,SF}$ in €	$K_{HK,VAR,SF}$ in €	Zwischensumme in €	$K_{HK,SF}$[1] in €
$K_{MAT,SF}$[2] in €		$K_{MAT,FIX,SF}$[3] = 3,5 (4)	$K_{MAT,VAR,SF}$[4] = 11,4 (11)	–	14,9 (15)
$K_{GK,SF}$[5] in €	VPS	$K_{GK,FIX,VPS,SF}$[7] = 2,5 (3)	$K_{GK,VAR,VPS,SF}$[8] = 0,004 (0)	$K_{GK,VPS,KP}$[6] = 2,5 (3)	5,9 (6)
	BPS	–	$K_{GK,VAR,BPS,SF}$[9] = 0,8 (1)	$K_{GK,BPS,SF}$[9] = 0,8 (1)	
	NPS	$K_{GK,FIX,NPS,SF}$[11] = 2,3 (2)	$K_{GK,VAR,NPS,SF}$[12] = 0,3 (0)	$K_{GK,NPS,SF}$[10] = 2,6 (3)	
$K_{MK,SF}$[13] in €	AB	$K_{MK,FIX,AB}$[15] = 2,9 (3)	$K_{MK,VAR,AB}$[16] = 2,0 (2)	$K_{MK,AB}$[14] = 4,9 (5)	33,5 (34)
	LSS	$K_{MK,FIX,LSS}$[18] = 20,4 (20)	$K_{MK,VAR,LSS}$[19] = 2,8 (3)	$K_{MK,LSS}$[17] = 23,2 (23)	
	WSS	$K_{MK,FIX,WSS}$[21] = 5,2 (5)	$K_{MK,VAR,WSS}$[21] = 0,2 (0)	$K_{MK,WSS}$[20] = 5,4 (5)	
$K_{PK,SF}$[23] in €		$K_{PK,FIX,SF}$[24] = 53,8 (54)	$K_{PK,VAR,SF}$[25] = 104,1 (104)	–	157,9 (158)
$K_{HK,SF}$[1] in €		90,6 (91)	121,6 (122)	–	212,2 (212)

$H = 5{,}8$ mm, $B = 0{,}7$ mm, $L = 500$ cm, $\beta = 54°$, (auf 1 € gerundeter Einzelwert)

Kosten aus der Tabelle

1. $K_{HK,SF} = K_{MAT,SF} + K_{GK,SF} + K_{MK,SF} + K_{PK,SF} = K_{HK,FIX,SF} + K_{HK,VAR,SF}$ vgl. (6.17)
2. $K_{MAT,SF} = K_{MAT,FIX,SF} + K_{MAT,VAR,SF}$ vgl. (6.18)
3. $K_{MAT,FIX,SF} = k_{TP} \times A_{TP}$
4. $K_{MAT,VAR,SF} = k_{BS} \times L + 2 \times k_{GUM} \times L$
5. $K_{GK,SF} = K_{GK,VPS,SF} + K_{GK,BPS,SF} + K_{GK,NPS,SF}$ vgl. (6.19)
6. $K_{GK,VPS,SF} = K_{GK,FIX,VPS,SF} + K_{GK,VAR,VPS,SF}$ vgl. (6.20)
7. $K_{GK,FIX,VPS,SF} = (k_{HW} + k_{CAD/CAM}) \times (t_{KON,SF} + t_{DV,AB} + t_{DV,LSS} + t_{DV,WSS})$
8. $K_{GK,VAR,VPS,SF} = k_{WAS} \times t_{WSS}$
9. $K_{GK,BPS,SF} = K_{GK,VAR,BPS,SF} = k_{SS} \times t_{AB} + (k_{MON} + k_{WZ,MES}) \times t_{MES}$ vgl. (6.21)
10. $K_{GK,NPS,SF} = K_{GK,FIX,NPS,SF} + K_{GK,VAR,NPS,SF}$ vgl. (6.22)
11. $K_{GK,FIX,NPS,SF} = K_{RL} + K_{TEX} + k_{HW} \times t_{DOK} + k_{QP} \times t_{QP}$
12. $K_{GK,VAR,NPS,SF} = k_{MON} \times t_{GUM}$
13. $K_{MK,SF} = K_{MK,AB} + K_{MK,LSS} + K_{MK,WSS}$ vgl. (6.23)
14. $K_{MK,AB} = K_{MK,FIX,AB} + K_{MK,VAR,AB}$
15. $K_{MK,FIX,AB} = k_{MSS,AB} \times (t_{VBM,AB} + t_{NBM,AB})$
16. $K_{MK,VAR,AB} = k_{MSS,AB} \times t_{AB}$
17. $K_{MK,LSS} = K_{MK,FIX,LSS} + K_{MK,VAR,LSS}$
18. $K_{MK,FIX,LSS} = k_{MSS,LSS} \times (t_{VBM,LSS} + t_{NBM,LSS})$
19. $K_{MK,VAR,LSS} = k_{MSS,LSS} \times t_{LSS}$
20. $K_{MK,WSS} = K_{MK,FIX,WSS} + K_{MK,VAR,WSS}$
21. $K_{MK,FIX,WSS} = k_{MSS,WSS} \times (t_{VBM,WSS} + t_{NBM,WSS})$
22. $K_{MK,VAR,WSS} = k_{MSS,WSS} \times t_{WSS}$
23. $K_{PK,SF} = K_{PK,FIX,SF} + K_{PK,VAR,SF}$ vgl. (6.24)
24. $K_{PK,FIX,SF} = k_{ING} \times t_{KON,SF} + k_{TEC} \times (t_{DV,AB} + t_{DV,LSS} + t_{DV,WSS} + t_{VBM,AB} + t_{NBM,AB} + t_{VBM,LSS}$ $+ t_{NBM,LSS} + t_{VBM,WSS} + t_{NBM,WSS} + t_{DOK} + t_{QP})$
25. $K_{PK,VAR,SF} = k_{TEC} \times (t_{MES} + t_{GUM})$

weitere Kosten aus Abschnitt 6.3.3 als Ergänzung zu den Kosten der Tabelle
$K_{MK,FIX,SF} = K_{MK,FIX,AB} + K_{MK,FIX,LSS} + K_{MK,FIX,WSS}$

weitere Zeiten aus Abschnitt 6.3.3 als Ergänzung zu den Zeiten aus Abschnitt 6.3.2.2
$t_{FIX,LSS} = t_{VBM,LSS} + t_{NBM,LSS}$
$t_{M,SF} = t_{VBM,AB} + t_{AB} + t_{NBM,AB} + t_{VBM,LSS} + t_{LSS} + t_{NBM,LSS} + t_{VBM,WSS} + t_{WSS} + t_{NBM,WSS}$

Tabelle A3.3: Ergebnisse der Kostenberechnung für die Prozesskombination zum Aufbau auf die 0,1 mm dicken Substrate

KP D_{SUB} = 0,1 mm		$K_{HK,FIX,KP}$ in €	$K_{HK,VAR,KP}$ in €	Zwischensumme in €	$K_{HK,KP}$ in €
$K_{MAT,KP}$ in €		$K_{MAT,FIX,KP}$ = 1,4 (1)	$K_{MAT,VAR,KP}$ = 0,5 (1)	–	1,9 (2)
$K_{GK,KP}$ in €	VPS	$K_{GK,FIX,VPS,KP}$ = 4,3 (4)	–	$K_{GK,VPS,KP}$ = 4,3 (4)	27,1 (27)
	IBPS	$K_{GK,FIX,IBPS,KP}$ = 19,4 (19)	$K_{GK,VAR,IBPS,KP}$ = 0,1 (0)	$K_{GK,IBPS,KP}$ = 19,5 (22)	
	NPS	$K_{GK,FIX,NPS,KP}$ = 3,3 (3)	–	$K_{GK,NPS,KP}$ = 3,3 (3)	
$K_{MK,KP}$ in €	LA	$K_{MK,FIX,LA}$ = 42,3 (42)	$K_{MK,VAR,LA}$ = 2,9 (3)	$K_{MK,LA}$ = 45,2 (45)	86,9 (87)
	LS	$K_{MK,FIX,LS}$ = 10,1 (10)	$K_{MK,VAR,LS}$ = 31,6 (32)	$K_{MK,LS}$ = 41,7 (42)	
$K_{PK,KP}$ in €		$K_{PK,FIX,KP}$ = 82,1 (82)	–	–	82,1 (82)
$K_{HK,KP}$ in €		162,9 (163)	35,1 (35)	–	198,1 (198)

H = 0,34 mm, B = 0,3 mm, L = 500 cm, β = 70°, (auf 1 € gerundeter Einzelwert)

Die Formeln zur Berechnung der Kosten in dieser Tabelle sind Tabelle A3.1 zu entnehmen.

weitere Zeiten aus Abschnitt 6.3.3 als Ergänzung zu den Zeiten aus Abschnitt 6.3.2.1

$t_{M,LA} = t_{FIX,LA} + t_{LA}$

$t_{M,LS} = t_{FIX,LS} + t_{LS}$

$t_{FIX,LS} = t_{VBM,LS} + t_{NBM,LS}$

Tabelle A3.4: Ergebnisse der Kostenberechnung für die konventionelle Stanzblechfertigung (1/2)

SB		$K_{HK,FIX,SB}$ in €	$K_{HK,VAR,SB}$ in €	Zwischensumme in €	$K_{HK,SB}$[1] in €
$K_{MAT,SB}$[2] in €		$K_{MAT,FIX,SB}$[2] = 3,8 (4)	–	–	3,8 (4)
$K_{GK,SB}$[3] in €	VPS	$K_{GK,FIX,VPS,SB}$[4] = 7,0 (7)	–	$K_{GK,VPS,SB}$[4] = 7,0 (7)	41,0 (41)
	BPS	$K_{GK,FIX,BPS,SB}$[6] = 1,1 (1)	$K_{GK,VAR,BPS,SB}$[7] = 31,3 (31)	$K_{GK,BPS,SB}$[5] = 32,4 (32)	
	NPS	$K_{GK,FIX,NPS,SB}$[8] = 1,6 (2)	–	$K_{GK,NPS,SB}$[8] = 1,6 (2)	
$K_{MK,SB}$[9] in €	ÄTZ	$K_{MK,FIX,ÄTZ}$[10] = 9,3 (9)	–	$K_{MK,ÄTZ}$[10] = 9,3 (9)	37,5 (38)
	BÜ	$K_{MK,FIX,BÜ}$[11] = 1,7 (2)	–	$K_{MK,BÜ}$[11] = 1,7 (2)	
	GRA	$K_{MK,FIX,GRA}$[13] = 8,1 (8)	$K_{MK,VAR,GRA}$[14] = 2,7 (3)	$K_{MK,GRA}$[12] = 10,8 (11)	
	PLO	$K_{MK,FIX,PLO}$[15] = 6,8 (7)	–	$K_{MK,PLO}$[15] = 6,8 (7)	
	PS	$K_{MK,FIX,PS}$[16] = 3,4 (3)	–	$K_{MK,PS}$[16] = 3,4 (3)	
	REG	$K_{MK,FIX,REG}$[17] = 5,5 (6)	–	$K_{MK,REG}$[17] = 5,5 (6)	

Tabelle A3.4: Ergebnisse der Kostenberechnung für die konventionelle Stanzblechfertigung (2/2)

SB	$K_{HK,FIX,SB}$ in €	$K_{HK,VAR,SB}$ in €	Zwischensumme in €	$K_{HK,SB}$ in €
$K_{PK,SB}$[18] in €	$K_{PK,FIX,SB}$[18] = 97,1 (97)	–	–	97,1 (97)
$K_{HK,SB}$[1] in €	145,4 (145)	34,0 (34)	–	179,4 (179)

$H = 0{,}34$ mm, $B = 0{,}3$ mm, $L = 500$ cm, $\beta = 70°$, (auf 1 € gerundeter Einzelwert)

Kosten aus der Tabelle

1. $K_{HK,SB} = K_{MAT,SB} + K_{GK,SB} + K_{MK,SB} + K_{PK,SB} = K_{HK,FIX,SB} + K_{HK,VAR,SB}$ vgl. (6.32)
2. $K_{MAT,SB} = K_{MAT,FIX,SB} = k_{FS} \times \rho_{FS} \times V_{FS}$ vgl. (6.33)
3. $K_{GK,SB} = K_{GK,VPS,SB} + K_{GK,BPS,SB} + K_{GK,NPS,SB}$ vgl. (6.34)
4. $K_{GK,VPS,SB} = K_{GK,FIX,VPS,SB} = K_{RL} + (k_{HW} + k_{CAD/CAM}) \times (t_{KON,SB} + t_{DV,PLO} + t_{DV,GRA})$ $+ (k_{WZ,PS} + k_{SS}) \times t_{PS1} + k_{REI} \times (t_{REI1} + t_{REI2}) + k_{WZ,BÜ} \times (t_{BÜ1} + t_{BÜ2})$ vgl. (6.35)
5. $K_{GK,BPS,SB} = K_{GK,FIX,BPS,SB} + K_{GK,VAR,BPS,SB}$ vgl. (6.36)
6. $K_{GK,FIX,BPS,SB} = k_{TON} \times t_{PLO} + k_{ÄM} \times t_{ÄTZ}$
7. $K_{GK,VAR,BPS,SB} = (k_{WZ,GRA} + k_{KSS}) \times t_{GRA}$
8. $K_{GK,NPS,SB} = K_{GK,FIX,NPS,SB} = k_{RM} \times t_{REG} + (k_{WZ,PS} + k_{SS}) \times t_{PS2} + k_{HW} \times t_{DOK} + k_{QP} \times t_{QP}$ vgl. (6.37)
9. $K_{MK,SB} = K_{MK,ÄTZ} + K_{MK,BÜ} + K_{MK,GRA} + K_{MK,PLO} + K_{MK,PS} + K_{MK,REG}$ vgl. (6.38)
10. $K_{MK,ÄTZ} = K_{MK,FIX,ÄTZ} = k_{MSS,ÄTZ} \times (t_{VBM,ÄTZ} + t_{ÄTZ} + t_{NBM,ÄTZ})$
11. $K_{MK,BÜ} = k_{MK,FIX,BÜ} = k_{MSS,BÜ} \times (t_{BÜ1} + t_{BÜ2})$
12. $K_{MK,GRA} = K_{MK,FIX,GRA} + K_{MK,VAR,GRA}$
13. $K_{MK,FIX,GRA} = k_{MSS,GRA} \times (t_{VBM,GRA} + t_{NBM,GRA})$
14. $K_{MK,VAR,GRA} = k_{MSS,GRA} \times t_{GRA}$
15. $K_{MK,PLO} = K_{MK,FIX,PLO} = k_{MSS,PLO} \times (t_{VBM,PLO} + t_{PLO} + t_{NBM,PLO})$
16. $K_{MK,PS} = K_{MK,FIX,PS} = k_{MSS,PS} \times (t_{PS1} + t_{PS2})$
17. $K_{MK,REG} = K_{MK,FIX,REG} = k_{MSS,REG} \times t_{REG}$
18. $K_{PK,SB} = K_{PK,FIX,SB} = k_{ING} \times t_{KON,SB} + k_{TEC} \times (t_{DV,PLO} + t_{DV,GRA} + t_{PS1} + t_{REI1} + t_{BÜ1}$ $+ t_{VBM,PLO} + t_{PLO} + t_{NBM,PLO} + t_{VBM,ÄTZ} + t_{NBM,ÄTZ} + t_{REI2} + t_{BÜ2} + t_{VBM,GRA} + t_{NBM,GRA}$ $+ t_{PS2} + t_{DOK} + t_{QP})$ vgl. (6.39)

weitere Kosten aus Abschnitt 6.3.3 als Ergänzung zu den Kosten der Tabelle

$K_{WZ,GRA} = k_{WZ,GRA} \times t_{GRA}$

$K_{MK,SKO} = K_{MK,ÄTZ} + K_{MK,REG}$

weitere Zeiten aus Abschnitt 6.3.3 als Ergänzung zu den Zeiten aus Abschnitt 6.3.2.3

$t_{RÜST,ÄTZ} = t_{VBM,ÄTZ} + t_{NBM,ÄTZ}$

$t_{FIX,GRA} = t_{VBM,GRA} + t_{NBM,GRA}$

$t_{M,PLO} = t_{VBM,PLO} + t_{PLO} + t_{NBM,PLO}$

Tabelle A3.5: Ergebnisse aus der Prozess- und Maschinenanpassung

D_{SUB} in mm	β in °	H in mm	B in mm	L in cm	Prozess	K_{MAT} in €	K_{GK} in €	K_{MK} in €	K_{PK} in €	$K_{HK,KP}$ in €	$\Delta K_{HK,PM}$[1] in %	K_{HK} in €		ΔK_{HK}[2] in %
2	54	5,8	0,7	500	KP	17	30	214	82	343	31	SF	212	−11
					KP*	17	13	132	74	235				
				1000	KP	29	33	375	82	519	35		334	±0
					KP*	28	14	221	74	337				
		1,0	0,7	500	KP	7	28	158	82	275	32		212	+11
					KP*	7	11	97	74	188				
				1000	KP	9	28	264	82	384	36		334	+27
					KP*	9	12	150	74	244				
0,1	70	0,34	0,3	500	KP	2	27	87	82	198	26	SB	179	+18
					KP*	2	11	60	74	147				
				1000	KP	2	27	121	82	223	29		213	+23
					KP*	2	11	78	74	165				
		1,4	0,7	500	KP	5	28	144	82	258	31		228	+21
					KP*	4	11	90	74	179				
				1000	KP	8	28	235	82	353	35		262	+13
					KP*	7	12	137	74	229				

*Prozess- und Maschinenanpassung

Kosten aus der Tabelle

1. $\Delta K_{HK,PM} = (1 - K_{HK,KP*} / K_{HK,KP}) \times 100$
2. $\Delta K_{HK} = (1 - K_{HK,KP*} / K_{HK,SF/SB}) \times 100$

weitere Kosten aus Abschnitt 6.3.4 als Ergänzung zu den Kosten der Tabelle

$K_{HK,FIX,FLU} = K_{GK,FIX,IBPS,KP} + K_{MK,FIX,FLU}$

$K_{MK,FIX,FLU} = k_{MSS,LA} \times t_{FLU}$

$K_{DV,LS} = t_{DV,LS} \times (k_{TEC} + k_{HW} + k_{CAM,LS})$

weitere Zeiten aus Abschnitt 6.3.4 als Ergänzung zu den Zeiten aus den Abschnitten 6.3.2.1, 6.3.2.2, und 6.3.2.3

$t_{KP} = t_{FIX,KP} + t_{VAR,KP}$

$t_{FIX,KP} = t_{KON,KP} + t_{DV,LA} + t_{DV,LS} + t_{SUB} + t_{VBM,LA} + t_{FLU} + t_{NBM,LA} + t_{NBB,LA} + t_{VBM,LS} + t_{NBM,LS} + t_{NBB,LS} + t_{DOK} + t_{QP}$

$t_{VAR,KP} = t_{LA} + t_{LS}$

$t_{SF} = t_{FIX,SF} + t_{VAR,SF}$

$t_{FIX,SF} = t_{KON,SF} + t_{DV,AB} + t_{DV,LSS} + t_{DV,WSS} + t_{VBM,AB} + t_{NBM,AB} + t_{VBM,LSS} + t_{NBM,LSS} + t_{VBM,WSS} + t_{NBM,WSS} + t_{DOK} + t_{QP}$

$t_{VAR,SF} = t_{AB} + t_{LSS} + t_{WSS} + t_{MES} + t_{GUM}$

$t_{SB} = t_{FIX,SB} + t_{VAR,SB}$

$t_{FIX,SB} = t_{KON,SB} + t_{DV,PLO} + t_{DV,GRA} + t_{PS1} + t_{REI1} + t_{BÜ1} + t_{VBM,PLO} + t_{PLO} + t_{NBM,PLO} + t_{VBM,ÄTZ} + t_{ÄTZ} + t_{NBM,ÄTZ} + t_{REI2} + t_{BÜ2} + t_{VBM,GRA} + t_{NBM,GRA} + t_{PS2} + t_{DOK} + t_{QP}$

$t_{VAR,SB} = t_{GRA}$